高等学校系列教材

MATLAB 数字图像处理

张运楚　编著

中国建筑工业出版社

图书在版编目（CIP）数据

MATLAB 数字图像处理 / 张运楚编著. — 北京：中国建筑工业出版社，2021.8
高等学校系列教材
ISBN 978-7-112-26265-6

Ⅰ. ①M… Ⅱ. ①张… Ⅲ. ①Matlab 软件-应用-图像处理-高等学校-教材　Ⅳ. ①TP391.413

中国版本图书馆 CIP 数据核字（2021）第 122125 号

本书系统介绍了数字图像处理的基本理论、经典算法及其 MATLAB 实现。全书共分 10 章，包括图像数据的表示与基本运算、灰度变换、空域滤波、频域滤波、彩色图像处理、图像几何变换、图像复原、形态学图像处理、边缘检测、图像分割等内容。本书以讲透概念、重视方法、突出应用、好教易学为指导思想，从语义和数学两个视角廓清数字图像处理相关专业术语，分析经典算法机理，给出示例程序。每章配有习题和上机练习题，并配套提供 PowerPoint 课件和各章示例程序的 MATLAB 实时脚本文件。

本书既可以作为高等学校人工智能、电子信息工程、通信工程、计算机科学与技术、光电信息科学与工程、信息工程、自动化、遥感科学与技术等专业数字图像处理课程的教材，又可供相关专业研究人员和工程技术人员参考。

本书的配套课件浏览方式见封底，对于本书的更多讨论可加 QQ 群：348857209。

责任编辑：张　健
文字编辑：胡欣蕊
责任校对：赵　菲

高等学校系列教材
MATLAB 数字图像处理
张运楚　编著

*

中国建筑工业出版社出版、发行（北京海淀三里河路 9 号）
各地新华书店、建筑书店经销
北京鸿文瀚海文化传媒有限公司制版
天津翔远印刷有限公司印刷

*

开本：787 毫米×1092 毫米　1/16　印张：19¼　字数：479 千字
2021 年 10 月第一版　　2021 年 10 月第一次印刷
定价：**45.00** 元（赠教师课件）
ISBN 978-7-112-26265-6
（37801）

数字图像处理作为一门学科形成于 20 世纪 60 年代初期，早期研究的目的是改善图像质量以提高视觉效果。从 20 世纪 70 年代中期开始，随着计算机、人工智能、思维科学、机器人等领域的快速发展，数字图像处理开始研究如何利用计算机分析和解释图像，实现类似人类视觉系统的机器感知能力，被称为图像理解与计算机视觉。

数字图像处理已广泛应用于通信、宇宙探测、遥感、医学、工业生产、军事、安全、机器人视觉、视频和多媒体系统、科学可视化、智能交通、无人驾驶、移动支付等领域。作为人工智能的一门基础学科，近年来数字图像处理伴随深度学习、移动计算的广泛应用而蓬勃发展。如同眼睛对于人类之重要，图像为人工智能提供了一个重要的信息表达和描述工具，已成为人工智能研究的重要领域。

全书共分 10 章，包括图像数据的表示与基本运算、灰度变换、空域滤波、频域滤波、彩色图像处理、图像几何变换、图像复原、形态学图像处理、边缘检测、图像分割等内容。本书以讲透概念、重视方法、突出应用、好教易学为指导思想，遵循概念、机理和实现 CMI 教学理念，从语义和数学两个视角廓清数字图像处理专业术语，分析图像处理典型算法机理，给出 MATLAB 实现代码，并对 MATLAB 图像处理工具箱 IPT 所提供的部分函数作了详细说明。读者可将各章示例程序用 MATLAB 编辑器建立脚本文件、保存并运行，也可以打开本书提供的各章示例程序的实时脚本文件，逐节运行示例程序。本书理论与实践并重，每章配有习题和上机练习题。

本书既可作为高等学校人工智能、电子信息工程、通信工程、计算机科学与技术、光电信息科学与工程、信息工程、自动化、遥感科学与技术等专业数字图像处理课程的教材，又可供相关专业研究人员和工程技术人员参考。

本书编写中，参考了大量书籍文献、资料和网站，同时融入了作者十余年来数字图像处理的教学经验和科研成果。本书由山东建筑大学曹建荣教授担任主审。受作者水平所限，本书难免存在疏漏和不当之处，敬请各位读者批评指正。

目 录
Contents

第1章 图像数据的表示与基本运算

在移动互联时代，数字图像处理的应用场景随处可见，如：支付宝刷脸登录、手机扫二维码支付、美颜自拍、编辑图片发微信朋友圈、高铁刷脸进站等。你可能要问：这些神奇而又日渐司空见惯的技术是如何实现的？如果简短地回答这个问题，那么答案就是：数字图像处理＋人工智能＋移动互联网。下面先从学习数字图像的基本概念开始我们的奇妙之旅。

1.1 图像文件的读写与显示

图像数据除了通过摄像机、采集卡、网络流媒体等实时采集外，大部分来自图像或视频文件，在处理图像之前，须先把图像数据从文件读入到内存。图像文件为图像数据的存储、归档和交换提供了基本机制，在图像处理研究早期，研究人员创建了众多图像文件格式，出现了文件格式不兼容的混乱局面，尽管经过规范协调，仍存在大量图像文件格式标准。工程应用中，主要考虑图像类型、数据量、压缩方法、兼容性、应用领域等因素选择合适的图像文件格式。

图像文件格式由文件头（file header）及随后的图像数据（image data）组成。文件头的结构及内容由创建该图像文件格式的公司或团体决定，一般包括文件类型、文件制作者、制作时间、版本号、文件大小、压缩方式等，这些内容提供了图像数据存储布局的重要信息。要正确理解文件头信息，必须知道文件格式类型，多数情况由文件的扩展名决定文件类型，例如 .jpg、.tif、.bmp 等。由于文件的扩展名可被用户修改，扩展名并不是确定文件类型的可靠方式，许多图像文件类型可以通过文件数据前几个字节构成的隐含"标识"来识别。

为便于利用本书提供的学习资源，请先在计算机中创建工作目录"D:\DIPBookMatlab"和子目录"D:\DIPBookMatlab\imagedata"，把本书提供的各章示例程序的实时脚本文件保存到创建的工作目录中、实验图像保存到 imagedata 子目录中，然后利用 MATLAB 界面菜单命令"设置路径"，把子目录"D:\DIPBookMatlab\imagedata"添加到

1

MATLAB搜索路径中，如图 1-1 所示。这样在调用函数 imread 读取"D：\DIPBookMat-lab\imagedata"中的图像文件时，就可以仅用文件名，而不需包含文件路径。

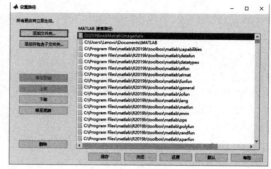

图 1-1　机器狗 Spot 彩色图像及其文件路径设置

示例 1-1：读取图像文件并显示

读入 googledog.jpg 彩色图像文件，然后将其转换为灰度图像并保存到指定文件中，再创建两个窗口显示彩色图像和转换得到的灰度图像。在 MATLAB 命令行窗口提示符"≫"后输入以下语句：

%读取图像文件并显示

```
%清除工作空间的变量,关闭已打开显示窗口
clearvars;close all;
%读入一幅彩色图像
Icdog = imread('googledog.jpg');

%把彩色图像转换为灰度图像
Igdog = rgb2gray(Icdog);
%把灰度图像保存为图像文件
imwrite(Igdog, 'googledog_gray.jpg');

%显示变量 Icdog 中的彩色图像,并为显示窗口加标题
figure;imshow(Icdog);
title('当谷歌机器大狗路遇一条真狗,它们会有什么反应? ');
%在新窗口中显示变量 Igdog 中的灰度图像,并为显示窗口加标题
figure;imshow(Igdog);title('谷歌机器狗 Spot 的灰度图像');
%------------------------------------------------
```

MATLAB 执行上述命令后，在弹出窗口中显示谷歌机器狗 Spot 与狗狗 Alex 路遇的彩色图像。Alex 可不是条普普通通的狗狗，它是安卓之父安迪·鲁宾（Andy Rubin）家的雪纳瑞。再看看 MATLAB 的工作区（workspace），出现了两个数组变量：一个名为 Icdog，其值为"542×640×3 uint8"；另一个名为 Igdog，其值为"542×640 uint8"。

函数 imread 从文件"googledog.jpg"中读取图像数据，保存为三维数组变量 Icdog，

数据类型为 uint8。函数 rgb2gray 把变量 Icdog 中的 RGB 彩色图像转换为灰度图像，保存到 uint8 型二维数组变量 Igdog 中。数据类型 uint8 是 8 位无符号整数，在 0～255 之间取值。

也可以打开本章实时脚本文件 Ch1＿RepresentationAndBasicOperationOfImage Data.mlx，找到本示例所在的节，点击菜单"运行节"运行上述示例程序。或按下鼠标左键、拖动鼠标选中该示例程序所有语句，然后单击鼠标右键，在弹出菜单窗口中选择"在命令行窗口中执行所选内容"项，选中的程序将被自动复制到"命令行窗口"中并执行。

1.2　图像类型与图像数据

常用的图像类型有 RGB 真彩色图像、灰度图像、二值图像和索引图像，都属于位图图像（bitmap image），由像素（pixel）按矩形网格排列组成。像素 pixel 是单词 picture 和 element 的合成词，即图像元素。

1.2.1　RGB 真彩色图像

人眼视网膜上存在分别对红（Red）、绿（Green）、蓝（Blue）光敏感的三类锥状细胞，人类对颜色的感知，是大脑融合人眼接收到的红、绿、蓝三色光刺激而形成的。人工成像系统模拟人眼功能，将光分解成红、绿、蓝三种成分传感测量并记录，因此，红、绿、蓝被称为三原色（primary color），或三基色。

RGB 真彩色图像（RGB image，true color image）每个像素的颜色，用红、绿、蓝三个分量描述，每个分量通常采用 8 位无符号整数进行数字化，共 24 位组合，因此能够产生 $(2^8)^3 = 2^{24} = 16777216$ 种不同颜色。像素的颜色分量（color component），又称颜色通道（color channel）、颜色平面（color plane）等。

MATLAB 用一个 $M \times N \times 3$ 的三维数组保存 RGB 真彩色图像数据，如图 1-2 所示。第一维是数组的行序，M 是数组的行数，对应图像的高度；第二维是数组的列序，N 是数组的列数，对应图像的宽度。前两维构成了一个二维数组，形成了图像的矩形网格结

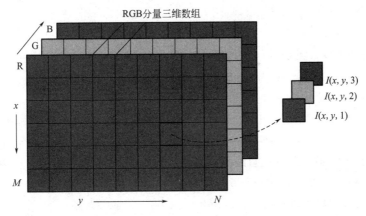

图 1-2　MATLAB 中保存 RGB 彩色图像的数据结构

构，每对行、列下标（x，y）对应图像中的一个像素。由于二维数组的每个元素只能保存对应像素的一个颜色分量，这就需要 3 个二维数组分别保存彩色图像的 R、G、B 分量值，然后按 R、G、B 分量顺序依次排列形成第三维，称为色序，类似于书的页码。这样就可以用数组的行序、列序和色序 3 个索引下标，来读、写像素的三个分量值。改写数组元素值，就可以改变像素的颜色。

上述示例中，MATLAB 工作区中显示的变量 Icdog 的值为 "542×640×3 uint8"，由此可知，从文件 googledog.jpg 中读取的图像为高 542 像素、宽 640 像素、3 个颜色分量的 RGB 真彩色图像。

示例 1-2：改写彩色图像像素的 RGB 值

从文件中读入一幅彩色图像并赋值给一个三维数组变量，就可以利用数组下标单个或批量读写像素的 R、G、B 分量值，如图 1-3 所示。例如，以下程序把 Icdog 图像中位于（152，152）处、Alex 鼻子上的一个像素颜色改为红色，如图 1-3 所示：

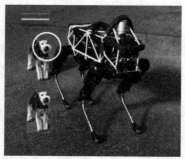

图 1-3　利用数组下标单个或批量读写图像像素的 RGB 分量

%改写像素的 RGB 值

```
clearvars;close all;      %清除工作空间的变量,关闭已打开显示窗口
fileinfo = imfinfo('googledog.jpg');    %查看一幅RGB彩色图像文件的信息
Icdog = imread('googledog.jpg');        %读取一幅RGB彩色图像文件
Icdog1 = Icdog;                         %复制图像变量
%对像素分量重新赋值,改变其颜色
Icdog(152,152,1) = 255;   % R分量=255
Icdog(152,152,2) = 0;     % G分量=0
Icdog(152,152,3) = 0;     % B分量=0
%将修改前后的两幅图像并列显示,因像素较小,要仔细观察
figure; montage({Icdog1,Icdog});title('原图像(左)│狗鼻子涂红点(右)');
%————————————————————————
```

接下来在图像中画几条彩色直线和圆，再复制小狗 Alex 到图像另一位置：

```
%以像素(30,60)为起点画一条6像素宽、100像素长的水平红线
Icdog(30:35,60:159,1) = 255;
Icdog(30:35,60:159,2) = 0;
```

```
Icdog(30:35,60:159,3) = 0;
% 以像素(50,60)为起点画一条 6 像素宽、100 像素长的水平绿线
Icdog(50:55,60:159,1) = 0;
Icdog(50:55,60:159,2) = 255;
Icdog(50:55,60:159,3) = 0;
% 以像素(70,60)为起点画一条 6 像素宽、100 像素长的水平蓝线
Icdog(70:75,60:159,1) = 0;
Icdog(70:75,60:159,2) = 0;
Icdog(70:75,60:159,3) = 255;

% 将小狗 Alex 区域复制到图像另一个位置
dog = Icdog(116:276,82:165,:);
Icdog(300:460,82:165,:) = dog;

% 用 MATLAB Computer Vision System Toolbox 中的函数 insertShape,
% 以像素(152,150)为中心,画一个半径为 50、线宽为 5 个像素的黄色圆
Icdog = insertShape(Icdog, 'circle',[152, 150, 50],'LineWidth', 5, 'Color', '
yellow');

% 显示结果
figure;imshow(Icdog);
title('涂鸦…在图像背景中画红、绿、蓝线,复制 dog,又画了个圆');
% ─────────────────────────────────────────────────────
```

1.2.2　索引图像

　　索引图像（indexd color image，palette image）为每个像素分配一个颜色索引值，同时构造一个颜色映射表 colormap，又称调色板 palette。颜色映射表是一个 P 行×3 列的二维数组，每种颜色占用一行，以红 R、绿 G、蓝 B 分量值定义该种颜色，P 为颜色映射表的行数，也是其能提供的颜色种类数量。根据像素的颜色索引值，就可以从颜色映射表中找到该像素实际颜色的 RGB 分量值。

　　因此，索引图像数据包含两个二维数组：一个 M 行×N 列二维数组，用于保存每个像素的颜色索引值；另一个 P 行×3 列二维数组，用于保存颜色映射表，即像素颜色索引值所对应的颜色 RGB 分量，如图 1-4 所示。

　　MATLAB 中像素颜色索引值必须是整数，数据类型可以是 single 或 double 型，也可以是 logical、uint8 或 uint16 型。颜色映射表 colormap 中的 R、G、B 分量值为 double 型，在［0，1］内取值。如果像素颜色索引值数组的数据类型为 logical、uint8 或 uint16，则颜色索引值最小为 0，对应颜色映射表 colormap 的第 1 行，依此类推。

%观察索引图像及其数据

close all;clearvars;% 清除工作空间的变量,关闭已打开显示窗口

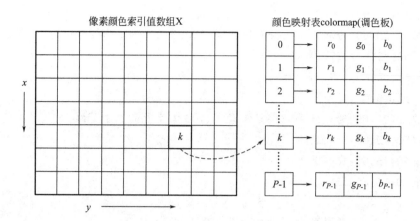

图 1-4　索引图像数据：颜色索引值数组和颜色映射表

[X，map] = imread('trees. tif')；% 读入一幅彩色索引图像

% 显示图像

figure；imshow(X，map)；title('索引图像 Indexd image')；

% —————————————————————————————————

双击工作区中变量 X、map，查看颜色索引值数组 X 和颜色映射表 map 的值，如图 1-5 所示。

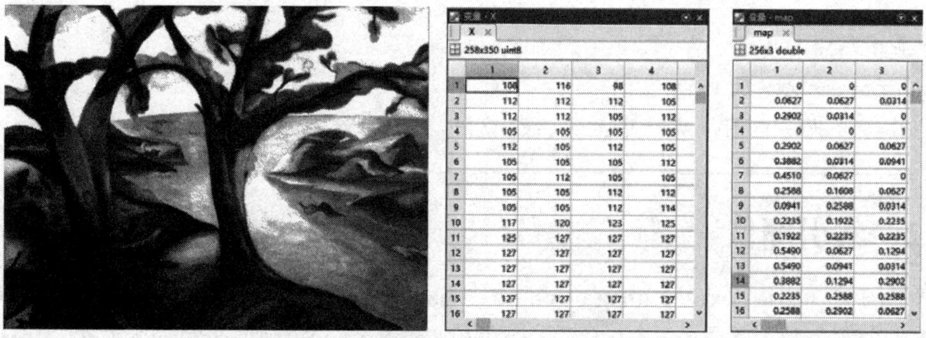

图 1-5　索引图像 trees. tif 及其数据：颜色索引值数组 X 和颜色映射表 map

调用函数 ind2rgb 可以把上述索引图像转换为 RGB 彩色图像，得到的图像数据类型为 double 型，其 RGB 颜色分量值在 [0，1] 间取值。

%把索引图像转换为 RGB 彩色图像

Irgb = ind2rgb(X,map)；

% 显示得到的彩色图像

figure，imshow(Irgb)；title('Converts indexed image to RGB image')；

% —————————————————————————————————

当然，也可以把 RGB 彩色图像转换为索引图像，这涉及颜色缩减的优化问题，也就是颜色量化问题。颜色量化的任务就是选择和指定一个有限的颜色集合，以便最逼真地描述给定的 RGB 彩色图像。例如，一个画家用 50 种颜色的蜡笔创作了一幅彩色图案，但由于某些原因，要求画家重新画，这次只能用 10 种颜色的画笔。这位画家就面临颜色量化问题，要从 50 种颜色中选出最合适的 10 种颜色组成"调色板"，然后为原图像上的每一笔选出最接近的颜色。

%将 RGB 真彩色图像转换为索引图像

```
clearvars; close all;　 % 清除工作空间的变量,关闭已打开显示窗口
Irgb = imread('googledog. jpg');　 % 读入一幅 RGB 彩色图像

% 把 RGB 彩色图像转换为索引图像,选择颜色表中的颜色数量 P 为 8
[Xdog, map] = rgb2ind(Irgb,8,'nodither');
% 显示结果
figure; imshow(Irgb);title('RGB 彩色图像 Original RGB image');
% 显示转换后的索引图像,仔细比较二值之间的差异
figure; imshow(Xdog,map);title('索引图像 Indexd image');
% ————————————————————————————————
```

在处理索引图像时，不能仅根据像素颜色索引值对图像做解释，或将处理灰度图像的滤波器直接应用于索引图像。一般应先将索引图像转换为 RGB 彩色图像，然后再进行各种处理，最后再将 RGB 彩色图像转换为索引图像。

1.2.3　灰度图像

灰度图像每个像素只需一个数值描述，称为像素的灰度值（grayscale value）、强度值（intensity value）或亮度值（brightness value），因此 MATLAB 用一个 $M \times N$ 的二维数组保存灰度图像数据，此时，也可以把这个二维数组看作矩阵，如图 1-6 所示。

传统胶片摄影技术中的黑白照片就是典型的灰度图像，这里的"黑白照片"并非每个像素的灰度值"非黑即白"，而是在一定范围内取值。如果一幅灰度图像的数据类型为 uint8，其像素灰度值的取值范围为 0~255。

日常生活中，我们已习惯了彩色图像，若来张灰度图像（黑白照）反而显得有点"艺术范"。手机或其他图像处理软件都会给你提供一个名为"黑白"的特效滤镜，能把彩色图像转换为灰度图像（黑白照片）。接下来，把机器狗图像 googledog.jpg 转换为灰度图像，看看汪星人的"艺术范"。

%将 RGB 彩色图像转换为灰度图像

```
clearvars;close all;　 % 清除工作空间的变量,关闭已打开显示窗口
Icdog = imread('googledog. jpg');　 % 读取一幅 RGB 彩色图像文件
Igdog = rgb2gray(Icdog);　 % 把彩色图像转换为灰度图像
% 显示结果
figure;imshow(Icdog);title('RGB 彩色图像');
figure; imshow(Igdog);title('转换得到的灰度图像');
% ——————————————————————————
```

执行上述命令后，将弹出两个窗口，一个窗口中显示的是谷歌机器狗 Spot 与狗狗 Alex 路遇的彩色图像，另一个窗口则显示了它俩的灰度图像。MATLAB 工作区多了一个名称为 Igdog 的二维数组变量，其值为"542×640 uint8"，转换得到的灰度图像数据就保

存在这个 $M \times N$ 二维数组中，数据类型仍为 8 位无符号整数（uint8）。双击工作区中变量 Igdog，就可以查看该二维数组的各个元素值，如图 1-6 所示。

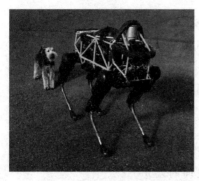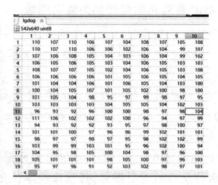

图 1-6　机器狗 Spot 的灰度图像及其部分像素灰度值

机器狗的灰度图像来之不易，最好把它保存下来。MATLAB 提供了将工作区中的图像变量保存为图像文件的函数 imwrite，不妨试试。

```
%把图像变量保存为图像文件
imwrite(Igdog, 'googledog_gray.jpg');
% 读取刚刚保存的灰度图像文件并显示在新窗口,注意观察工作区中的变量
Igdog2 = imread('googledog_gray.jpg');
figure;imshow(Igdog2);title('刚保存的灰度图像文件');
%----------------------------------------
```

示例 1-3：RGB 彩色图像转换为灰度图像的计算方法

函数 rgb2gray 按下式对彩色图像像素的 R、G、B 分量进行加权平均，得到各像素的灰度值：

$$灰度值 = 0.299 \times R + 0.587 \times G + 0.114 \times B$$

下面给出实现上述计算的程序。为了计算图像各像素的灰度值，程序采用了"双重 for 循环结构"，注意循环控制变量初值和终值是如何确定的。

```
%RGB 彩色图像转换为灰度图像的计算方法
% 练练手,加点难度!
clearvars;close all; %清除工作空间的变量,关闭已打开显示窗口
Icdog = imread('googledog.jpg'); % 读取彩色图像文件
% 为避免丢失计算精度,将 Icdog 数据类型由 uint8 转换为 double
Id = double(Icdog);
[mHeight,nWidth,cP] = size(Icdog); % 获取数组的行数、列数和彩色分量数
% 用 zeros 函数定义一个 mHeight 行、nWidth 列的二维数组,数组元素值初始化 0,
% 并将数据类型强制为 uint8,用于保存转换后的灰度图像
Igdog = uint8(zeros(mHeight,nWidth));
```

```
for x = 1：mHeight
    for y = 1：nWidth
        Igdog(x,y) = 0.299 * Id(x,y,1) + 0.587 * Id(x,y,2) + 0.114 * Id(x,y,3);
    end
end
% 显示结果
figure;imshow(Icdog);title('RGB 彩色图像');
figure;imshow(Igdog); title('转换得到的灰度图像,双重 for 循环结构实现');
%—————————————————————————————————
```

当然，也可以采用 MATLAB 的向量运算模式，实现上述 RGB 彩色图像转换为灰度图像的计算。

%采用 MATLAB 向量运算方法实现彩色灰度图像转换

```
clearvars;close all;
Icdog = imread('googledog. jpg');    % 读取 RGB 彩色图像文件

Id = double(Icdog);    % 将数据类型由 uint8 转换为 double
Igdog = 0.299 * Id(:,:,1) + 0.587 * Id(:,:,2) + 0.114 * Id(:,:,3);
Igdog = uint8(Igdog);    % 将数据类型由 double 转换为 uint8

% 显示结果
figure;imshow(Icdog);title('RGB 彩色图像');
figure; imshow(Igdog); title('转换得到的灰度图像,MATLAB 向量运算实现');
%—————————————————————————————————
```

如何观察图像像素的 RGB 分量值或灰度值

函数 impixelinfo 用于查看显示在当前窗口内图像的像素值。先用鼠标左键点击待观察的图像，然后在命令行窗口提示符"＞＞"输入 impixelinfo，回车执行，再把鼠标移动到图像上某一位置。对于真彩色 RGB 图像，在当前窗口左下角显示鼠标选中像素的如下信息：

Pixel info：（列下标 X，行下标 Y）［R 分量值　G 分量值　B 分量值］

若是灰度图像，则显示：

Pixel info：（列下标 X，行下标 Y）灰度值

注意：MATLAB 中 X 坐标方向水平向右，与列序相同；Y 坐标方向垂直向下，与行序相同。

1.2.4　二值图像

顾名思义，二值图像（binary image）的每个像素值只能取两个离散值之一，这两个离散值一个代表"黑"，另一个代表"白"，真正是"非黑即白"，也可将二值图像看作特殊的灰度图像。在 MATLAB 中，这两个离散值为 1 和 0，二值图像数据也用一个 M 行×N 列的二维数组保存，数据类型为逻辑型（logical）。其他语言中，二值图像常用 0 和 255

这两个值代表"黑"和"白"。

再对机器狗 Spot 与 Alex 折腾一番，把它们的照片转换为二值图像，看看汪星人在"二值"世界中长的啥样（见图 1-7）。

图 1-7　机器狗 Spot 的二值图像及数据

%汪星人的二值图像转换

```
clearvars;close all;    %清除工作空间的变量,关闭已打开显示窗口
Icdog = imread('googledog.jpg');      %读取 RGB 彩色图像文件
Igdog = rgb2gray(Icdog);            %把彩色图像先转换为灰度图像
Ibwdog = imbinarize(Igdog);         %再把灰度图像转换为二值图像
%显示结果,把 3 幅图像显示在同一个 figure 窗口内(小技巧!)
figure;
subplot(1,3,1);imshow(Icdog);title('RGB 彩色图像');
subplot(1,3,2);imshow(Igdog);title('灰度图像');
subplot(1,3,3);imshow(Ibwdog);title('二值图像');
%------------------------------------
```

上述程序调用函数 imbinarize 对图像进行阈值分割，把灰度图像转换为二值图像，同时还用到另外一个新函数 subplot。不妨求助 MATLAB 的帮助文档，查看它们的使用语法吧，这可是学习数字图像处理的宝贵技巧。有关彩色图像或灰度图像转换为二值图像的方法，可参看"第 10 章 图像分割"。

1.2.5　视频图像

前面介绍的四种图像类型又称为静态图像（static image）。视频图像（video）并不是新的图像类型，只是一组内容连续渐变的图像序列（image sequence），按一定的时间间隔顺次显示，从而产生运动视觉感受，所以又称动态图像，如图 1-8 所示。

视频中每幅图像称为帧（frame），每秒显示的图像帧数称为帧率（frame rate，fps-frames per second），例如 NTSC 制式视频帧率为 30fps，PAL 制式视频帧

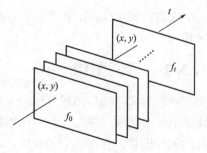

图 1-8　视频图像序列示意图

率为 25fps。数字视频图像的数据量很大，在存储和传输时要采用压缩编码技术，如 MPEG-4、H264 等压缩编码格式，要获取视频文件中的每帧图像数据，需对其解码。下面程序读取一个视频文件的每一帧图像，然后按视频文件指定的帧率播放显示。

%视频文件的读取与图像帧抽取

```
clearvars;close all;   % 清除工作空间的变量,关闭已打开显示窗口
% 创建视频文件读取对象 vobj,视频文件 atrium.mp4 为 MATLAB 自带
vobj = VideoReader('atrium.mp4');
fps = vobj.FrameRate;   % 获取视频帧率

% 读取视频文件中的每一帧图像并显示
while(hasFrame(vobj))
    vidFrame = readFrame(vobj);      % 从视频文件中读取一帧图像
    imshow(vidFrame,'Border','tight');   % 显示该帧图像
    pause(1/fps);% 暂停指定时间,按帧率播放
end
% ------------------------------------------------
```

程序调用函数 VideoReader 创建视频文件 atrium.mp4 读取对象 vobj，该对象提供了视频文件 atrium.mp4 的多个参数，如视频长度、帧图像的高和宽、视频格式以及帧率等。其成员函数 readFrame 从视频中读当前帧；成员函数 hasFrame 用于判断视频文件是否已读取完最后一帧，如果还有图像帧可读返回逻辑 1，如已经读取最后一帧则返回逻辑 0。程序利用 while 循环结构完成了视频文件中所有帧的读取与显示。

如果在实时脚本文件中运行该节示例时不能正常显示视频图像，请用鼠标选中该示例程序，然后单击鼠标右键，在弹出菜单窗口中选择"在命令行窗口中执行所选内容"项，选中的程序被自动复制到"命令行窗口"中并执行，就可以正常显示视频图像。

小结：图像类型

1）RGB 彩色图像，用一个 $M \times N \times 3$ 三维数组保存像素的 RGB 颜色分量值，数据类型可以是 double、uint8、uint16。如果是 double 型，RGB 颜色分量在 [0，1] 之间取值。

2）灰度图像，用一个 $M \times N$ 二维数组保存像素的灰度值，同样数据类型可以是 double、uint8、uint16。如果是 double 型，其取值范围为 [0，1]。

3）二值图像，用一个 $M \times N$ 的二维数组保存像素的灰度值，数据类型为逻辑型（logical），灰度值只能是 1 或 0。

4）索引图像，用一个 $M \times N$ 二维数组保存像素的颜色索引值、一个 $P \times 3$ 二维数组保存颜色映射表。颜色索引值的数据类型可以是 double、uint8、uint16，但必须是整数，颜色映射表为 double 型，表中的 RGB 颜色分量取值范围为 [0，1]。

5）可以用 im2double、im2uint8、im2uint16 等函数实现 RGB 彩色图像、灰度图像的数据类型转换。

6）视频图像，一组连续渐变的静态图像序列，顺次显示每一帧图像，就可以产生运动视觉感受。

1.3　图像的数字化

就人类视觉系统而言，图像是自然界中物体辐射的光能量刺激视网膜感光细胞，在大脑中形成的视知觉。人类视觉仅能感知电磁波谱中的可见光，为拓展视觉感知范围，发明了各种成像设备，几乎能够覆盖全部电磁波谱，如普通光学相机、X 射线成像、红外成像、雷达成像等。

从物理学的观点来看，图像是对某种辐射能量空间分布的记录。如光学相机成像时，感光胶片或图像传感器记录了相机镜头会聚的来自物体的可见光能量强弱（亮度）和频谱结构（RGB 分量）。X 射线成像时，感光胶片或图像传感器则记录了 X 射线透过不同密度物质衰减后强度的变化。

从信号的观点来看，图像只是一种特殊的二维信号。一维连续信号可以表示成一元函数 $f(x)$，一幅图像可以表示成二元函数 $f(x, y)$，这里自变量 x、y 定义域为平面的空间坐标，任何一对坐标 (x, y) 处的函数值（幅值）表示该"像点"记录的某个物理量的大小，例如照相机拍摄的灰度图像，通常对应场景"物点"的明暗程度，如图 1-9 所示。

图像在点 (x, y) 处也可有多个物理量，此时 $f(x, y)$ 则是一个向量函数，它的每一分量都是关于 (x, y) 的二元函数，例如一幅彩色图像在每一个像点 (x, y) 处同时具有红、绿、蓝 3 种波长光能量的强度值，可记作 $[f_r(x, y), f_g(x, y), f_b(x, y)]$。一般而言，任何带有信息的二元函数都可以被看作是一幅图像。

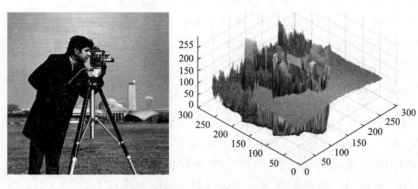

图 1-9　灰度图像及其函数形式的三维可视化

1.3.1　图像的采样与量化

来自场景的光线，经相机光学镜头会聚后形成光影像，投射到图像传感器的靶面上，这个光影像本质上是一种时间和空间连续的二维光能量分布。为了把这个光影像转换成计算机可以操作的数字图像，需经过**空间采样、时间采样、像素值量化**三个主要步骤。

1. 空间采样

对光影像的空间采样，依赖于数码相机或摄像机图像传感器的光电转换单元数量和几何结构。光电转换单元一般按行、列排成矩形平面阵列，称为面阵图像传感器，例如在垂

直方向排 M 行、水平方向上排 N 列，共 $M×N$ 个光电转换单元，那么就把光影像平面离散为 $M×N$ 个采样点，每个采样点就是一个像素，如图 1-10 所示，面阵图像传感器光电转换单元以网格状均匀排列在靶面上，每个光电转换单元测量落在它上面的光能量，将光影像空间离散采样为若干样点（像素）。

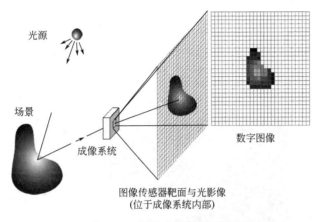

图 1-10　图像空间采样示意

2. 时间采样

时间采样，也就是通常所说的曝光。曝光时间是指从快门打开到关闭的时间间隔，在这段时间内，视场内物体可以在图像传感器靶面上留下光影像。数码相机通过测量每个光电转换单元在曝光时间内光照所累积的电荷量，完成时域采样。

3. 像素值量化

图像传感器把每个光电转换单元在曝光时间内所累积的电荷量，变换为对应电压值，然后经模数转换器（A/D 转换器）量化为有限范围的整数，例如，采用 8 位无符号整数，量化后的像素值大小范围在 0～255 之间，共有 256 个灰度级。

经采样和量化之后得到的数字图像数据，按照像素在图像传感器靶面上的行、列位置，保存为一个二维数组或三维数组对应行、列序号的元素值。这样，图像来自何处已经不重要了，现在它就是个简单的二维或三维数组，对像素值的读写操作也就变成对数组元素值的读写操作。

1.3.2　图像分辨率

空间采样的行、列采样间隔，决定了图像的空间分辨率。像素值量化时 A/D 转换器的比特位数，决定了图像的灰度分辨率。二者既影响图像的质量，也影响图像数据量的大小。

1. 空间分辨率

要想从数字图像不失真地重构连续光影像，就必须满足香农采样定理，即，采样频率应该不小于模拟信号频谱中最高频率的 2 倍。空间采样间隔的大小，要依据场景物体纹理细节丰富程度而定，场景物体纹理细节越丰富，光影像空间频率就越高，采样间隔就应越小。图像的空间分辨率依赖于成像面阵传感器的有效像素数，像素数越多，对细节的分辨和捕捉能力就越强，图像就越清晰。当然分辨率只是影响图像清晰度的重要因素之一。

　　图像的空间分辨率是图像细节分辨能力的度量，一般用图像的像素数来表示，如常用的视频图像分辨率标准 UHD 为 3840×2160、FHD 为 1920×1080 等。用像素数表示的图像分辨率是一种相对分辨率，由于没有规定图像包含的空间尺度，并不能反映出能够分辨的实际空间物体细节的大小。图 1-11 比较了在不同空间尺度下、空间分辨率对图像视觉表现的影响，图 1-12 比较了在相同空间尺度下、空间分辨率对图像视觉表现的影响。

　　在相同的视场空间尺度下，图像的像素数越多，表明图像在数字化时空间采样点越多，再现景物细节的能力就越强。空间分辨率对图像质量有着显著的影响，空间分辨率越大，图像质量越好，当空间分辨率减小时，图像的块状效应（马赛克）就逐渐明显，如图 1-12 所示。

图 1-11　在不同空间尺度下、不同空间分辨率图像的视觉表现，显示空间大小正比于图像像素数

(a)　　　　　　　　(b)　　　　　　　　(c)　　　　　　　　(d)

图 1-12　在相同空间尺度下、不同空间分辨率图像的视觉表现，
通过灰度插值把图像放大到相同空间尺寸
(a) 256×256；(b) 128×128；(c) 64×64；(d) 32×32

2. 灰度分辨率

　　图像灰度分辨率是灰度图像像素明暗程度可分辨的最小变化，或彩色图像像素彩色分量强弱可分辨的最小变化。图像灰度分辨率依赖于成像传感器中 A/D 转换器的分辨率，即当数字量变化一个最小量时对应模拟信号的变化量，常用转换后得到的数字信号位数表示。大多数成像系统采用 8 位二进制数，因此最大分辨率为 256 级灰度，医学图像采用 10 位或更多位二进制数。

　　当图像的空间分辨率一定时，灰度分辨率越大、量化级数越多，图像质量就越好。当灰度分辨率减小、量化级数越少时，图像质量就越差，并出现假轮廓。灰度分辨率最小的极端情况就是二值图像。图 1-13 给出了图像在相同空间分辨率、不同灰度分辨率下的视觉效果。

图 1-13　不同灰度分辨率对图像的影响

(a) 原始图像（256 级灰度）；(b) 16 级灰度；(c) 4 级灰度；(d) 2 级灰度

1.4　图像坐标系

　　光影像经过空间采样、时间采样和像素值量化等环节，得到一个 M 行×N 列的二维数字信号 $f(x，y)$，其自变量 $(x，y)$ 是离散整数值，是空间采样点（像素）的行列序号，并不是坐标的实际物理值。为了描述每个像素在图像平面上的位置，需建立笛卡尔直角坐标系。通常把图像左上角选作坐标系的原点，坐标 x 垂直向下，与图像像素行方向一致，在 0～(M－1) 之间取值；坐标 y 水平向右，与图像像素列方向一致，在 0～(N－1) 之间取值，如图 1-14 所示。

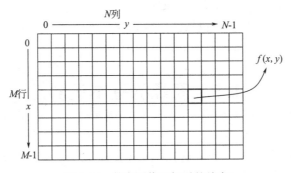

图 1-14　数字图像坐标系的约定

　　如前所述，图像数据常用三维数组、二维数组存放，采用上述约定的图像坐标系，像素空间坐标 $(x，y)$ 与数组的行、列下标有一个自然的对应。但是，不同编程语言的数组下标起始值有所差别，如 C 语言、Python 语言中数组下标起始值为 0，和上述图像坐标原点值恰好对应。MATLAB 数组下标起始值为 1，只要将像素坐标 x、y 各加 1，就可得到相应数组元素的行、列下标。

　　注意：MATLAB 约定图像坐标系原点为图像左上角，x 轴水平向右、对应数组列序，y 轴垂直向下、对应数组行序。

　　坐标系对图像的几何变换非常重要。图像的几何变换通过改变像素的位置实现图像中物体几何结构的变形，在图像配准（Image Register）、计算机图形学（Computer Graphics）、电脑动漫（Computer Animation）、计算机视觉（Computer Vision）、视觉特效

（Visual Effects）等领域有着广泛的应用。

以下程序对图像进行旋转几何变换，将图像绕中心逆时针旋转 20°，结果如图 1-15 所示。

图 1-15   图像坐标系应用示例，图像旋转几何变换

%图像的几何变换示例

```
clearvars;close all;
Ig = imread('cameraman.tif');    %读入一幅图像
%绕图像中心逆时针旋转20°
Ir = imrotate(Ig,20,'bilinear','crop');
%在同一窗口中显示旋转前、后的图像
figure; imshowpair(Ig, Ir, 'montage');
title('原图像（左）│逆时针旋转结果（右)');
%----------------------------------------------
```

1.5　图像的基本运算

图像数据保存为二维数组或多维数组，尽管有时把二维数组视为矩阵，但除非特别说明，对单幅图像或多幅图像的操作都是以逐个像素为基础的数组运算，而不是矩阵运算。

1.5.1　图像的算术运算

数组运算，又称点运算（element-wise），多幅图像之间进行数组运算时，参与运算的图像数组应具有相同的维数，以下面两个 2×2 二维数组为例：

$$f = \begin{bmatrix} f_{11} & f_{12} \\ f_{21} & f_{22} \end{bmatrix}, \quad g = \begin{bmatrix} g_{11} & g_{12} \\ g_{21} & g_{22} \end{bmatrix}$$

以数组 f 为变量的代数运算，a 和 b 为常数，结果为：

$$a \times f + b = \begin{bmatrix} a \times f_{11} + b & a \times f_{12} + b \\ a \times f_{21} + b & a \times f_{22} + b \end{bmatrix}$$

两个数组相减，结果为：

16

$$f - g = \begin{bmatrix} f_{11} & f_{12} \\ f_{21} & f_{22} \end{bmatrix} - \begin{bmatrix} g_{11} & g_{12} \\ g_{21} & g_{22} \end{bmatrix} = \begin{bmatrix} f_{11} - g_{11} & f_{12} - g_{12} \\ f_{21} - g_{21} & f_{22} - g_{22} \end{bmatrix}$$

可见，图像之间的加、减、乘、除等算术运算，都属于数组运算，意味着对应像素之间的算术运算，因此应满足算术运算的规则，例如，数组 f 和 g 相除，g 中的像素灰度值不能为 0。

1.5.2 图像的比较运算

图像的比较运算，实际上是比较两个图像数组对应元素之间的大小关系，或比较一个图像数组各元素与一个标量之间的大小关系，结果仍然是一个相同维数的数组。如果两个数组的对应元素符合某个比较运算关系，或一个数组元素与一个标量符合某个比较运算关系，则结果数组对应元素为 1（true），否则为 0（false）。注意，两个参与比较运算的图像数组应具有相同的维数。

MATLAB 的比较运算符主要有：小于（<）、小于或等于（<=）、大于（>）、大于或等于（>=）、等于（==）、不等于（~=），运算结果数据类型为 logical 类型，例如，定义两个二维数组：

$$f = \begin{bmatrix} 125 & 36 \\ 79 & 66 \end{bmatrix}, \qquad g = \begin{bmatrix} 100 & 36 \\ 88 & 0 \end{bmatrix}$$

那么，两个数组之间"小于"的比较运算结果为：

$$f < g = \begin{bmatrix} 0 & 0 \\ 1 & 0 \end{bmatrix}$$

数组与一个标量之间"大于"的比较运算结果为：

$$f > 80 = \begin{bmatrix} 1 & 0 \\ 0 & 0 \end{bmatrix}$$

1.5.3 图像的逻辑运算

图像的逻辑运算，如表 1-1 所示，实际上是两个图像数组对应元素之间进行逻辑运算，或将图像数组每个元素与一个标量进行逻辑运算，结果是一个相同维数的数组。注意，两个参与逻辑运算的图像数组应具有相同的维数。MATLAB 的逻辑运算主要有：具有短路功能的逻辑与（&&）、或（||），以及与（&）、或（|）、非（~）、异或（xor（A，B））等，运算结果的数据类型为 logical，例如：

$$f \& g = \begin{bmatrix} 1 & 1 \\ 1 & 0 \end{bmatrix}, \qquad f \mid g = \begin{bmatrix} 1 & 1 \\ 1 & 1 \end{bmatrix}$$

逻辑运算   表 1-1

运算符	含义
&&	具有短路功能的逻辑"与"，短路逻辑运算符的两边必须是逻辑标量值
||	具有短路功能的逻辑"或"，短路逻辑运算符的两边必须是逻辑标量值
&	计算逻辑"与" AND
|	计算逻辑"或" OR

续表

运算符	含义
~	计算逻辑"非" NOT
xor	计算逻辑"异或"XOR
all	检测数组中是否全为非零元素,如果是则返回 1,否则返回 0
any	检测数组中是否有非零元素,如果有则返回 1,否则返回 0
false	逻辑 0(假)
true	逻辑值 1(真)
find	查找非零元素的索引下标及其元素值
islogical	确定输入是否为逻辑数组
logical	将数值转换为逻辑值

1.5.4　图像的二进制位运算

图像的二进制位运算,如表 1-2 所示,是将两个整数类型图像数组对应元素值的二进制表示按位进行逻辑运算,或将整数类型图像数组每个元素与一个整数(标量)按位进行逻辑运算,结果是一个相同维数的整数类型数组。注意,两个参与二进制位运算的图像数组应具有相同的维数。

二进制位运算　　　　　　　　　　　　　　　　　　表 1-2

运算符	含义
bitand	按位"与" AND
bitor	按位"或" OR
bitcmp	按位取补码
bitget	获取指定位置的位
bitset	设置指定位置的位
bitshift	将位移动指定位数
swapbytes	交换字节顺序

示例 1-4：运动目标检测（运动分割）

图像分析与理解应用中,常将两幅图像相减,通过差值判断图像是否发生显著变化,进而实现图像的相似性分析、目标检测等。以下程序采用背景减除法,完成视频图像中运动目标的检测,结果如图 1-16 所示。程序中用到了图像减法运算及逻辑运算。

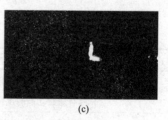

(a)　　　　　　　　　　　(b)　　　　　　　　　　　(c)

图 1-16　图像的基本运算示例,用背景减除法实现视频图像中运动目标的检测
（a）背景图像；（b）含有运动目标的图像帧；（c）运动目标检测结果（白色区域）

%采用参考帧背景减除法实现视频图像运动目标检测

```
clearvars;close all;
% 创建视频文件读取对象 vobj,视频文件 atrium.mp4 为 MATLAB 自带
vobj = VideoReader('atrium.mp4');
fps = vobj.FrameRate;% 获取视频帧率
fsec = 1/fps;   % 帧间隔(秒)
% 读取视频序列中第一帧作为参考背景,数据类型转换为整数
Ibgframe = int16(readFrame(vobj));
Threh = 20;   % 定义一个阈值
% 顺次读取视频文件中的每一帧图像,进行判断
while (hasFrame(vobj))
    Icurframe = readFrame(vobj);   % 从视频文件中读取一帧图像
    % 当前帧与参考背景图像相减,数据类型转换为整数
    Idiff = int16(Icurframe)-Ibgframe;
    % 差值取绝对值,然后与阈值 Threh 做"大于"关系运算
    Itemp = abs(Idiff) > Threh;
    % 如果像素有一个颜色分量的变化超过了阈值,就认为该像素为运动目标
    Ifg = any(Itemp,3);   % 注意,此处采用了图像的逻辑"或"运算
    % 显示该帧图像
    subplot(1,2,1);imshow(Icurframe,'Border','tight'); title('原视频图像')
    subplot(1,2,2);imshow(Ifg,'Border','tight'); title('背景减除得到的二值图像')
    pause(fsec);   % 暂停指定时间,按帧率播放
end
% ----------------------------------------
```

1.6　像素之间的位置关系

像素是构成数字图像的基本单元,图像处理算法常以单个像素或一组像素为操作对象。为便于界定参与运算的像素集合,常用"邻域"(neighborhood)描述像素之间的位置关系。假定某一像素 p 的坐标为 (x,y),其邻域是指以坐标 (x,y) 为中心的一组相邻像素构成的集合,如:4-邻域、4-对角邻域、8-邻域、$m \times n$ 矩形邻域等,如图 1-17 所示,其中 $m \times n$ 矩形邻域以 3×3 邻域为例。

1. 4-邻域

像素 p 的上、下、左、右 4 个相邻像素称为像素 p 的 4-邻域,用 $N_4(p)$ 表示。根据上节约定的图像坐标系,由像素 p 的坐标 (x,y) 就可以给出其 4-邻域像素的坐标:

$$(x-1,y),(x+1,y),(x,y-1),(x,y+1)$$

2. 4-对角邻域

像素 p 左上、右上、左下、右下 4 个相邻像素称为像素 p 的 4-对角邻域,用 $N_D(p)$

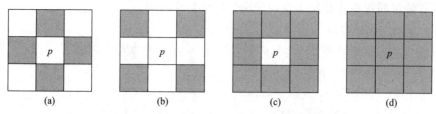

图 1-17　像素 p 的邻域（标为灰色的像素）

(a) 4 邻域；(b) 4 对角邻域；(c) 8 邻域；(b) 3×3 矩形邻域

表示。同样，这 4 个像素的坐标也可以根据像素 p 的坐标（x，y）给出：

$$(x-1, y-1), (x-1, y+1), (x+1, y-1), (x+1, y+1)$$

3. 8-邻域

像素 p 周围的 8 个相邻像素称为像素 p 的 8-邻域，包含了它的 4 邻域和 4 对角邻域，用 $N_8(p)$ 表示。这 8 个像素的坐标为：

$$(x-1, y-1), (x-1, y), (x-1, y+1),$$
$$(x, y-1), \qquad\qquad (x, y+1)$$
$$(x+1, y-1), (x+1, y), (x+1, y+1)$$

4. $m \times n$-矩形邻域

以像素 p 为中心的 m 行×n 列像素构成的集合，称为像素 p 的 $m \times n$ 矩形邻域，简称 $m \times n$ 邻域，如 3×3 邻域、5×5 邻域。m、n 一般取奇数，可令 $m = 2a+1$、$n = 2b+1$，其中，a、b 为非负整数，这样就可以根据中心像素 p 的坐标（x，y）和 a、b 值，得到邻域中其他像素的坐标：

$$(x+i, y+j)；其中 i \in [-a, a]，j \in [-b, b]$$

定义像素邻域的目的

1）定义邻域，是为了便于表达参与运算的像素的集合，并根据中心像素 p 的坐标（x，y）确定其他邻域像素坐标。

2）像素 p 的 4-邻域、4-对角邻域和 8-邻域不包括像素 p 本身，而像素 p 的 $m \times n$ 邻域则包括像素 p 本身。

3）如果像素 p 位于图像的边界，则 p 的某些邻域像素将位于图像的外部，根据坐标（x，y）得到的坐标值也超出了图像范围，图像空域滤波时要认真处理这个问题。

1.7　MATLAB 图像处理工具箱简介

MATLAB 最新版本提供了多个图像处理与计算机视觉密切相关的工具箱，它们是：

1. 图像处理工具箱 Image Processing Toolbox

图像处理工具箱提供了一套标准函数和应用程序，用于图像处理、分析、可视化和算法开发，可进行图像分割、图像增强、降噪、几何变换、图像配准和三维图像处理等。

2. 图像采集工具箱 Image Acquisition Toolbox

图像采集工具箱，提供了用于将相机、激光雷达（Lidar）传感器连接到 MATLAB 和 Simulink 的函数和模块。它包含一个交互式检测和配置硬件属性的 MATLAB 应用程序，可以生成等效的 MATLAB 代码。

3. 计算机视觉工具箱 Computer Vision Toolbox

计算机视觉工具箱，为计算机视觉、3D 视觉和视频处理系统的设计及测试提供算法、函数和应用程序。可以实现目标检测和跟踪，以及特征检测、提取和匹配等功能。

4. 深度学习工具箱 Deep Learning Toolbox

深度学习工具箱，以前的 MATLAB 版本称为 Neural Network Toolbox（神经网络工具箱），它提供了一些算法、预训练模、应用程序设计和实现深度神经网络框架。

下表列出了 MATLAB 图像处理工具箱中常用的图像（视频）文件读写、显示及数据类型转换函数，以便对照学习。

函数名	功能描述
imread	从图像文件中读取图像数据，Read image from graphics file
imwrite	把图像数据写到图像文件中，Write image to graphics file
imfinfo	获取图像文件信息，Information about graphics file
VideoReader	创建对象以读取视频文件，Create object to read video files
VideoWriter	创建对象以保存视频文件，Create object to write video files
imshow	显示图像，Display image
imshowpair	显示图像比较差异，Compare differences between images
montage	多幅图像以矩形蒙太奇方式显示，Display multiple image frames as rectangular montage
gray2ind	灰度图像或二值图像转换为索引图像，Convert grayscale or binary image to indexed image
ind2gray	索引图像转换为灰度图像，Convert indexed image to grayscale image
mat2gray	矩阵数据转换为灰度图像，Convert matrix to grayscale image
rgb2gray	RGB 真彩色图像转换为灰度图像，Convert RGB image or colormap to grayscale
ind2rgb	索引图像转换为 RGB 真彩色图像 Convert indexed image to RGB image
label2rgb	标记图像转换为 RGB 真彩色图像，Convert label matrix into RGB image
im2double	图像数据类型转换为双精度浮点小数，Convert image to double precision
im2int16	图像数据类型转换为 16 位有符号整数，Convert image to 16-bit signed integers
im2single	图像数据类型转换为单精度浮点小数，Convert image to single precision
im2uint16	图像数据类型转换为 16 位无符号整数，Convert image to 16-bit unsigned integers
im2uint8	图像数据类型转换为 8 位无符号整数，Convert image to 8-bit unsigned integers
impixelinfo	获取图像像素信息，Pixel Information tool

习题 ▶▶▶

1.1 "视网膜屏幕"是苹果公司在 2010 年 iPhone 4 发布会上首次推出的营销术语，请简要介绍"视网膜屏幕"这一概念与图像分辨率、人眼视觉特性之间的关系。

1.2　照相机的镜头起什么作用？摄影术语变焦、对焦、调焦的含义是什么？

1.3　简述给图像区域打马赛克的原理方法。

1.4　智能手机厂商常以手机摄像头图像传感器的尺寸和像素数等参数为卖点，请说明厂家这样做的理由。

1.5　像素深度是什么含义？

1.6　举例说明数字图像处理的主要应用。

1.7　简述图像的分类及对应的数据结构。

🎈 上机练习 ▶▶▶

E1.1　编辑本章各示例程序代码建立 MATLAB 脚本文件，保存运行，注意观察并分析运行结果。也可打开实时脚本文件 Ch1 _ RepresentationAndBasicOperationOfImageData.mlx，逐节运行，熟悉本章给出的示例程序。

E1.2　编程实现给一幅图像的指定区域打上马赛克。写出作业报告，内容包括：（1）图像区域打马赛克的含义、目的及应用场景；（2）图像区域打马赛克的原理、方法及编程思路；（3）实验结果分析，对比采用不同方法、参数时的效果；（4）给出结论，探讨视觉观感与隐私保护之间的平衡，并讨论类似图像区域打马赛克的其他图像隐私保护手段；（5）给出参考的文献；（6）程序代码。

第 2 章　灰度变换

　　图像采集、传送和转换过程中，常受到光学系统失真、曝光不足或过量、相对运动、对焦不良等因素影响，导致图像品质下降，如图像扭曲、亮度及对比度过高或过低、图像模糊等。这不但影响视觉效果，也会造成图像自动分析时提取错误信息。因此，需改善图像品质。改善的方法有两类，一类是不考虑图像降质的原因，选择性增强图像中的兴趣特征，或者抑制图像中某些不需要的特征，称为图像增强（Image Enhancement）。另一类是针对降质的具体原因，设法补偿降质因素，使得改善后的图像尽可能逼近理想图像，这类方法称为图像复原（Image Restoration）。

　　灰度变换（gray level transformation，或 intensity transformation）是图像增强的基本方法。它利用指定的灰度变换函数，将输入图像 $f(x，y)$ 每个像素的灰度值映射到输出图像 $g(x，y)$ 对应位置，如图 2-1 所示。另一种重要的图像增强方法称为图像滤波，包括空域滤波和频域滤波，其中空域滤波是一种基于像素邻域的计算方法，将在第 3 章中介绍。频域滤波是一种变换域滤波技术，将在第 4 章中介绍。有关图像复原的内容将在第 7 章中讲解。

　　本章主要以灰度图像为例介绍灰度变换的常用方法，彩色图像的灰度变换将在"第 5 章　彩色图像处理"中介绍。

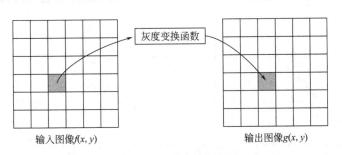

图 2-1　灰度变换原理

2.1 图像的亮度、对比度和动态范围

2.1.1 亮度

图像的亮度（Brightness），通常指图像的整体亮度。每个像素的明暗程度取决于其颜色分量或灰度值的大小，图像的整体亮度则取决于所有像素的平均值。曝光过度的图像显得亮而生硬，曝光不足的图像则显得暗而模糊，如图 2-2 所示。简单地将图像每个像素的灰度值加上一个常数，就可以改变图像的整体亮度：

$$g(x, y) = f(x, y) + b \tag{2-1}$$

式中，当 $b > 0$ 时，图像整体变亮；当 $b < 0$ 时，图像整体变暗。$f(x, y)$、$g(x, y)$ 分别表示输入图像和输出图像中 (x, y) 处像素的灰度值。在意义明确时，符号 $f(x, y)$、$g(x, y)$ 既可以用于表示整幅图像，也可以用于表示图像中任意像素的灰度值。

为简单起见，当灰度变换函数与像素位置无关时，用变量 r 和 s 分别表示输入、输出图像中任一像素的灰度值，则式（2-1）可改写为：

$$s = r + b \tag{2-2}$$

示例 2-1：改变灰度图像的亮度

按式（2-2）改变图 2-2（a）的亮度。图 2-2（a）～（c）显示了 $b=0$（原图像）、$b=100$、$b=-75$ 时的灰度变换结果。常用灰度变换曲线描述输入与输出图像灰度值之间的映射关系，曲线的横坐标为输入灰度值 r，纵坐标为输出灰度值 s，图 2.2（d）～（f）分别给出了 $b=0$、$b=100$、$b=-75$ 时式（2-2）定义的灰度变换曲线。

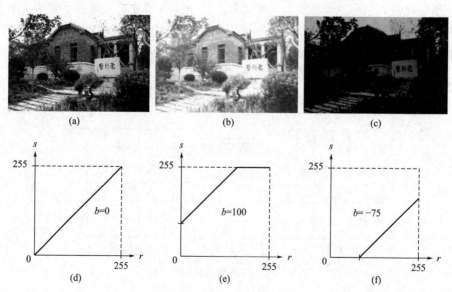

图 2-2　图像整体亮度的简单调整及其灰度变换曲线

（a）原图像 $b=0$；（b）$b=100$；（c）$b=-75$

向量化编程是 MATLAB 语言的精髓，以数组或矩阵运算代替逐点计算，提高程序代码的运行效率。式（2-1）的计算就可以采用下面简洁的向量化编程实现：

%MATLAB 向量化编程，改变图像亮度

```
clearvars; close all;    % 清除工作空间的变量,关闭已打开显示窗口
f = imread('old_villa_grey.jpg');    % 读取一幅灰度图像
b = 100;
g = f + b;
% 显示结果
figure(1), imshow(f); title('原图像');
figure(2), imshow(g); title('亮度改变后的图像');
%------------------------------------------
```

如果采用 C 语言风格的逐点计算编程，代码应为：

%C 语言风格，改变图像亮度

```
clearvars; close all;
f = imread('old_villa_grey.jpg');    % 读取一幅灰度图像
b = 100;
[Height, Width] = size(f);    % 获取图像的高、宽
g = f;    % 定义输出图像变量并初始化
% 遍历每个像素
for x = 1:Height
    for y = 1:Width
        g(x,y) = f(x,y) + b;
    end
end
% 显示结果
figure(1), imshow(f); title('原图像');
figure(2), imshow(g); title('亮度改变后的图像,C 语言风格');
%------------------------------------------
```

可见，向量化编程比较简洁。在学习 MATLAB 编程时，应尽量避免使用循环结构，多采用 MATLAB 内置的向量化运算函数。本书有时为了说明图像处理算法原理，展示数值计算的编程细节，会采用 C 语言风格的逐点计算编程模式。

需要注意的是，MATLAB 中灰度图像数据多采用无符号 8 位整数类型（uint8），取值范围在 $[0,255]$ 之间，运算时 MATLAB 将自动把小于 0 或大于 255 的计算结果分别限制为 0 或 255。

2.1.2 对比度

对比度（Contrast）用于描述图像中不同区域、物体之间的可区分性。对比度的高低取决于图像中明、暗区域之间的差别，即亮度的反差大小。反差越大意味着对比度越大，反差越小则对比度越小。图像的对比度过高，给人的感觉就刺眼、醒目；图像的对

比度过低，则给人感觉变化不明显，图像显得沉闷、晦暗，带来一种模糊的感觉。图像对比度过高或过低，都会导致图像丢失灰度层次和信息，不利于图像细节的表现，如图 2-3 所示。

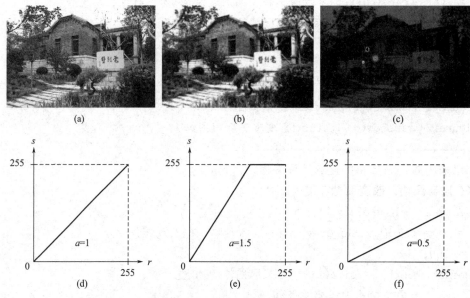

图 2-3　图像对比度的简单调整及其灰度变换曲线

(a) 原图像；(b) $a=1.5$；(c) $a=0.5$

将图像所有像素的灰度值乘以常数 a，就可以简单地增加或缩小像素灰度值之间的差距，从而改变图像的对比度，即：

$$g(x,\ y)=a \cdot f(x,\ y) \tag{2-3}$$

或

$$s=a \cdot r \tag{2-4}$$

当 $a>1$ 时，输出图像对比度增强；当 $a<1$ 时，输出图像对比度降低。式（2-3）改变了输入图像像素灰度值的取值范围，以及最大和最小灰度值之间的差距，达到调整图像对比度的目的，但同时也将改变图像的整体亮度。

示例 2-2：改变灰度图像的对比度

按式（2-4）改变图 2-3（a）所示图像的对比度。图 2-3（b）、图 2-3（c）分别给出了 $a=1.5$、$a=0.5$ 时的灰度变换结果，注意观察图像中不同区域或物体之间的可区分性。相应的灰度变换曲线显示在图像的下方，曲线的横坐标为输入灰度值 r，纵坐标为输出灰度值 s。

```
%改变图像对比度
clearvars; close all;
f = imread('old_villa_grey.jpg');    %读取一幅灰度图像
a = 1.5;
g = a * f;
```

```
%显示结果
figure(1); imshow(f); title('原图像');
figure(2); imshow(g);title('对比度改变后的图像');
%----------------------------------------------
```

图 2-3（a）为原图像；图 2-3（b）为所有像素灰度值乘以 1.5 的结果，图像对比度增强，同时整体亮度也增加（注意，大于 255 的像素灰度值因饱和被限制为 255）；

图 2-3（c）为所有像素灰度值乘以 0.5 的结果，图像对比度降低，同时整体明显变暗。

图 2-3（d）～（f）分别为对应的灰度变换曲线。

2.1.3　动态范围

一幅图像像素灰度值所跨越的值域，称为该图像灰度值的动态范围（Dynamic Range），像素的明暗变化被限制在这个范围内。动态范围越大，变化层次越多，图像细节的表达能力也就越强。在成像时，受环境光照和曝光时间的影响，可能导致图像的动态范围较小，降低了图像细节的描述能力。改变图像的动态范围，同时会影响图像的对比度和亮度。对于 8 位 256 级灰度图像而言，图像像素灰度值最大的动态范围为 [0, 255]。

统计图像中各灰度值对应的像素数量，得到该图像中各灰度值的分布规律，然后以直方图的形式显示，可用于考查一幅图像灰度值的动态范围，如图 2-4 所示。灰度直方图的横轴为灰度值，纵轴为与每一灰度值对应的像素数量。关于灰度直方图，将在 2.4 图像直方图中详细讲解。

图 2-4 给出了 4 幅花粉显微图像。第 1 列中的图像整体偏暗、对比度低，从其灰度直方图可以看出，像素灰度值主要分布在低端 [10, 80] 较窄的动态范围内，最大与最小灰度值之间的差别小，这是造成图像偏暗、对比度低的原因。第 2 列中的图像整体偏亮、对比度较低，像素灰度值主要分布在高端 [132, 255] 较窄的动态范围内，最大与最小灰度值之间的差别仍较小。第 3 列中的图像整体暗淡、灰蒙蒙一片，对比度更低，像素灰度值主要分布在中部 [90, 135] 更窄的动态范围内，最大与最小灰度值之差更小。第 4 列中的图像接近完美，具有适中的亮度和较高的对比度，像素灰度值较为均匀地分布在区间 [0, 255] 内，具有最大的动态范围。

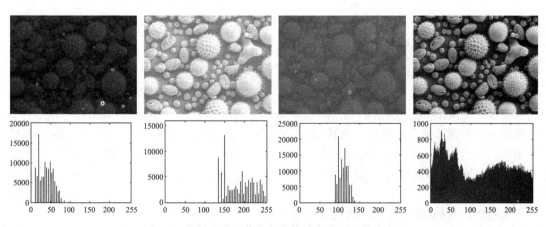

图 2-4　花粉显微图像的灰度值动态范围及其直方图

2.2 线性灰度变换

把上节用于图像亮度和对比度调整的简单灰度变换函数式（2-2）和式（2-4）结合起来，就得到一般意义上的线性灰度变换函数，即：

$$s = a \cdot r + b \tag{2-5}$$

改变参数 a 和 b 就可以得到不同的图像增强效果。

2.2.1 具有饱和处理的线性灰度变换

用 r_{low} 和 r_{high} 分别表示输入图像灰度值动态范围的下限值、上限值，s_{low} 和 s_{high} 表示输出图像期望动态范围的下限值、上限值，利用下式可将输入图像的动态范围 $[r_{low}, r_{high}]$ 线性映射到 $[s_{low}, s_{high}]$ 之间。

$$s = \begin{cases} s_{low}, & r < r_{low} \\ \dfrac{s_{high} - s_{low}}{r_{high} - r_{low}}(r - r_{low}) + s_{low}, & r_{low} \leqslant r < r_{high} \\ s_{high}, & r \geqslant r_{high} \end{cases} \tag{2-6}$$

如果 s_{high} 与 s_{low} 之差大于 r_{high} 与 r_{low} 之差，该灰度变换称为图像**动态范围扩展（对比度拉伸）**，否则为图像**动态范围压缩（对比度收缩）**，如图 2-5（a）所示。

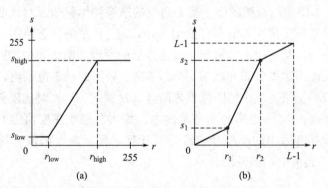

图 2-5 线性灰度变换曲线

（a）具有饱和处理的线性灰度变换；（b）分段线性灰度变换

r_{low} 可取输入图像像素灰度值的最小值，r_{high} 取其最大值，即 $r_{low} = r_{min}$，$r_{high} = r_{max}$，但变换结果有可能受少数高、低灰度值像素的影响而导致灰度变换失败。更好的方法是采用百分位数（percentile）选择 r_{low} 和 r_{high}，如：选择 r_{low} 的值，使得输入图像灰度值小于和等于 r_{low} 的像素数占图像总像素数的 1%；选择 r_{high} 的值，使得输入图像灰度值大于和等于 r_{high} 的像素数占图像总像素数的 1%，具体方法详见 2.4 图像直方图。对 8 位 256 级灰度图像，通常令 $s_{low} = 0$，$s_{high} = 255$。

示例 2-3：具有饱和处理的线性灰度变换

调用 MATLAB 图像处理工具箱函数 imadjust，按式（2-6）对图 2-6（a）中的图像进行带饱和处理的线性灰度变换，结果如图 2-6（b）、（c）所示，从第 2 行对应灰度直方图中可以看出变换前后图像灰度值动态范围的变化。

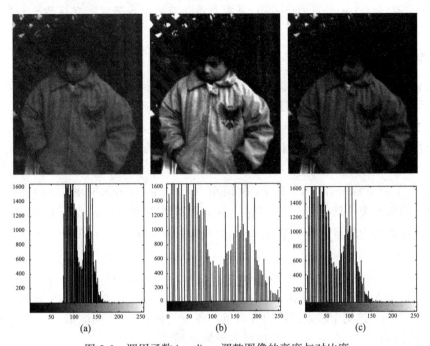

图 2-6　调用函数 imadjust 调整图像的亮度与对比度
（a）输入图像；（b）百分位数选择 r_{low} 和 r_{high}；（c）$r_{low}=r_{min}$，$r_{high}=r_{max}$

%调用函数 imadjust 调整图像的亮度和对比度

```
close all;clearvars;
f = imread('pout.tif');    %读取灰度图像

g1 = imadjust(f);          %函数默认方式采用百分位数 0.01 选择 rlow 和 rhigh
%或指定百分位数 0.02,选择 rlow 和 rhigh
%lohi = stretchlim(f,[0.02,0.98]);
%g1 = imadjust(f,lohi,[]);

rlow = min(min(double(f)))/255;   %令 rlow 为输入图像中的最小灰度值
rhigh = max(max(double(f)))/255;  %令 rhigh 为输入图像中的最大灰度值
g2 = imadjust(f,[rlow rhigh],[]); %[low_out high_out]采用默认值

%显示处理结果
figure;imshow(f); title('原图像');
figure; imshow(g1); title('默认百分位数选择 rlow 和 rhigh 灰度变换结果');
figure; imshow(g2);title('采用图像最小、最大灰度值确定输入范围的变换结果');
%显示各图像的灰度直方图
```

```
imhist(f);title('原图像');
imhist(g1);title('默认百分位数方式灰度变换结果');
imhist(g2);title('采用图像最小、最大灰度值确定输入范围的变换结果');
%————————————————————————————
```

灰度变换函数 imadjust

函数 imadjust 可以实现具有饱和处理的线性灰度变换，用于调整灰度图像的亮度和对比度，也可以用于彩色图像。其使用的基本语法为：

格式 1：J ＝ imadjust (I)

采用百分位法 1％ 选择 r_{low} 和 r_{high}，默认 $s_{low}=0$，$s_{high}=1$，可以提升输出图像的对比度。

格式 2：J ＝ imadjust (I, [low_in high_in], [low_out high_out])

将输入图像灰度值从 [low_in high_in] 线性映射到 [low_out high_out] 之间。这两个输入参数均为向量，各分量在 0~1 之间取值，[low_out high_out] 的默认值为 [0 1]。

格式 3：J ＝ imadjust (I, [low_in high_in], [low_out high_out], gamma)

说明：将输入图像灰度值从 [low_in high_in] 采用伽马变换映射到 [low_out high_out] 之间。这两个输入参数均为向量，各分量在 0~1 之间取值，[low_out high_out] 的默认值为 [0 1]；gamma 为伽马变换的 γ 值。

2.2.2 分段线性灰度变换

构造一个分段线性灰度变换函数，如图 2-5（b）所示，实现对图像灰度值动态范围的扩展或压缩。选择两个控制点 (r_1, s_1) 和 (r_2, s_2)，再加上 $(0, 0)$、$(255, 255)$ 两个定点，便构造出一个三段折线变换曲线。

调整控制点 (r_1, s_1) 和 (r_2, s_2) 的位置，进而控制各段直线的斜率，就可以对相应区间灰度值的动态范围进行扩展或压缩。当区间内直线段斜率大于 1 时，对该区间灰度值的动态范围进行扩展；当区间内直线段斜率小于 1 时，则对该区间灰度值的动态范围进行压缩。一般假定 $r_1 < r_2$ 且 $s_1 < s_2$，以保证变换函数为单值单调增加，若 $r_1 = r_2$，$s_1 = 0$ 且 $s_2 = L-1$，则变换函数退化为阈值处理函数，变换结果为一幅二值图像，这种变换又称阈值分割。分段线性灰度变换函数的一般形式可由式（2-7）给出：

$$s = \begin{cases} \dfrac{s_1}{r_1}r, & 0 \leqslant r < r_1 \\[2ex] \dfrac{s_2 - s_1}{r_2 - r_1}(r - r_1) + s_1, & r_1 \leqslant r \leqslant r_2 \\[2ex] \dfrac{L-1-s_2}{L-1-r_2}(r - r_2) + s_2, & r_2 < r \leqslant L\text{-}1 \end{cases} \tag{2-7}$$

式中，对于 8 位 256 级灰度图像而言，$L=256$。

深度揭秘—利用查表法实现分段线性灰度变换

灰度变换需要依据变换函数计算每个像素灰度值对应的输出值，当变换函数复杂时，对于大尺寸图像，这种操作相当耗时。如果灰度变换是全局的，与像素坐标无关，那么可以预先计算出每个可能灰度值的输出值，并存储到一个查找表（Look-Up-Table，LUT）中。对于交互式图像处理软件，可能仅给出一条灰度变换曲线，而不是解析函数表达式，那么就需要将曲线表达的输入输出函数关系离散化后保存到查找表中。执行灰度变换时，只需简单地根据每个像素的灰度值，在查找表中找到其变换输出值。

以 8 位 256 级灰度图像的灰度变换为例，编程时可用一个具有 256 个元素的一维数组或向量构造查找表。数组或向量的下标由小到大依次对应 256 个灰度值，相应元素值则为其灰度变换输出值。变换函数只需计算 256 次，与图像大小无关。当图像像素数远大于可能的灰度级数时，计算量会显著减少。

不同编程语言的数组或向量下标起始值不同，查表时要注意数组下标值与像素灰度值之间的对应关系。比如，MATLAB 的向量下标起始值为 1，而灰度值的最小值为 0，因此，灰度值 0 的变换结果被保存在下标为 1 的元素中，依此类推，如图 2-7 所示。

下面通过自定义一个分段线性灰度变换函数 IMpwlineartransform，说明如何生成灰度变换查找表，以及通过查表法进行分段线性灰度变换的编程思路。

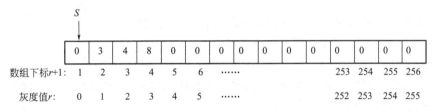

图 2-7　采用一维数组保存灰度变换函数的输入/输出关系

以下程序定义函数 IMpwlineartransform 实现式（2-7）给出的分段线性灰度变换：

```
function [g,LUT] = IMpwlineartransform(f, r1, s1, r2, s2)
% IMPWLINEARTRANSFORM,分段线性灰度变换,v1.0,date2019.06.29
% 输入参数：  f 源图像数组变量,灰度图像,数据类型 uint8;
%            r1,s1 控制点 1 对应的输入、输出灰度值,在 0~255 之间取值;
%            r2,s2 控制点 2 对应的输入、输出灰度值,在 0~255 之间取值;
%            要求 r1 < r2 且 s1 < s2
% 返回参数:g 灰度变换输出图像
%          LUT 灰度变换查找表
% ***************************************************
% 检查输入参数是否符合要求
if (r1>= r2) || (s1>= s2)
    warning('Invalid input parameters! ');
end
if (~ismatrix(f))
    warning('Not a gray image! ');
end
L = 256;
```

```
%计算分段线性灰度变换查找表 LUT
%初始化查找表 LUT
LUT = zeros(1, L);
for r = 0: L-1
    if (r > = 0) && (r<r1)
        LUT(r + 1) = r * s1/r1;
    elseif (r> = r1)&&(r< = r2)
        LUT(r + 1) = (r-r1) * (s2-s1)/(r2-r1) + s1;
    elseif (r>r2)&&(r< = L-1)
        LUT(r + 1) = (r-r2) * (L-1-s2)/(L-1-r2) + s2;
    end
end
%把查找表中的变换值类型转换为 uint8 型
    LUT = uint8(LUT);
    g = f;
    %将输入图像数据格式由 uint8 型转换为 double 型,
    %以保证灰度值为 255 时得到的下标为 256
    fd = double(f);
    %根据输入图像中每个像素的灰度值,从查找表 LUT 中读取对应的变换值
    g = LUT(fd + 1);
end
%-------------------------------------------------
```

示例 2-4：分段线性灰度变换

调用该自定义函数 IMpwlineartransform 对图 2-4 中前 3 幅花粉显微图像进行灰度变换，以改善图像视觉效果。参数 r_1 取输入图像灰度值的最小值，r_2 取输入图像灰度值的最大值，并令 $s_1 = 0$，$s_2 = 255$。

下面给出了对图 2-4 中第 1 幅图像进行增强处理的程序，结果如图 2-8 所示。观察输出窗口显示的原图像、灰度变换曲线、增强处理后的图像及其灰度直方图，体会灰度值动态范围对图像亮度、对比度的影响。

```
%采用查表法实现分段线性灰度变换
close all; clearvars;
%读取灰度图像 pollen_bright. png, pollen_dusky. png
f = imread('pollen_dark. png');

%设置控制点位置
r1 = double(min(f(:)));
r2 = double(max(f(:)));
s1 = 0;
```

```
s2 = 255;
% 调用自定义变换函数
[g,lut] = IMpwlineartransform(f,r1,s1,r2,s2);
% 显示处理结果
figure;
subplot(3,2,1); imshow(f); title('Original image');
subplot(3,2,2); imhist(f); title('Histogram of the Original image');
subplot(3,2,3); imshow(g); title('Processed image');
subplot(3,2,4); imhist(g); title('Histogram of the processed image');
subplot(3,2,6); plot(lut); title('The gray transform function curve');
% 设置横轴坐标范围和刻度
set(gca,'Xlim',[0, 255],'XTick',[0;50;100;150;200;255]);
% 设置纵轴坐标范围和刻度
set(gca,'Ylim',[0, 255],'YTick',[0;50;100;150;200;255]);
% 左右并列显示对比处理结果
figure; montage({f, g}); title('Original image ｜ Processed image');
% ————————————————————————————————————————
```

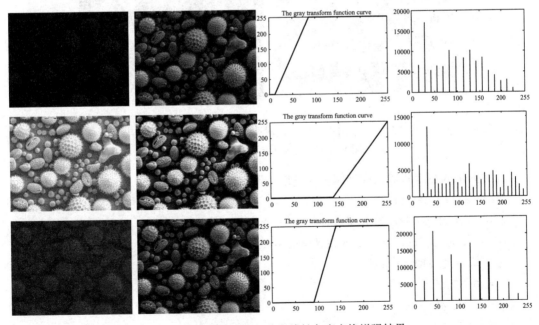

图 2-8　花粉显微图像的分段线性灰度变换增强结果

第 1 列为原图像，第 2 列为采用分段线性灰度变换的结果，参数 r_1 取输入图像灰度值的最小值，r_2 取输入图像灰度值的最大值，并令 $s_1 = 0$，$s_2 = 255$；第 3 列为相应的灰度变换曲线；第 4 列给出了增强处理后图像的灰度直方图。注意观察图像灰度值动态范围的变化及其对图像亮度、对比度的影响。

2.2.3　连续单独或同时调整图像的亮度和对比度

类似一些图像编辑软件的方法，采用式（2-8）可以连续单独或同时调整图像的亮度和对比度：

$$s = [r - 127.5 \cdot (1-b)] \cdot k + 127.5 \cdot (1+b)$$
$$\text{其中，} \quad k = \tan(45° + 44° \cdot c) \tag{2-8}$$

式中，r 是输入灰度值，s 是变换后的输出灰度值；参数 b 在区间 $[-1，1]$ 内取值，用于控制亮度的增减：$b=0$，不改变；$b<0$，降低亮度；$b>0$，提高亮度。参数 c 在区间 $[-1，1]$ 内取值，用于控制对比度的增减：$c=0$，不改变；$c<0$，降低对比度；$c>0$，提高对比度。

示例 2-5：对图像的亮度和对比度连续独立（或同时）调整

以下程序给出了式（2-8）的编程实现。对测试图像 pollen_bright.png 进行灰度变换，将图像亮度降低 35%、对比度提高 40%，即令 $b=-0.35$、$c=0.4$，结果如图 2-9 所示。

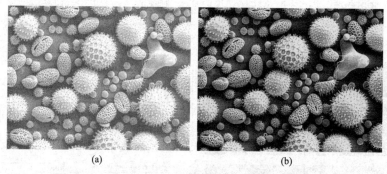

(a)　　　　　　　　　　　　　　　(b)

图 2-9　采用式（2-8）同时调整图像的亮度和对比度
(a) 原图像；(b) 亮度降低 35%、对比度提高 40%

```
%对图像的亮度和对比度连续独立（或同时）调整
close all;clearvars;
f = imread('pollen_bright.png');   %读取灰度图像
fd = double(f);   %将输入图像数据转换为 double 型
%降低亮度,同时提高对比度
b =-0.35;c = 0.4;
k = tand(45 + 44 * c);
g = (fd - 127.5 * (1 - b)) * k + 127.5 * (1 + b);
g = uint8(g);   %将输出图像数据类型转换为 uint8 型
%显示处理结果
figure; montage({f, g});
title('原图像（左）　　│　亮度降低 35%对比度提高 40%后的图像（右）');
%--------------------------------------------------------------
```

2.3　非线性灰度变换

非线性灰度变换将输入图像的灰度值 r 按照某种非线性函数关系映射为输出灰度值 s。本节主要介绍伽马变换、对数变换和指数变换三个常用的非线性灰度变换函数。

2.3.1　伽马变换

伽马变换（Gamma Transformation），又称伽马校正（Gamma Correction）、幂次变换（Power law transformation），定义为：

$$s = r^{\gamma} \tag{2-9}$$

式中，指数 γ 称伽马值，这也是被称作伽马变换的由来。为保证输入灰度值 r 和输出灰度值 s 具有相同的取值范围，变换时需先将输入灰度值 r 从 [0，255] 归一化到 [0，1]，变换后再把输出灰度值 s 从 [0，1] 线性映射到 [0，255] 之间。

图 2-10 显示了 γ 取不同值时对应的灰度变换曲线形状，可见，当 $0<\gamma<1$ 时，输入灰度值 r 低值端较暗区域范围内曲线的斜率大于 1，动态范围得到扩展；而中、高值端较亮区域范围内曲线的斜率小于 1，相应动态范围被压缩。相反，当 $\gamma>1$ 时，输入灰度值 r 低值端较暗区域动态范围被压缩，亮区域的动态范围被扩展。被扩展和压缩的输入灰度值 r 区域范围及程度取决于 γ 的大小。

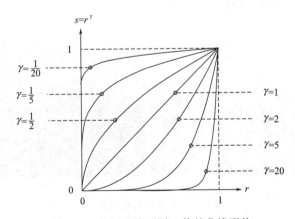

图 2-10　伽马变换不同 γ 值的曲线形状

术语伽马 γ（Gamma）来源于模拟摄影技术，后应用于电视技术，用来描述电视接收机所用阴极射线管（CRT）的非线性特征，即 CRT 显示器的亮度与输入信号电压之间的关系，可表示为一个指数 γ 在 1.8~2.8 范围内变化的幂函数，具体设备的 γ 值由制造厂家基于实际测量给定。CRT 显示器的这种非线性输入输出响应，将导致显示的图像亮度失真。如果在显示之前，先对输入图像用一个指数为设备 γ 值的倒数，即 $1/\gamma$ 的伽马变换进行预处理，修正设备的非线性，就能得到接近原图像亮度的输出，这一过程被称为伽马校正。

下面给出实现灰度图像伽马变换的自定义函数 IMgammatransform 的程序代码。该函数先根据式（2-9）计算一个查找表，然后采用查表法对输入图像进行伽马变换：

```
function [g, LUT] = IMgammatransform(f, gamma)
    % 对输入图像 f 进行伽马变换,V1.1,2020.09
    % 输入参数 f 为 uint8 型灰度图像,gamma > 0
    % 计算伽马变换灰度值映射查找表 LUT
    LUT = zeros(1,256);
    r = 0:255;
    % 先对灰度值归一化,再计算其映射值,然后把输出值从[0,1]线性映射到[0,255]
    LUT = round(255 * (r/255) .^gamma);
    % 将 LUT 中的灰度值转换为 uint8 型
    LUT = uint8(LUT);
    % 对输入图像 f 逐像素通过查表法进行伽马变换
    fd = double(f);
    g = LUT(fd + 1);
end
% ————————————————————————————————
```

示例 2-6：利用伽马变换进行图像增强

图 2-11（a）中的航拍图片整体偏亮，且有一种"冲淡"的显示效果，可采用伽马变换调整图像的对比度，图 2-11（b）是令 $\gamma = 3$ 调用上述自定义函数 IMgammatransform 对输入图像进行伽马变换的结果。

(a)   (b)

图 2-11　航拍图片的伽马变换

（a）原图像；（b）$\gamma = 3$ 时的伽马变换结果

%利用伽马变换进行图像增强

```
close all;clearvars;
f = imread('washed_out_aerial_image. jpg');    % 读取灰度图像
% 调用自编函数进行伽马变换
[g,lut] = IMgammatransform(f, 3);
% 显示处理结果
figure;
subplot(2,2,1); imshow(f); title('Original image');
```

```
subplot(2,2,2); imshow(g); title('Processed image by Gamma Transformation');
subplot(2,2,3); plot(lut); title('The gray transform function curve');
%-----------------------------------------------------------
```

函数 imadjust 也可以实现伽马变换，将输入图像灰度值从 [low _ in high _ in] 采用伽马变换映射到输出图像 [low _ out high _ out] 之间。gamma 为伽马变换的 γ 值。其调用语法为：

$$J = imadjust (I, [low \_ in high \_ in], [low \_ out high \_ out], gamma)$$

%调用函数 imadjust 实现伽马变换

```
close all; clearvars;
f = imread('washed_out_aerial_image.jpg');    % 读取灰度图像

low_in = double(min(f(:)))/255;    % 令 low_in 为输入图像中的最小灰度值
high_in = double(max(f(:)))/255;    % 令 high_in 为输入图像中的最大灰度值
gamma = 3;
% 伽马变换   % [low_out high_out] 采用默认值 [0 1]
g = imadjust(f,[low_in high_in],[],gamma);
% 显示处理结果
figure; montage({f, g});
title('Original image ｜ Processed image by Gamma Transformation');
%-----------------------------------------------------------
```

2.3.2　对数变换

由于对数函数在 0 处无定义，因此，对数变换定义为：

$$s = c \cdot \log(1+r) \tag{2-10}$$

式中，c 是一个比例因子，若输出图像采用 8 位无符号整数灰度图像时，为保证变换后输出灰度值 s 的最大值为 255，c 可按下式计算：

$$c = \frac{255}{\log(1+r_{max})} \tag{2-11}$$

式中，r_{max} 为输入图像 $f(x, y)$ 的最大灰度值。

从图 2-12（a）给出的对数变换曲线的形状可以看出，对数变换能够扩展低端暗区域

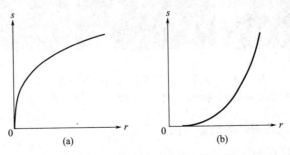

图 2-12　对数变换、指数变换曲线

（a）对数变换；（b）指数变换

像素灰度值的动态范围、压缩高端亮区域像素灰度值的动态范围。因此，对数变换常用于压缩动态范围过大而不能正常显示的图像，或增强暗背景中仅有若干亮点的图像。

%对数变换的编程实现

```
function g = IMlogtransform(f)
    % 对输入图像 f 进行对数变换,输出 g 为 uint8 型灰度图像
    fd = double(f);
    % 获取输入图像最大灰度值,计算比例因子 c
    r_max = max(fd(:));
    c = 255/log(1 + r_max);
    % 采用 MATLAB 的矢量化运算
    g = c * log(1 + fd);
    % 将结果转换为 8 位无符号整数
    g = uint8(g);
end
% ---------------------------------------
```

示例 2-7：采用对数变换压缩图像的动态范围

以图像的傅里叶变换幅度谱的显示为例，说明对数变换的动态范围压缩能力。图 2-13 （a）为著名人物莱娜（lena）的照片，图 2-13（b）显示了 lena 图像中心化后的傅里叶变换幅度谱。由于傅里叶变换幅度谱的系数在 $0\sim10^6$ 较大范围内取值，当这些值被直接线性转换为 8 位灰度图像显示时，画面会被少数较大幅度谱的系数值左右，仅能看到大面积暗背景中的几个亮点，而幅度谱中的低值系数（恰恰是重要的）细节则观察不到。图 2-13 （c）是采用上述自定义函数 IMlogtransform 对 lena 图像的傅里叶变换幅度谱进行对数变换后的效果，可见，与图 2-13（b）中傅里叶变换幅度谱直接显示相比，可以观察到幅度谱中更多的细节。对数变换把幅度谱从 $0\sim10^6$ 过大的动态范围压缩到 $0\sim255$ 之间。

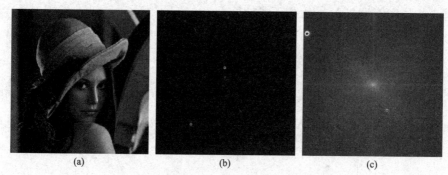

(a)　　　　　　　　　(b)　　　　　　　　　(c)

图 2-13　用对数变换压缩图像灰度值的动态范围

(a) 原图像；(b) 直接显示中心化图像幅度谱；(c) 对数变换后的中心化幅度谱

%采用对数变换压缩图像的动态范围

```
clearvars; close all;
img = imread('lena_gray.bmp');   % 读取图像
```

```
f = fft2(img);        %计算傅里叶变换
f = fftshift(f);      %频谱中心化处理
Iam = abs(f);         %计算傅里叶变换幅度谱
g = IMlogtransform(Iam);   %调用自定义函数对幅度谱进行对数变换
%显示处理结果
subplot(1,3,1), imshow(img), title('原图像');
subplot(1,3,2), imshow(Iam,[]), title('直接显示图像幅度谱');
subplot(1,3,3), imshow(g), title('对数变换后的图像幅度谱');
 %------------------------------------------------------------
```

2.3.3　指数变换

指数变换（exponential transformation）由式（2-12）给出：

$$s = c \cdot (k^r - 1) \tag{2-12}$$

式中，参数 k 用来选择灰度变换曲线的形状，一般在略大于 1 附近取值。c 是一个比例因子，若输出图像采用 8 位无符号整数时，c 可按式（2-13）计算：

$$c = \frac{255}{k^{r_{max}} - 1} \tag{2-13}$$

式中，r_{max} 为输入图像 $f(x, y)$ 的最大灰度值。指数变换能增强图像中亮区域的细节（对比度提高），同时弱化图像中暗区域的细节（对比度降低），图 2-12（b）中指数变换曲线的形状表明了上述功能。

%指数变换的编程实现

```
function  g = IMexptransform(f, k)
   %对输入图像 f 进行指数变换，输出 g 为 8 位 uint8 型灰度图像
   fd = double(f);   %将图像数据转换为 double
   %获取输入图像最大灰度值,计算比例因子 c
   r_max = max(fd(:));
   c = 255/(k.^r_max -1);
   r = 0:255;
   LUT = c * (k.^ r - 1);     %计算指数变换灰度值查找表 LUT
   LUT = uint8(LUT);          %将 LUT 转换为 8 位无符号整数 uint8 型
   g = LUT(fd + 1);           %对输入图像 f 逐像素通过查表法进行指数变换
end
 %------------------------------------------------------------
```

示例 2-8：采用指数变换调整图像亮度和对比度

图 2-14（a）所示图像曝光过度，失去部分纹理细节，指数变换能增强图像中亮区域的细节（对比度提高），同时弱化图像中暗区域的细节（对比度降低），结果如图 2-14（b）所示。

％采用指数变换调整图像亮度和对比度

```
close all;clearvars;
f = imread('padnew.jpg');      %读取图像
g = IMExptransform(f,1.02);    % 调用自定义函数进行指数变换
% 显示处理结果
figure; montage({f, g}); title('原图像（左）  |   指数变换结果（右）');
%————————————————————————
```

(a)   (b)

图 2-14   指数变换能突出明亮图像中的细节
(a) 原图；(b) 指数变换结果

2.4 图像直方图

采用灰度变换增强图像，需先判断图像太暗还是太亮、对比度过高还是过低、灰度值大致分布，然后选择合适的灰度变换函数。可以通过人眼观察进行判断，但我们更感兴趣的是让计算机自动评估图像，并选择合适的灰度变换函数增强图像，为此，引入了一个简单但功能强大的工具，即图像直方图（Image Histogram），又称灰度直方图（Intensity Histogram）。

图像直方图是对图像灰度值分布规律的统计工具。考察一幅图像直方图，根据灰度值分布的范围和均匀程度，就可以判断出该图像曝光是否合适。所以，数码相机常在取景器上实时显示图像直方图，为用户提供图像曝光状态，避免曝光不佳。拍摄过程中及时发现图像曝光不足或曝光过度非常重要，曝光不足或曝光过度都会导致信息丢失，而这些信息有时无法通过后期处理来恢复。

2.4.1 频数分布表与直方图

对于灰度图像而言，比如一幅 8 位灰度图像，像素的灰度值在 [0，255] 范围内取值，逐一考察每个像素，统计图像中灰度值为 0 的像素个数、灰度值为 1 的像素个数，依次类推，一直到灰度值为 255 的像素数量。然后把统计结果填写到一个叫作频数分布的表格中，如图 2-15 (c) 所示，表格的第 1 列为灰度值 r，第 2 列为该灰度值在图像中出现的频数 n_r（像素个数），第 3 列为该灰度值在图像中出现的相对频数 n_r/n，其中，n 为图像的像素总数。

建立一个二维笛卡尔坐标系，横轴表示灰度值 r，将 0～255 共 256 个灰度值从小到大、从左到右顺次在横轴上均匀标出，从黑逐渐过渡到白。纵轴表示各灰度值的频数 $h(r)$，同样等间隔均匀标出。每一个灰度值的频数用"竖条"画出，"竖条"高度与相应灰度值的频数成正比，这样就得到了该图像灰度值频数分布直方图，简称灰度直方图，如图 2-15（b）。如果纵轴为各灰度值的相对频数，那么就称归一化灰度直方图。

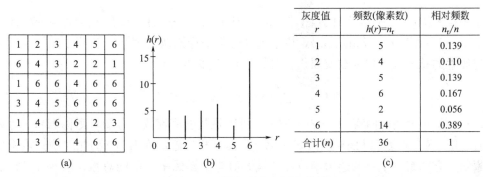

图 2-15　图像灰度直方图的统计

（a）一幅灰度图像的局部像素值；（b）对应的灰度直方图；（c）图像灰度值频数分布表

图像直方图将频数分布表中的统计结果，用直观、形象的图形表示出来，通过观察灰度值的分布规律，就可以对一幅图像的明暗程度及灰度值的动态范围有一个大致的了解。如果有较多的"竖条"出现在图像直方图的左侧，那么意味着图像中大多数像素的灰度值都很低，据此可以断定图像是暗的。如果直方图中大多数的"竖条"都在右侧，图像就会很亮。如果所有"竖条"分布在一个较窄的范围内，图像动态范围和对比度就低；反之，如果"竖条"均匀分布在 [0，255] 之间，图像将具有较宽的动态范围和较高的对比度，如本章图 2-4 所示。

需要注意的是，所谓计算图像的灰度直方图，实际指的是统计图像中各灰度值出现的频数，形成频数分布表，并根据需要决定是否用图形方式显示出来。另外，当计算图像直方图时，未使用像素的实际位置，这意味着：（1）不同图像可能具有相同的直方图；（2）无法从直方图重建图像。

2.4.2　分组频数直方图

在某些应用中，经常将图像灰度值按大小顺序分成若干个分组，每个分组中各灰度值对应的像素数量之和作为该分组的频数，从而得到分组频数的分布规律。每个分组称为一个 bin，称为"箱"或"柜"，可以直观地看作将一组灰度值的频数装进一个诸如箱柜或者桶之类的容器中，作为一个整体来处理。假如要计算具有 B 个分组的灰度直方图，每个分组所对应的灰度值范围可用半开区间 $[r_j，r_{j+1})$ 表示，其中 $1 \leqslant j \leqslant B$。如果某个像素的灰度值 $f(x，y)$ 满足下式，那么该分组的频数 $h(j)$ 就加 1，即：

$$如果\ r_j \leqslant f(x，y) < r_{j+1}，那么\ h(j) = h(j) + 1；1 \leqslant j \leqslant B \qquad (2\text{-}14)$$

如果像素的灰度级 L 为 2 的倍数，如 256，分组数 B 通常也取 2 的倍数，如 64，以便能将灰度值的取值范围划分为 B 个宽度相同的均匀区间，当 $B=256$ 时，就是上节介绍的灰度直方图。

在统计分组频数直方图时，像素灰度值 $f(x, y)$ 所属的分组序号 j 可按下式计算：

$$j = \text{floor}\left(f(x, y) \cdot \frac{B}{L}\right) + 1 \tag{2-15}$$

式中，函数 $\text{floor}(x)$ 返回不大于 x 的最大整数。

2.4.3 累积直方图

累积直方图，又称累计直方图（Cumulative histogram），或累积分布函数（CDF，Cumulative Distribution Function），用于统计图像中像素灰度值小于和等于某一灰度值 r 的所有像素的总和（累积频数或累积相对频数），定义为：

$$H(r) = \sum_{i=0}^{r} h(i), \qquad 0 \leqslant r < L \tag{2-16}$$

式中，对 8 位灰度图像而言，$L = 256$。$h(i)$ 可以是灰度值频数直方图，则称 $H(r)$ 为频数累积直方图；$h(i)$ 也可以是灰度值归一化直方图，相应地，称 $H(r)$ 为相对频数累积直方图。累积直方图是一个单调递增函数，其最大值等于图像中像素的总数，或等于 1。累积直方图也可以用递归形式定义：

$$H(r) = \begin{cases} h(0), & r = 0 \\ H(r-1) + h(r), & 0 < r < L \end{cases} \tag{2-17}$$

2.4.4 灰度直方图的计算

计算一幅 8 位 256 级灰度图像的直方图，需要 256 个计数器，每个灰度值对应一个计数器。首先，将所有的计数器初始化为 0，然后，遍历图像每一像素，将与该像素灰度值对应的计数器加 1。最终，每个计数器的计数值就是图像中取值为相应灰度值的像素个数，即出现的频数。如果要计算灰度值 B 个分组的频数分布直方图，则需要 B 个计数器，并按式（2-15）计算每个像素灰度值对应的分组序号，然后将该分组对应的计数器值加 1。

编程实现时一般采用 256 个元素的一维数组或向量作为计数器阵列保存灰度值频数，数组元素依据下标由小到大顺次对应灰度值 0~255。由于灰度值从 0 开始并且是连续正整数，所以可以直接作为数组的下标，访问该灰度值对应的计数器单元，如图 2-16 所示。不同编程语言中数组起始下标不同，MATLAB 起始下标为 1，C 语言则从 0 开始，注意灰度值与数组下标的对应方式。

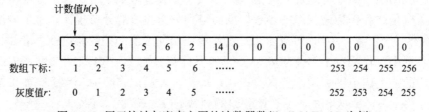

图 2-16 用于统计灰度直方图的计数器数组（MATLAB 为例）

示例 2-9：图像灰度直方图的计算

下面用自定义函数 IMhistcalculation 说明图像灰度直方图的计算方法。输入参数 f 为

uint8 型灰度图像，bins 为分组数，默认为 256，返回数组 hist 保存图像灰度值频数列表，图像灰度直方图如图 2-17。

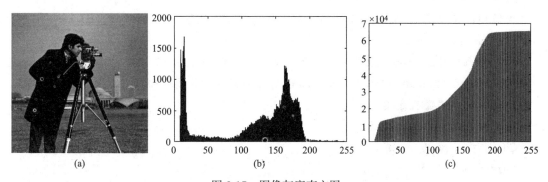

图 2-17　图像灰度直方图

（a）图像 Cameraman；（b）灰度直方图；（c）累积直方图

```
function hist = IMhistcalculation(f,bins)
    %计算8位灰度图像的灰度直方图
    %输入参数f为 uint8 型,bins 为分组数,取2的整数倍
    %判断输入参数数目,如果仅输入1个参数,分组数默认为 bins = 256。
if nargin = = 1
    bins = 256;
  end
    %判断输入图像是否为 uint8,否则转换为 uint8 型,再计算直方图
  if(~isa(class(f),'uint8'))
      f = im2uint8(f);
  end
  [Height,Width] = size(f);   %获取图像f的高和宽
  fd = double(f);   %将图像数据转换为 double 型
  hist = zeros(1,bins);   %初始化灰度直方图数组
  %遍历图像所有像素,统计各灰度值出现的频数
  for x = 1:Height
      for y = 1:Width
          if(bins = = 256)
              hist(fd(x,y) + 1) = hist(fd(x,y) + 1) + 1;
          else
              %计算分组序号j
              j = floor(fd(x,y) * bins/256);
              hist(j + 1) = hist(j + 1) + 1;
          end
      end
```

```
        end
end
% ————————————————————————————
```
%调用自定义函数 IMhistcalculation 计算图像灰度直方图
```
clearvars;close all;
f = imread('cameraman.tif');      % 读取灰度图像
histarray = IMhistcalculation(f)%调用自编函数计算图像频数直方图数组
% 计算累积频数直方图
Len = length(histarray);
CHist = zeros(1,Len);
CHist(1) = histarray(1);
for r = 2:Len
    CHist(r) = CHist(r-1) + histarray(r);
end
% CHist = cumsum(histarray);    % 或直接调用函数 cumsum 实现
% 显示结果
figure,stem(histarray, 'Marker', 'none');    % 绘制频数直方图
figure,stem(CHist, 'Marker', 'none');    % 绘制累积频数直方图
% ————————————————————————————————————————
```

◆ 图像直方图计算函数 imhist

函数 imhist 用于统计灰度图像直方图，其调用语法为：

格式 1：imhist（I）

计算灰度图像 I 的直方图并显示，灰度直方图的分组数（bins 的数量）由图像 I 的类型决定。

格式 2：imhist（I, n）

计算灰度图像 I 的直方图并显示，灰度直方图的分组数（bins 的数量）由参数 n 指定。

格式 3：[counts, binLocations] = imhist（I）

计算灰度图像 I 的直方图，并返回计算结果。灰度直方图保存在数组 counts 中，每个分组（bins）对应的灰度值保存在 binLocations。然后可以再调用函数 stem（binLocations, counts）显示直方图。

2.4.5　直方图的百分位数

第 2.2 节介绍的具有饱和处理的线性灰度变换函数 imadjust，需要事先指定输入图像灰度值范围的下限值 low_in 和上限值 high_in。如果采用图像中灰度值的最小值和最大值确定 low_in 和 high_in，那么灰度变换函数可能受到几个极值（小或大）的强烈影响，而这几个极值像素值未必能代表图像的主要内容。因此，更好的方法是采用百分位数方法选择 low_in 和 high_in。比如，选择 low_in 的值，使得输入图像中灰度值小于和等于

low＿in 的像素数占图像总像素数的 1％；选择 high＿in 的值，使得输入图像中灰度值大于和等于 high＿in 的像素数占图像总像素数的 1％。

可以通过图像的累积频数直方图 $H(r)$ 求得：

$$\text{low＿in} = \min\{i \mid H(i) \geqslant n \cdot p_{\text{low}}\}, \qquad 0 \leqslant i < L$$
$$\text{high＿in} = \max\{i \mid H(i) \leqslant n \cdot (1 - p_{\text{high}})\}, \quad 0 \leqslant i < L \qquad (2\text{-}18)$$

式中，要求分位数 $0 \leqslant p_{\text{low}}$，$p_{\text{high}} \leqslant 1$，$p_{\text{low}} + p_{\text{high}} \leqslant 1$；$n$ 是输入图像的总像素数。通常，上限和下限分位数的值是相同的（即 $p_{\text{low}} = p_{\text{high}} = p$），典型值有 0.01、0.005 等。

◢ 灰度百分位计算函数 stretchlim

函数 stretchlim 采用百分位法，确定图像对比度拉伸灰度值范围的下限值 low＿in 和上限值 high＿in。调用语法为：

格式 1：Low＿High ＝ stretchlim（I）

返回值 Low＿High 为两元素向量，分别为默认百分位 p 为 1％时对应灰度值范围的下限和上限。

格式 2：Low＿High ＝ stretchlim（I，Tol）

返回值 Low＿High 为两元素向量，分别为由输入参数 Tol 指定的百分位，确定的灰度值范围的下限和上限。

例如：lohi ＝ stretchlim（I，[0.02，0.98]）；

2.5　直方图均衡化

由前几节分析可知，一个分布均匀、平坦的图像直方图，往往会对应着一幅视觉效果较理想的图像。因此，直方图均衡化（Histogram equalization）的目的是找到一个灰度变换函数，使得处理后图像的直方图近似为均匀分布，如图 2-18 所示。可以证明，选择输入图像的**累积分布函数**作为灰度变换函数，就可以得到一幅灰度直方图近似均匀分布的输出图像。

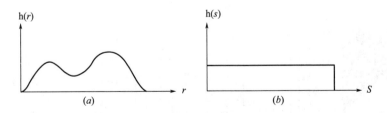

图 2-18　直方图均衡化

2.5.1　直方图均衡化的基本步骤

（1）计算输入图像的归一化灰度直方图

$$h(r) = \frac{n_r}{n}, \ r = 0, \ 1, \ 2, \ \cdots\cdots, \ L-1 \qquad (2\text{-}19)$$

式中，L 是图像灰度级，n_r 是输入图像中灰度值为 r 的像素数量，n 是图像的像素总数。

（2）按式（2-16）计算图像的累积分布函数 $H(r)$，并将其作为灰度变换函数。由于 $H(r)$ 在 $[0，1]$ 之间取值，因此需将其重新量化为 $[0，L-1]$ 之间的整数，得到输入 r 与输出 s 之间的映射关系，即：

$$s^* = H(r) = \sum_{i=0}^{r} h(i)，0 \leqslant r < L \tag{2-20}$$

$$s = \text{Int}\left[\frac{(s^* - s_{\min}^*)}{1 - s_{\min}^*}(L-1) + 0.5\right] \tag{2-21}$$

式中，函数 $\text{Int}(x)$ 表示对 x 取整，$s_{\min}^*$ 是由式（2-20）计算出的 s^* 的最小值。

（3）采用查表法对输入图像执行灰度变换。

示例 2-10：图像的直方图均衡化

由于灰度直方图是一个离散灰度值的频数分布，直方图均衡化只能通过把输入图像中几个不同的灰度值映射为相同的输出灰度值，从而移动合并灰度值的频数，使输出图像的灰度直方图尽可能呈现为均匀分布，但不能将某个灰度值的频数分裂为多个分组条目。因此，直方图均衡化只能使输出图像的直方图在某种程度上近似均匀分布。同时，直方图均衡化所引起的灰度值的上述合并，会减少输出灰度值的个数。尽管动态范围扩大了，动态范围内灰度层次可能减少，图像对比度过高，画面显得有些生硬且有整体变亮的趋势，甚至会出现伪轮廓现象，如图 2-19 所示。

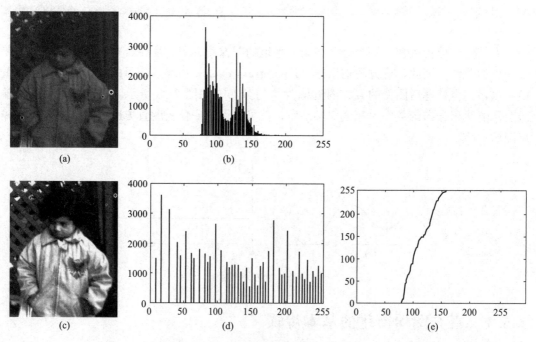

图 2-19　图像直方图均衡化示例

（a）原图像 pout；（b）原图像的灰度直方图；（c）直方图均衡化处理结果；
（d）直方图均衡化图像的灰度直方图；（e）直方图均衡化对应的灰度变换曲线

%灰度图像直方图均衡化

```
close all;clearvars;
f = imread('pout.tif');        % 读取图像
[g, LUT] = histeq(f);          % 对图像进行直方图均衡化

% 计算原图像直方图
[histarray_old,binLocations1] = imhist(f);
% 计算均衡化处理后的图像直方图
[histarray_new,binLocations2] = imhist(g);

% 显示处理结果
figure;
subplot(2,3,1); imshow(f);title('原图像');
% 绘制原图像直方图
subplot(2,3,2); stem(binLocations1, histarray_old, 'Marker', 'none');
% 设置横轴坐标范围和刻度
set(gca,'Xlim',[0, 255],'XTick',[0;50;100;150;200;255]);
title('原图像直方图');
subplot(2,3,4); imshow(g);title('直方图均衡化后的图像');
% 绘制化处理后的图像直方图
subplot(2,3,5); stem(binLocations2, histarray_new, 'Marker', 'none');
set(gca,'Xlim',[0, 255],'XTick',[0;50;100;150;200;255]);
title('直方图均衡化图像的直方图');
% 绘制均衡化灰度变换曲线
subplot(2,3,6);plot(255 * LUT);title('The transform function curve');
set(gca,'Ylim',[0, 255],'XTick',[0;50;100;150;200;255],'YTick',[0;50;100;150;
200;255]);
% --------------------------------------------------------------
```

图像直方图均衡化函数 histeq

函数 histeq 采用直方图均衡化方法增强图像对比度，调用语法为：

格式 1：[J, T] = histeq (I)

对输入灰度图像 I 进行直方图均衡化，返回均衡化后的图像 J，以及对应的灰度变换函数 T 的查找表。T 为 double 型，各元素在 [0, 1] 之间取值。

格式 2：J = histeq (I, n)

对输入灰度图像 I 进行直方图均衡化，输出图像 J 具有 n 个离散灰度级。输入参数 n 默认值为 64，当 n 小于输入图像 I 中的离散灰度级数量时，输出图像 J 的直方图越接近均匀分布。

格式 3：J = histeq (I, hgram)

对输入灰度图像 I 进行灰度变换，使输出图像 J 的灰度直方图近似匹配输入参数 hgram。输入参数 hgram 为频数直方图数组（向量），当 hgram 的分组数比输入图像 I 中的离散灰度级数量越小，输出图像 J 的直方图越接近 hgram。

2.5.2　对比度受限自适应直方图均衡化 CLAHE

标准直方图均衡化算法，是一种全局直方图处理，图像所有像素使用相同的直方图均衡化变换函数，适合于像素值分布比较均衡的图像。

但是，如果图像中包含明显比其他部分暗或者亮的局部区域，标准直方图均衡化并不能很好改善这些局部区域的对比度。实际应用中，常常需要增强图像中某些局部区域细节，为此提出了自适应直方图均衡化方法（AHE，Adaptive Histogram Equalization），对每个像素基于其大小为 $m \times n$ 邻域图块的灰度直方图进行均衡化，或把图像被划分为若干个大小相等的矩形网格图块，并对图块分别进行直方图均衡化。

自适应直方图均衡化虽然能有效增强图像中局部区域细节，但同时也存在对比度过强、过度放大噪声的缺点。为解决这一问题，Karel Zuiderveld 提出了"对比度受限自适应直方图均衡化"（CLAHE，Contrast Limited Adaptive Histogram Equalization），通过限制局部直方图的"频数竖条"高度控制均衡化灰度变换曲线（累积分布函数）的斜率，从而限制局部对比度的增强幅度。

示例 2-11：灰度图像的全局直方图均衡化、对比度受限自适应直方图均衡化

以下示例对灰度图像 moon 进行全局直方图均衡化、对比度受限自适应直方图均衡化 CLAHE，结果如图 2-20 所示。对比度受限自适应直方图均衡化 CLAHE，将图像划分为若干个大小相等的矩形网格图块（默认为 8×8），对每个图块单独处理，并通过限制图块

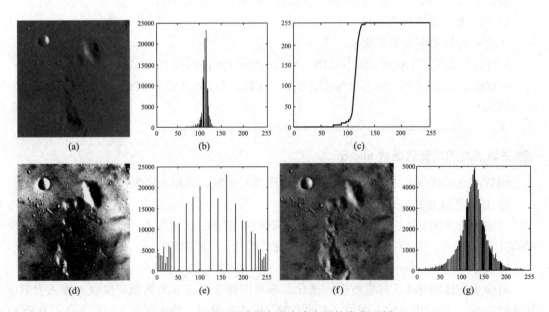

图 2-20　对比度受限自适应直方图均衡化示例

（a）原图像 moon；（b）原图像的灰度直方图；（c）全局直方图均衡化灰度变换曲线；（d）全局均衡化结果；
（e）全局均衡化图像直方图；（f）CLAHE 均衡化结果；（g）CLAHE 均衡化后图像直方图

局部直方图的高度控制均衡化灰度变换曲线（累积分布函数）的斜率，从而限制局部对比度的增强幅度。尽管输出图像的直方图与均匀分布相差甚远，但因扩大了图像灰度值的动态范围，对比度仍得到了改善，如图 2-20 中（f）、图 2-20（g）所示。

```
%对比度受限自适应直方图均衡化 CLAHE
clearvars; close all;
f = imread('moon.png');        %读取 moon 灰度图像
[g1, LUT] = histeq(f);         %全局直方图均衡化
g2 = adapthisteq(f,'clipLimit',0.03);    %对比度受限自适应直方图均衡化 CLAHE

%显示结果
figure;imshowpair(f,g1,'montage');
title('Original Image (left) and Global Histogram Equalization (right)')
figure;imshowpair(f,g2,'montage');
title('Original Image (left) and Contrast Limited Adaptive Histogram Equalization (right)')
figure;
%绘制原图像直方图
subplot(2,2,1); imhist(f); title('原图像直方图');
%全局直方图均衡化灰度变换曲线
subplot(2,2,2); plot(255 * LUT); title('全局直方图均衡化灰度变换曲线');
%全局直方图均衡化图像直方图
subplot(2,2,3); imhist(g1); title('全局直方图均衡化结果');
%对比度受限自适应直方图均衡化 CLAHE 图像直方图
subplot(2,2,4); imhist(g2); title('CLAHE 直方图均衡结果');
%------------------------------------------------------------
```

2.6　直方图匹配

直方图均衡化能使处理后的图像灰度值近似均匀分布。但是，视觉质量好的图像灰度值并不一定均匀分布，大多数实拍图像的灰度直方图，大致近似于单峰或多峰高斯分布。直方图均衡化处理后图像的视觉效果，常常显得不自然。

直方图匹配（Histogram Matching），又称直方图规定化（Histogram Specification），目的是寻找一个灰度变换函数，使得处理之后图像的直方图，与指定的灰度直方图相同（相匹配）。由于灰度直方图为离散量，这种匹配只是一种近似。

直方图匹配方法非常有用，例如，可以调整不同相机或者在不同曝光、光照条件下所拍摄的图像，在打印或显示的时候使其能有相似的效果。

2.6.1　基本原理

由于灰度直方图是一个离散灰度值的频数分布，灰度变换只能移动合并直方图中灰度值的频数，但不能分裂。同时，也不能改变图像中像素灰度值的大小顺序，即灰度变换函数应是单调递增函数。

如图 2-21 所示，以 8 位灰度图像为例，如果用 $H(r)$ 表示输入图像灰度值的累积直方图，用 $H_s(s)$ 表示指定灰度直方图 h_s 的累积直方图，用 r 表示任意输入灰度值，用 s 表示直方图匹配对应的输出灰度值，两者应满足：

$$H(r) = H_s(s)，\qquad 0 \leqslant r, s \leqslant 255 \tag{2-22}$$

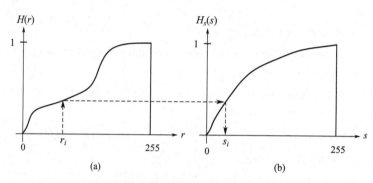

图 2-21　图像直方图匹配的基本思想

由于实际处理的图像灰度值都是离散整数值，$H(r) = H_s(s)$ 条件难以严格满足，一般寻找一个满足条件 $H(r) \leqslant H_s(s)$ 的最小 s 值，即：

$$s = \min\{j \mid H(r) \leqslant H_s(j)\}，\qquad 0 \leqslant j \leqslant 255 \tag{2-23}$$

2.6.2　图像直方图匹配函数 imhistmatch

函数 imhistmatch 对输入图像进行灰度变换，使变换后的图像直方图与参考图像直方图（N 个分组）相匹配。上节介绍的 J＝histeq（I，hgram）也可以实现直方图匹配，区别在于 histeq 仅能实现灰度图像的直方图匹配，且输入参数 hgram 为指定的直方图，从这个意义上讲，histeq 的功能确切说是直方图匹配。直方图匹配函数 imhistmatch 功能更强大，其调用语法格式为：

格式 1：B = imhistmatch（A，ref）

对输入灰度图像或真彩色 RGB 图像 A 进行灰度变换，使输出图像 B 的直方图与参考图像 ref 近似匹配。

如果图像 A 和 ref 都是 RGB 真彩色图像，那么输出图像 B 三个彩色分量的直方图各自独立与参考图像 ref 三个彩色分量的直方图相匹配。

如果图像 A 是 RGB 真彩色图像，而参考图像 ref 是灰度图像，那么输出图像 B 三个彩色分量的直方图均与参考图像 ref 的灰度直方图相匹配。

如果图像 A 是灰度图像，那么参考图像 ref 也必须是灰度图像，输出图像 B 的灰度直方图与 ref 的灰度直方图相匹配。

格式 2：B = imhistmatch（A，ref，N）

功能同格式 1，直方图匹配时采用 N 个等间隔分组的直方图，N 的默认值为 64。

格式 3：[B，hgram] = imhistmatch（____）

输入参数可以是格式 1 或格式 2，返回值除了直方图匹配后的输出图像 B，还返回用于匹配的参考图像的直方图。当参考图像 ref 是灰度图像时，hgram 为 1×N 数组；当参考图像 ref 是 RGB 真彩色图像时，hgram 为 3×N 数组，每行分别保存了参考图像 ref 三个彩色分量的直方图。N 是直方图的分组数。

示例 2-12：调用直方图均衡化函数 histeq 实现直方图匹配

调用直方图均衡化函数 histeq 实现直方图匹配，要给出待匹配的直方图，而不是简单给出一幅图像。图 2-22 第 1 行从左至右给出了原图像、直方图匹配结果、参考图像，第 2 行从左至右为对应图像的灰度直方图。注意观测，匹配结果与参考图像的视觉风格及灰度直方图都十分接近。

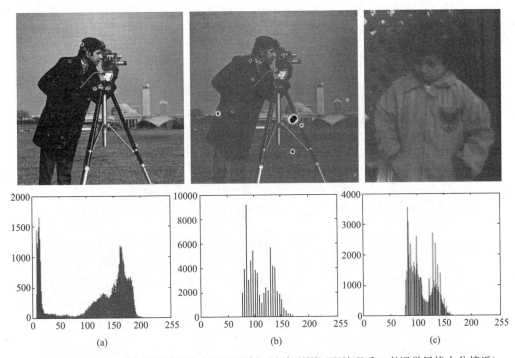

图 2-22 调用 histeq 实现图像直方图匹配示例（注意观测匹配处理后二者视觉风格十分接近）

(a) 原图像及其直方图；(b) 直方图匹配结果；(c) 参考图像及其直方图

%直方图均衡化函数 histeq 实现直方图匹配

```
clearvars; close all;
f = imread('cameraman. tif');      % 读取另一幅图像
ref = imread('pout. tif');         % 读取参考图像
% 对图像 cameraman 进行直方图匹配,使其与 pout 图像直方图相似
% hgram 的分组数为 64
[hgram,binloc] = imhist(ref, 64);
g = histeq(f, hgram);
```

```
% 显示处理结果
figure;
subplot(2,3,1); imshow(f); title('cameraman 原图');
subplot(2,3,2); imshow(g); title('cameraman 64 分组匹配');
subplot(2,3,3); imshow(ref); title('参考图像 pout');
subplot(2,3,4);imhist(f, 64); title('cameraman 原图像直方图');
subplot(2,3,5);imhist(g,64); title('cameraman 匹配结果图像直方图');
subplot(2,3,6);imhist(ref, 64); title('参考图像 pout 直方图');
% ----------------------------------------------------------------
```

示例 2-13：直接使用参考图像的直方图匹配

图 2-23 为调用直方图匹配函数 imhistmatch 的三种不同情况的处理结果。第 1 行中的原图像、参考图像都是灰度图像，第 2 行中的原图像是 RGB 真彩色图像、参考图像是灰度图像，第 3 行中的原图像、参考图像都是 RGB 真彩色图像。注意观察，直方图匹配得到的输出图像都不同程度具有参考图像的风格。

图 2-23　直方图匹配函数 imhistmatch 的应用示例
(a) 原图像；(b) 直方图匹配结果；(c) 参考图像

%直方图匹配函数 imhistmatch 示例

```
clearvars; close all;
% 示例 1：输入与参考图像均为灰度图像
```

```
f1 = imread('cameraman.tif');
Ref1 = imread('pout.tif');
g1 = imhistmatch(f1,Ref1);
%显示直方图匹配处理结果
figure;
subplot(3,3,1);imshow(f1); title('原图像 cameraman');
subplot(3,3,2);imshow(g1); title('直方图匹配结果');
subplot(3,3,3);imshow(Ref1); title('参考图像 pout');


%示例 2:输入图像为 RGB 真彩色,参考图像为灰度图像
f2 = imread('concordaerial.png');
Ref2 = imread('concordorthophoto.png');
g2 = imhistmatch(f2,Ref2);
%显示直方图匹配处理结果
subplot(3,3,4);imshow(f2); title('原图像 concordaerial');
subplot(3,3,5);imshow(g2); title('直方图匹配结果');
subplot(3,3,6);imshow(Ref2); title('参考图像 concordorthophoto');


%示例 3:输入图像和参考图像均为 RGB 真彩色
f3 = imread('office_2.jpg');
Ref3 = imread('concordaerial.png');
[g3, hgram] = imhistmatch(f3, Ref3, 256);
%显示直方图匹配处理结果
subplot(3,3,7);imshow(f3); title('原图像 office-2');
subplot(3,3,8);imshow(g3); title('直方图匹配结果');
subplot(3,3,9);imshow(Ref3); title('参考图像 concordaerial');
%------------------------------------------------
```

2.7 MATLAB 图像处理工具箱灰度变换函数简介

本章给出的自定义灰度变换函数主要用于说明编程机理,比较简单,没有考虑过多的错误检测和容错功能。下表列出了 MATLAB 图像处理工具箱中常用的灰度变换函数,以便对照学习。

函数名	功能描述
imadjust	图像对比度调整,适用于灰度图像、RGB 真彩色图像、索引图像
imcontrast	图像对比度调整,采用窗口交互方式
imhist	计算图像的灰度直方图,并在窗口显示(可选),适用于灰度图像、索引图像

续表

函数名	功能描述
histeq	图像直方图均衡化,增强图像对比度,适用于灰度图像、索引图像
adapthisteq	对比度受限自适应直方图均衡化 Contrast-limited adaptive histogram equalization (CLAHE)
imhistmatch	图像直方图匹配,适用于灰度图像、RGB 真彩色图像
stretchlim	采用百分位数(percentile),确定图像对比度拉伸的上、下限灰度值

 习题 ▶▶▶

2.1 图像的亮度、对比度和动态范围是何含义?如何定性和定量地判断一幅图像的亮度、对比度和动态范围的优劣?

2.2 提高或降低图像对比度的原理是什么?

2.3 什么是图像直方图、图像累积直方图?

2.4 图像直方图均衡化、直方图规定化和直方图匹配三者之间有哪些异同?

2.5 在不改变 RGB 彩色图像各像素颜色色调的前提下,如何调整图像的亮度和对比度?

2.6 从连续函数角度,结合微积分原理,证明选择输入图像的累积直方图作为灰度变换函数,就可以得到一幅灰度直方图均匀分布的输出图像。

2.7 试解释为什么离散直方图均衡化技术一般不能得到平坦的输出直方图。

2.8 查找文献举例说明与图像直方图相关的应用技术。

上机练习 ▶▶▶

E2.1 编辑本章各示例程序代码建立 MATLAB 脚本或函数 m 文件,保存运行,注意观察并分析运行结果。也可打开实时脚本文件 Ch2 _ IntensityTransformation. mlx,逐节运行,熟悉本章给出的示例程序。

E2.2 多数智能手机的相机提供了"专业"模式(PRO),通过调整一组参数拍摄自己定制的图像效果。其中,参数 ISO 用于设置相机的感光度,ISO 感光度越高,曝光所需时间越短,但画面的噪点越多。参数 S 为快门速度,用于设定曝光时间,如 1/100s、1/4000s 等,分母数字越大,曝光时间就越短,曝光量就少,画面将变暗。参数 EV 曝光补偿,用于改变相机建议的曝光值,使图像更亮或更暗。请使用手机相机的"专业"模式,尝试调整上述参数,拍摄几张曝光不足或对比度较低的图像,然后采用本章介绍的几种灰度变换方法,编程进行图像增强,改善图像的视觉效果。给出程序代码和实验结果,并分析实验过程。

E2.3 利用关键词"怀旧图像"从网上搜索一张怀旧彩色图像并下载保存,将该图片作为参考图像。用手机拍摄一张校园风景照,然后调用图像直方图匹配函数 imhistmatch,编程将拍摄的图像变换为"怀旧"风格并保存。

E2.4 负片(Negative Film)是摄影胶片经曝光和显影加工后得到的影像,又称底片,其明暗与被摄体相反,其色彩则为被摄体的补色,它需经印放在照片上才还原为正像。拿黑白的片子来说，在负片的胶片上人的头发是白的，实际上白色的衣服在胶片上是黑色的；彩色的胶片，胶片上的颜色与实际的景物颜色正好是互补的，如：实际是红色的衣服在胶片上是青色的。编程将一幅灰度图像和 RGB 真彩色图像变换为其对应的"负片"影像。

E2.5　编程绘制一幅彩色图像 RGB 各分量的直方图及其亮度直方图。

空域滤波

空域指图像平面，空域图像增强就是直接修改像素值的处理方法，所以，灰度变换和空域滤波（Spatial Domain Filtering）都属于空域图像增强。目前火爆的深度学习计算框架所用的卷积神经网络 CNN（Convolutional Neural Networks），其核心结构就是各类空域滤波器。

空域滤波计算每个像素的输出时，用到像素自身及其邻域像素的灰度值。像素的邻域，是以该像素为中心、一定范围内像素的集合，例如，在第 1 章介绍的 4-邻域、$m \times n$ 矩形邻域等。以 3×3 均值滤波为例，各像素的滤波结果，是该像素 3×3 邻域中 9 个像素灰度值的平均值，如图 3-1 所示。

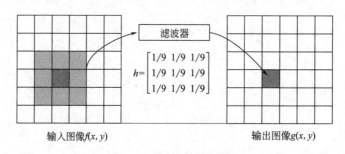

图 3-1　空域滤波示意图

3.1　滤波器的几个基本概念

1. 经典与现代

滤波是一种从含有噪声或干扰的信号中提取有用信号的理论和技术。根据傅里叶分析理论，任何满足一定条件的信号，都是由不同频率正弦信号线性叠加而成。经典滤波器假定输入信号中的有用成分和希望去除的无用成分各自占有不同的频带，这样，当输入信号通过一个滤波器后，就可以提取有用成分或去除无用成分。如果信号和噪声的频谱相互重叠，那么经典滤波器将无能为力。

现代滤波器理论则从含有噪声的数据样本中，估计出信号的某些特征或信号本身。它把信号和噪声都视为随机信号，利用其统计特征导出一套最佳的估值算法，然后用硬件或软件予以实现，维纳滤波器（Wiener filter）、卡尔曼滤波器（Kalman filter）、自适应滤波器（Adaptive filter）便是这类滤波器的典型代表。本章介绍的统计排序非线性空域滤波器（Order statistics filter），也可归类为现代滤波器。

2. 空域滤波与频域滤波

空域是指图像信号的二维自变量所张成的平面空间。空域滤波按照一定的计算规则直接修改图像像素值。频域滤波（Frequency Domain Filtering）则是一种变换域滤波，它先对图像进行傅里叶变换，然后在变换域中对图像的频谱系数进行处理，再进行反变换，最终获得滤波后的图像。有关频域滤波详见第 4 章。

3. 线性与非线性

如果滤波器在某一像素处的滤波输出，是该像素指定邻域内像素灰度值的线性组合，则称其为线性滤波器，否则，就称其为非线性滤波器。均值滤波器是一种线性滤波器，而统计排序滤波器则是一种非线性空域滤波器，因为它在计算某一像素的滤波输出时，首先对滤波邻域内所有像素的灰度值进行统计排序，然后用排序结果确定的统计量作为滤波输出，是一种非线性运算。

中值滤波器是最常用的统计排序滤波器，它用各像素指定邻域内像素灰度值的中值作为滤波输出，对去除脉冲噪声非常有效。脉冲噪声也称为"椒盐"噪声，在图像上呈现为黑、白噪点，就像是在图像上面散了一些白盐粒、黑胡椒或两者的混合。

4. 平滑与锐化

如果滤波输出保留信号的低频成分、去除或抑制高频成分，那么该滤波器就是低通滤波器（low-pass filter）；反之，如果保留信号的高频成分、去除或抑制低频成分，那么该滤波器就是高通滤波器（high-pass filter）。低通滤波器能减弱像素灰度或颜色值的空间波动程度，使之变得平滑，导致图像模糊，故称低通滤波为图像平滑或模糊。而高通滤波能提取图像中的纹理细节，强化图像边缘或轮廓，提高图像的清晰度，又称图像锐化。

3.2　线性滤波器

如前所述，线性滤波器在某像素处的输出，是该像素指定邻域内所有像素灰度值的线性组合，即加权求和。例如，3×3 均值滤波器，就是对该像素 3×3 邻域内 9 个像素灰度值，以相同的权值（1/9）加权求和。高斯低通滤波器使用高斯窗函数对滤波邻域内像素按距离加权：邻域中心像素的权值最大，离中心距离越远，权值越小。按同样的思路，许多不同功能的线性滤波器，都可以通过修改权值分布得到，这些权值通称为滤波器系数。线性滤波器对图像进行滤波的计算流程可描述为：

（1）设计滤波器，确定滤波器作用区域的形状、尺寸和滤波器系数。

（2）对图像中的每个像素 (x, y)，依据该像素的坐标 (x, y) 和滤波器作用区域的形状、尺寸，确定其邻域内参与运算的像素及其坐标。

（3）将参与运算的像素灰度值与其对应滤波器系数相乘，并累加求和，得到像素

(x, y) 的滤波输出。

3.2.1 滤波器系数数组

线性空域滤波器作用区域的尺寸、形状和系数都可以用"滤波器系数数组"h 描述，如 3×3 均值滤波器的系数数组可表示为：

$$h = \begin{bmatrix} 1/9 & 1/9 & 1/9 \\ 1/9 & 1/9 & 1/9 \\ 1/9 & 1/9 & 1/9 \end{bmatrix} = \frac{1}{9} \begin{bmatrix} 1 & 1 & 1 \\ 1 & 1 & 1 \\ 1 & 1 & 1 \end{bmatrix}$$

滤波器系数数组又称滤波核（kernel）、滤波模板（template）、滤波窗口（window）等。为便于编程，滤波器系数数组的行、列尺寸通常取奇数，以保证滤波器在空间上为中心对称。因此，要定义一个 m 行 $\times n$ 列奇数尺寸的滤波器，可令 $m = 2a+1$、$n = 2b+1$，其中，a、b 为非负整数，常用的滤波器尺寸有 3×3、5×5 等。

1. 滤波器中心

滤波器系数数组中心元素的位置称为滤波器中心，是用于确定滤波器作用区域中像素与滤波器系数之间对应关系的"参考点"。以滤波器中心为原点，建立滤波器坐标系，就可以用相对坐标读取滤波器系数。当计算像素 (x, y) 的滤波输出时，把滤波器中心与像素 (x, y) 的位置"对中"，利用滤波器系数"相对坐标"所提供的"偏移量"，确定参与计算的像素坐标及其对应的滤波器系数，如图 3-2 所示。以 3×3 滤波器为例。将滤波器 h 的中心与像素 (x, y) "对中"，滤波器系数 $h(s, t)$ 与对应像素灰度值 $f(x, y)$ 相乘，并将乘积累加求和，然后赋值给输出图像对应像素 $g(x, y)$。

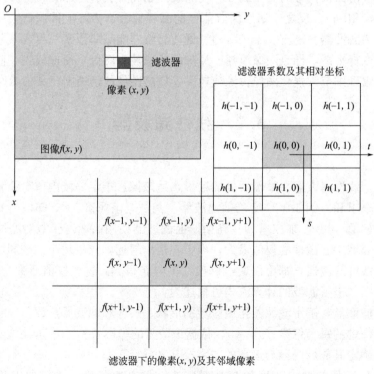

图 3-2 线性空域滤波机理

2. 线性空域滤波的一般步骤

用滤波器 h 对图像 $f(x，y)$ 进行滤波的一般步骤为：

（1）将滤波器 h 的中心平移到像素（$x，y$）上；

（2）滤波器的每个系数 $h(s，t)$ 与对应像素灰度值 $f(x，y)$ 相乘，并累加求和；

（3）将"累加和"赋值给输出图像中与（$x，y$）对应位置像素 $g(x，y)$；

（4）遍历图像 $f(x，y)$ 的所有像素，重复步骤（1）～（3）。

上述计算步骤可由下式给出：

$$g(x，y)=\sum_{s=-a}^{a}\sum_{t=-b}^{b}h(s，t)f(x+s，y+t) \tag{3-1}$$

为进一步说明滤波计算过程，以 3×3 线性滤波器为例，即 $a=b=1$，将式（3-1）展开：

$$
\begin{aligned}
g(x，y)=&\sum_{s=-1}^{1}\sum_{t=-1}^{1}h(s，t)f(x+s，y+t)\\
=&h(-1，-1)f(x-1，y-1)+h(-1，0)f(x-1，y)+\\
&h(-1，1)f(x-1，y+1)+h(0，-1)f(x，y-1)+\\
&h(0，0)f(x，y)+h(0，1)f(x，y+1)+\\
&h(1，-1)f(x+1，y-1)+h(1，0)f(x+1，y)+\\
&h(1，1)f(x+1，y+1)
\end{aligned} \tag{3-2}
$$

结合图 3-2，可以清楚地看出如何利用滤波器坐标系提供的相对坐标偏移量，确定滤波器系数与像素之间的对应关系。

3.2.2　相关运算与卷积运算

1. 相关运算

假定滤波器 h 作用范围之外的系数都为 0，那么，式（3-1）实际上定义了滤波器 h 和图像 f 的相关运算（Correlation），即

$$g(x，y)=\sum_{s=-\infty}^{\infty}\sum_{t=-\infty}^{\infty}h(s，t)f(x+s，y+t)=\sum_{s=-a}^{a}\sum_{t=-b}^{b}h(s，t)f(x+s，y+t)$$

$$\tag{3-3}$$

2. 卷积运算

卷积是描述系统输入输出关系的基本数学概念，也是所有线性滤波器的理论基础。滤波器 h 和图像 f 的卷积（Convolution）可表示为：

$$g(x，y)=h*f=\sum_{s=-\infty}^{\infty}\sum_{t=-\infty}^{\infty}h(s，t)f(x-s，y-t)=\sum_{s=-a}^{a}\sum_{t=-b}^{b}h(s，t)f(x-s，y-t)$$

$$\tag{3-4}$$

相关运算和卷积运算的不同之处在于，卷积运算之前，先把滤波器系数数组沿水平方向和垂直方向翻转，即滤波器系数数组旋转 $180°$，然后将滤波器中心平移到（$x，y$）处，将滤波器系数与对应像素的灰度值相乘再累加。

当滤波器的系数为中心对称时，即 $h(s，t)=h(-s，-t)$，线性滤波采用相关运算或卷积运算的结果是相同的。式（3-1）给出的线性滤波计算过程，实际上采用了相关运算。

3.2.3　图像的边界处理

滤波过程中，如果滤波器不能完全包含于图像中，位于图像外部的滤波器系数将没有像素与之对应，无法采用式（3-1）相关运算或式（3-4）卷积运算计算滤波输出，此时需对图像边界附近的像素进行特殊处理，如图 3-3 所示，以 3×3 滤波器为例，滤波过程只能在那些能使滤波器全部包含于图像内部的像素坐标（x，y）处进行。

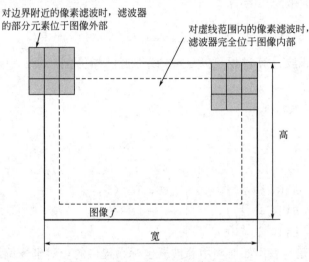

图 3-3　图像边界处滤波操作示意图

如果仅对那些能使滤波器全部位于图像内部的像素进行滤波，就会丢失图像边界像素，导致滤波后输出图像的尺寸缩小，这在多数应用中是不允许的。因此，对图像滤波时，要根据滤波器的尺寸大小，在图像边界外填充额外像素扩展图像，然后再对原图像范围内的像素进行滤波。如果滤波器尺寸为（$2a+1$）行×（$2b+1$）列，那么就需要对原图像上、下各扩展增加 a 行，左、右各扩展增加 b 列。空域滤波常用的图像边界扩展方法有以下四种：

（1）填充常值，图像边界外的像素填充常值（例如，黑色 0 或灰色 127），如图 3-4（a）所示。这可能会使滤波后的图像在边界处出现明显的瑕疵，特别是滤波器尺寸比较大的时候。

（2）边界复制，将图像四个边界附近的像素复制（replicate）到边界外部，如图 3-4（b）所示。这种方法只有少量的瑕疵出现，也是比较容易计算的，因此通常作为边界扩展的首选方法。

（3）边界镜像，将图像在四个边界处作镜像（symmetric）对称反射到边界外扩展，如图 3-4（c）所示，其效果与边界像素复制方法相近。

（4）周期延拓，将图像在水平方向和垂直方向做周期性延拓（circular），如图 3-4（d）所示。乍看起来，这种方法有些奇怪，然而，在离散频谱分析中，图像就被默认为一个周期函数。因此，图像频域滤波等价于图像周期延拓后的空域滤波，以 5×5 滤波器为例，灰色实框内为一个简单的 3×3 图像块。

上述边界扩展方法没有一种是完美的，具体采用哪种方法依赖于图像和滤波器的类型。同时也要注意到，对图像边界的处理，往往比对内部像素的处理需要更多的编程代码和运算时间。

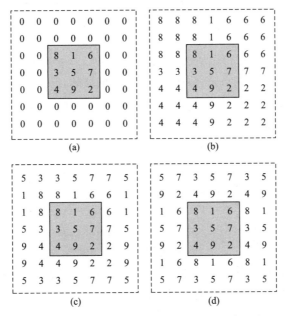

图 3-4 空域滤波采用的图像边界扩展方法

（a）填充常值 0；（b）边界复制；（c）边界镜像；（d）周期延拓

3.2.4 线性空域滤波器的编程实现

下面给出一个线性空域滤波器的简单实现方案，展示了二维滤波程序的一般结构。示例用一个 5×5 均值滤波器对图 3-5（a）中的灰度图像进行平滑滤波，结果如图 3-5（b）所示。计算过程需要一个四重循环：两个外层循环实现滤波器中心在原图像范围内平移，遍历每一个像素坐标 $(x，y)$；两个内层循环完成滤波器系数与对应像素灰度值相乘并累加。可见，线性空域滤波器的计算量不仅取决于图像的大小，也取决于滤波器的尺寸。

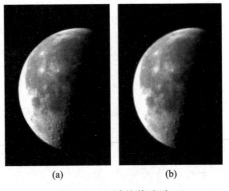

图 3-5 空域均值滤波

（a）原图；（b）5×5 均值滤波结果

如果输入图像数据不是 double 型，为避免运算过程中损失计算精度，应将图像数据格式转换为 double 型，待滤波计算结束后，再将输出图像转换为与输入图像相同的数据类型。

示例 3-1：线性均值滤波器的实现

```
% 以 5×5 均值滤波器平滑滤波
clearvars;close all;
```

```
f = imread('moon.tif');        %读入一幅灰度图像
h = ones(5,5)/25;              %生成一个 5×5 均值滤波器系数数组
padsize = floor((size(h)-1)/2);    %计算图像需扩展的行、列数
ha = padsize(1);
hb = padsize(2);
fex = padarray(f, [ha,hb], 'replicate', 'both');    %采用边界复制方法扩展图像
%如果输入图像数据不是 double 型，将扩展图像后的数据类型转换 double 型
class_of_f = class(f);
change_class = false;
if ~isa(class_of_f,'double')
    change_class = true;
    fex = double(fex);
end
[Height, Width] = size(f);    %获取原始图像的高、宽
g = zeros(size(f));           %声明输出图像变量
%对输入图像范围内的每一个像素，采用相关运算，计算其 5×5 均值滤波输出
%注意滤波器 h 的坐标与其矩阵下标之间的转换
for x = ha+1 : ha+Height
    for y = hb+1 : hb+Width
        for s = -ha : ha
            for t = -hb : hb
                %滤波器系数与其覆盖下的像素灰度值对应相乘并累加
                g(x-ha, y-hb) = g(x-ha, y-hb) + h(s+ha+1, t+hb+1) * fex(x+s, y+t);
            end
        end
    end
end
%如果计算过程改变了输入图像数据格式，就将输出结果转换为原数据类型
if change_class
    g = feval (class_of_f, g);
end
%显示结果
figure; montage ( {f, g} );
title ('Original Image (left)  |  Smoothing Filtered Image (right) ');
%----------------------------------------------------------------
```

1. 数组扩展函数 padarray

函数 padarray 用来扩展图像，调用语法为：

B = padarray (A, padsize, padval, direction)

其中，A 为输入图像，B 为扩展后的图像。

（1）padsize 给出了图像要扩展的行数和列数，通常用向量［r，c］表示。

（2）padval 表示边界扩展填充方式，有 4 个选项：用指定灰度值 p 填充、复制边界（'replicate'）、边界处镜像（'symmetric'）、周期延拓（'circular'），默认用 0 填充。

（3）direction 表示填充扩展方向，有 3 个选项：'pre'表示在图像数组每一维的第一个元素前填充，'post'表示在图像数组每一维的最后一个元素后填充，'both'表示在每一维的第一个元素前和最后一个元素后填充，默认值为'both'。

2. 线性空域滤波函数 imfilter

函数 imfilter 用来实现图像线性空域滤波，调用语法为：

g = imfilter（f，h，filtering _ mode，boundary _ options，size _ options）

其中，f 是输入图像（灰度或彩色图像），h 为滤波器系数数组；g 为输出图像，与输入具有相同的数据类型。

（1）filtering _ mode 用于指定在滤波过程中是使用相关（'corr'）还是卷积（'conv'），输入参数无该选项时，默认采用相关（'corr'）。

（2）boundary _ options 用于指定滤波边界扩展方法，有四种选择：用指定灰度值 p 填充、复制边界（'replicate'）、边界处镜像（'symmetric'）、周期延拓（'circular'），默认采用 0 填充边界外像素。

（3）size _ options 用于指定输出图像的大小，可以与输入图像相同（'same'），或等于扩展后的尺寸（'full'），默认为（'same'）。

3. 预定义滤波器创建函数 fspecial

函数 fspecial 用来创建预定义的滤波器系数数组，调用语法为：

h = fspecial（type）

h = fspecial（type，para）

其中，返回值 h 是创建的滤波器系数数组；输入参数 type 为字符串变量，指定滤波器类型；para 指定相应的参数。type 的选项有'average'、'disk'、'gaussian'、'laplacian'、'log'、'motion'、'prewitt'、'sobel'等。下面仅介绍其中的'average'、'gaussian'和'laplacian'三个选项的使用方法。

格式 1：h = fspecial（'average'，hsize）

创建均值滤波器系数数组（averaging filter），参数 hsize 代表滤波器尺寸，可以是一个向量，指定滤波器 h 的行、列数，也可以是一个奇数，此时 h 为方阵；默认值为［3，3］。

格式 2：h = fspecial（'gaussian'，hsize，sigma）

创建高斯低通滤波器系数数组（Gaussian lowpass filter），有两个参数，hsize 表示滤波器尺寸，默认值为［3，3］；sigma 为其标准差，默认值为 0.5。一般要求滤波器尺寸 hsize 的值应取大于或等于 6σ 的最小奇整数。例如要生成一个标准差 sigma＝1 的高斯低通滤波器，hsize 应取 7，调用方式为：h = fspecial（'gaussian'，7，1）。

格式 3：h = fspecial（'laplacian'，alpha）

创建 3×3 拉普拉斯算子滤波器系数数组（Laplacian operator），参数 alpha 用于控制 Laplacian 算子的形状，在 0～1 之间取值，默认值为 0.2。

示例 3-2：调用函数 **imfilter** 对图像进行平滑滤波

图 3-6（a）是一幅大小为 240×300 的灰度图像，用 5×5 均值滤波器对其进行平滑滤波。首先使用 imfilter 函数的默认选项对图像滤波，结果如图 3-6（b）所示，图像出现一定程度的模糊。由于默认的边界扩展方式是用 0（黑色）填充扩展图像，造成输出图像四周出现了模糊的黑色边缘。如果使用边界复制'replicate'或边界镜像'symmetric'选项，就不会出现上述"黑边"问题，如图 3-6（c）所示。

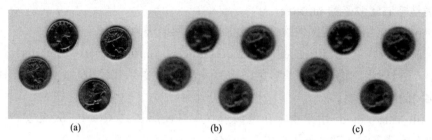

（a）　　　　　　　　　　（b）　　　　　　　　　　（c）

图 3-6　使用函数 imfilter 对图像平滑滤波

（a）原图像；（b）使用填充 0 的滤波结果；（c）使用'replicate'选项的滤波结果

%调用函数 imfilter 对图像平滑滤波

```
clearvars; close all;
f = imread('eight.tif');        %读入图像
h = fspecial('average',5);      %创建一个 5×5 均值滤波器系数数组
g1 = imfilter(f,h);             %用填充 0 扩展图像进行滤波(默认边界扩展方式)
g2 = imfilter(f,h,'replicate'); %使用'replicate'选项扩展图像进行滤波
%显示滤波结果
figure;
subplot(1,3,1); imshow(f),title('Original Image');
subplot(1,3,2); imshow(g1),title('Filtered Image- Padding '0'');
subplot(1,3,3); imshow(g2),title('Filtered Image- Replicate');
%------------------------------------------------
```

3.3　统计排序滤波器

非线性滤波器在某一像素处的滤波输出，是自身及邻域像素值的非线性函数。统计排序滤波器（Order-Statistic Filter）就是一类常用的非线性滤波器。

3.3.1　最大值滤波器与最小值滤波器

最大值滤波器、最小值滤波器定义如下：

$$最大值滤波器：g(x,y)=\max_{(s,t) \in S_{xy}}\{f(s,t)\} \tag{3-5}$$

$$最小值滤波器：g(x,y)=\min_{(s,t) \in S_{xy}}\{f(s,t)\} \tag{3-6}$$

式中，S_{xy} 为像素（x，y）的指定邻域。

最大值滤波器首先对像素（x，y）及其指定邻域内像素的灰度值进行排序，然后取最大值作为滤波输出。最大值滤波器适合去除图像中的黑色噪点（低灰度值的脉冲噪声），但同时会造成图像中暗色区域因边缘像素变亮而缩小、白色区域因周边背景像素变亮而扩大，从而导致图像整体偏亮，如图 3-7 所示。

最小值滤波器首先对像素（x，y）及其指定邻域内像素的灰度值进行排序，然后取最小值作为滤波输出。最小值滤波器适合去除图像中的白色噪点（高灰度值的脉冲噪声），与最大值滤波器相反，它同时会造成图像中白色区域因边缘像素变暗而缩小、暗色区域因周边背景像素变暗而扩大，从而导致图像整体偏暗，如图 3-8 所示。

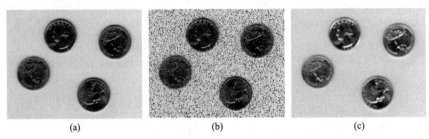

图 3-7　最大值滤波器去除图像中的"椒"噪声
（a）原图；（b）添加"椒"噪声后的图像；（c）最大值滤波结果

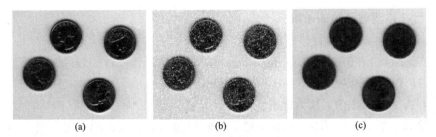

图 3-8　最小值滤波器去除图像中的"盐"噪声
（a）原图；（b）添加"盐"噪声后的图像；（c）最小值滤波结果

示例 3-3：最大值/最小值滤波

脉冲噪声也称为"椒盐"噪声，这类噪声在图像上呈现为黑、白噪点，就像是在图像上面撒了一些白盐粒、黑胡椒或二者的混合。示例 3-3 程序先向一幅图像中添加椒噪声，然后用 3×3 最大值滤波器对加噪图像滤波，结果如图 3-7 所示。接下来向图像中添加盐噪声，然后用 3×3 最小值滤波器对加噪图像滤波，结果如图 3-8 所示。注意观察原图与滤波结果之间的亮度变化。

%3 ∗ 3 最大/最小值滤波示例

```
clearvars; close all;
f = imread('eight.tif');  % 读入图像
% 向图像中添加椒噪声(pepper noise),噪声密度概率为 0.1
```

```
% 函数 randperm(n,k) 返回一个含 k 个不重复随机数的向量,元素在[1,n]范围内取值
pepper_ind = randperm(numel(f),floor(0.1 * numel(f)));
% 然后将图像中以该向量各元素值为线性序号的像素灰度值设为 0,
% 注意:数组元素除了用下标访问,也可用单个序号访问(从上到下、自左向右排序)
fnp1 = f;
fnp1(pepper_ind) = 0;
% 向图像中添加盐噪声(salt noise),噪声密度概率为 0.1
fnp2 = f;
fnp2(pepper_ind) = 255;
g1 = ordfilt2(fnp1,9,ones(3),'symmetric');   % 3 * 3 最大值滤波器去除"椒"噪声
g2 = ordfilt2(fnp2,1,ones(3),'symmetric');   % 3 * 3 最小值滤波器去除"盐"噪声
% 显示结果
figure;
subplot(2,3,1); imshow(f); title('原图');
subplot(2,3,2); imshow(fnp1); title('添加椒噪声的图像');
subplot(2,3,3); imshow(g1); title('最大值滤波结果');
subplot(2,3,5); imshow(fnp2); title('添加盐噪声的图像');
subplot(2,3,6); imshow(g2); title('最小值滤波结果');
% ----------------------------------------------------------------
```

1. 统计排序滤波函数 ordfilt2

函数 ordfilt2 为二维统计排序滤波器,调用语法为:

格式 1:B = ordfilt2 (A,order,domain)

格式 2:B = ordfilt2 (A,order,domain,padopt)

其中:A 为输入图像,B 为输出图像。

(1) 输入参数 domain 是一个由 0 和 1 组成的大小为 $m \times n$ 的二维数组,该数组指定了滤波时参与计算的像素邻域范围和具体的像素位置,也就是仅仅那些与数组 domain 中取值为 1 元素位置相对应的邻域像素才参与计算。

(2) 输入参数 order 是一个大于 0 的整数,在 1~N 之间取值(N 为数组 domain 中 1 的数量)。滤波算法对与数组 domain 中取值为 1 元素相对应的邻域像素灰度值进行**升序**排序,然后将序列中第 order 位置处的灰度值作为滤波输出。如 order =1,最小值滤波;order =N,最大值滤波;order = (N+1) /2,中值滤波。

(3) 输入参数 padopt 用于指定边界扩展方式,为字符串类型,有两个选项:'zeros'采用边界填充 0 扩展方式,'symmetric'采用边界镜像扩展方式。若输入参数中不包含 padopt 参数,则默认用 0 填充扩展。

ordfilt2 函数调用示例如下:

```
g = ordfilt2(f,1,ones(3));   % 3×3 最小值滤波
g = ordfilt2(f,9,ones(3));   % 3×3 最大值滤波
g = ordfilt2(f,5,ones(3));   % 3×3 中值滤波
```

2. 图像噪声添加函数 imnoise

函数 imnoise 可以向图像中添加指定类型和强度的噪声，常用的调用语法为：

格式 1：J = imnoise (I, 'gaussian', m, var _ gauss)

将均值 m，方差为 var _ gauss 的高斯白噪声添加到图像 I 上。默认均值 m 为 0、方差 var _ gauss 为 0.01。

格式 2：J = imnoise (I, 'localvar', var _ local)

将均值为 0、局部方差为 var _ local 的高斯白噪声加入图像 I 中，其中 var _ local 是与 I 尺寸大小相同的一个数组，它指定了叠加到每个像素上的高斯白噪声的方差值。

格式 3：J = imnoise (I, 'poisson')

向图像添加泊松噪声。

格式 4：J = imnoise (I, 'salt & pepper', d)

向图像 I 添加椒盐噪声，其中输入参数 d 指定了噪声密度（即图像中被噪声污染的像素数占图像像素总数的百分比），默认噪声密度为 0.05。

格式 5：J = imnoise (I, 'speckle', var _ speckle)

按照公式 J = I＋n＊I 将乘性噪声添加到图像 I 上，其中 n 是均值为 0、方差为 var _ speckle 的均匀分布随机噪声，var _ speckle 的默认值是 0.05。

3.3.2　中值滤波器

中值滤波器能有效去除图像中的脉冲噪声，即"椒盐"噪声。中值滤波器将像素 (x, y) 指定邻域 S_{xy} 内所有像素灰度值的中值，作为滤波器输出，即：

$$g(x, y) = \underset{(s, t) \in S_{xy}}{\mathrm{median}} \{f(s, t)\} \tag{3-7}$$

式中，"median"含义为中值、中位数。S_{xy} 为像素 (x, y) 的邻域，一般取 3×3、5×5 等矩形邻域，也可以是线状、圆形、十字形或圆环形。

对像素 (x, y) 进行中值滤波，先对该像素邻域 S_{xy} 内像素灰度值排序，如果邻域像素的个数为奇数，序列正中间的那个数就是中值。以图 3-9 为例，对一个 3×3 邻域内 9 个像素的灰度值进行排序：

$$\{10, 15, 20, 20, 20, 20, 20, 25, 100\}$$

该数值集合的中值就是上述序列中间位置处的数值 20，即序列中第 5 个数。类似的，一个 5×5 邻域内像素值的中值，也是排序后数值序列中间位置处的数，即第 13 个数。如果邻域中像素的个数为偶数，那么，通常取排序后序列最中间的两个数值的平均值为中值。

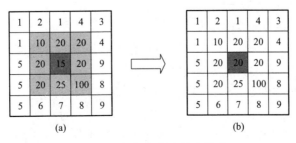

图 3-9　中值滤波原理示意图

中值滤波器时，如果像素 $(x，y)$ 较其滤波邻域内其他像素更亮或更暗，那么其灰度值就会被强制为滤波邻域内像素灰度值的中值，使得像素 $(x，y)$ 看起来更接近于邻近像素。可见，中值滤波器能有效去除图像中的脉冲噪声，但同时也导致部分图像细节丢失，造成一定程度的图像模糊，尤其中值滤波器邻域较大时，图像模糊愈加严重，如图 3-11 所示。

🔲 中值滤波函数 medfilt2

MATLAB 图像处理工具箱中有 2 个常用的统计排序滤波函数，二维中值滤波函数 medfilt2 和二维统计排序滤波函数 ordfilt2。函数 medfilt2 的调用语法为：

格式 1：J = medfilt2 (I)

用 3×3 邻域对输入图像 I 进行中值滤波，默认用 0 填充扩展图像，输出 J 与输入 I 数据类型相同。

格式 2：J = medfilt2 (I，[m n])

用 $m \times n$ 矩形邻域对输入图像 I 进行中值滤波，默认用 0 填充扩展图像，输出 J 与输入 I 数据类型相同。

格式 3：J = medfilt2 (…，padopt)

输入参数 padopt 为字符串类型，用于选择图像边界的处理方式，有 3 个选项：'zeros' 用 0 填充扩展图像，这也是默认方式；'symmetric' 在边界处镜像反射扩展图像；'indexed'，如果输入图像 I 数据类型为 double，用 1 填充扩展，否则用 0 填充扩展。输入图像 I 可以是灰度图像或二值图像，当输入图像 I 为索引图像时，padopt 为'indexed'。

MATLAB 帮助文档中常用省略号 '…，' 表示前面的所有可能参数选项，即：

J = medfilt2 (I，padopt) 或 J = medfilt2 (I，[m n]，padopt)

3.3.3　自适应中值滤波器

如果脉冲噪声密度不大，上述常规中值滤波器可以获得不错的去噪效果，一旦脉冲噪声严重，其性能就会变差。本节讨论的自适应中值滤波器，可以去除较为严重的脉冲噪声，同时尽可能减少图像细节的损失。

令 S_{xy} 表示像素 $(x，y)$ 的邻域，一般初始选择 S_{xy} 为 3×3 邻域，定义以下符号：

Z_{min}——邻域 S_{xy} 内像素灰度值的最小值；

Z_{max}——邻域 S_{xy} 内像素灰度值的最大值；

Z_{med}——邻域 S_{xy} 内像素灰度值的中值；

Z_{xy}——像素 $(x，y)$ 的灰度值；

S_{max}——邻域 S_{xy} 允许的最大尺寸。

自适应中值滤波器的计算步骤为：

（1）如果 $Z_{min} < Z_{med} < Z_{max}$ 成立，表明中值 Z_{med} 不是脉冲噪声，则转到步骤（3）；否则转到步骤（2），进一步增大滤波器尺寸。

（2）如果当前滤波器尺寸 $S_{xy} \leqslant S_{max}$，重复步骤（1），否则令 Z_{med} 为滤波输出。

（3）如果 $Z_{min} < Z_{xy} < Z_{max}$ 成立，表明像素 $(x，y)$ 的灰度值 Z_{xy} 不是脉冲噪声，令 Z_{xy} 为滤波输出，不改变像素 $(x，y)$ 的灰度值；否则令 Z_{med} 为滤波输出。

步骤（1）的目的是判断中值 Z_{med} 是否为脉冲噪声，如果满足条件 $Z_{min} < Z_{med} < Z_{max}$，

那么中值 Z_{med} 不是最大值也不是最小值，就不是脉冲噪声，在这种情况下，执行步骤（3），进一步判断像素（x，y）的灰度值 Z_{xy} 是否为脉冲噪声。如果 $Z_{min}<Z_{xy}<Z_{max}$ 成立，那么 Z_{xy} 不是脉冲噪声，此时，将像素（x，y）的灰度值 Z_{xy} 作为滤波输出，即不改变该像素的灰度值，这样，就可以减小滤波对图像细节的影响。如果 $Z_{min}<Z_{xy}<Z_{max}$ 不成立，说明像素（x，y）的灰度值 Z_{xy} 是其邻域 S_{xy} 中最暗或最亮的点，是一个脉冲噪声，算法就用中值 Z_{med} 作为滤波输出。

　　步骤（1）中如果条件 $Z_{min}<Z_{med}<Z_{max}$ 不成立，那么中值 Z_{med} 等于最大值 Z_{max} 或等于最小值 Z_{min}，无论哪种情况，都表明中值 Z_{med} 可能是脉冲噪声。出现这种情况是因为像素（x，y）处的脉冲噪声相当严重（噪点多、密度大），在这种情况下，执行步骤（2），扩大滤波器尺寸 S_{xy}，包括更多的像素，以便找到一个非脉冲的中值 Z_{med}。如果增大后的滤波器尺寸满足条件 $S_{xy}\leqslant S_{max}$，则重复步骤（1）；如果条件 $S_{xy}\leqslant S_{max}$ 不成立，则说明滤波器尺寸已达到最大，只好将中值 Z_{med} 作为滤波输出，在这种情况下，不能保证中值 Z_{med} 不是脉冲。

　　可见，自适应中值滤波器一方面能根据图像中脉冲噪声密度的大小，自动调整滤波器尺寸。另一方面，尽可能不改变当前像素（x，y）本身的灰度值，从而达到即能去除较严重的脉冲噪声，又尽量减少图像细节损失的目的。图 3-10 给出了自适应中值滤波器处理像素（x，y）的算法流程图，处理完一个像素后，将滤波窗口移到图像的下一个位置重新开始。由于每增大一次滤波器尺寸，都需要重新对邻域 S_{xy} 内所有像素灰度值进行排序，因此增加了计算量。下面程序代码给出了自定义自适应中值滤波函数的实现。

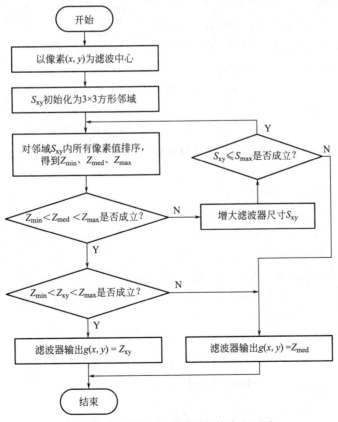

图 3-10　自适应中值滤波器算法流程图

示例 3-4：自适应中值滤波器的编程实现

```
function g = IMadpmedfilt2(f,hsize_max)
% IMADPMEDFILT2 自适应中值滤波器 V1.0,2019-6
% 输入参数 f 为灰度图像
% 输出 g 为与 f 同类型的灰度图像
% hsize_max 指定了允许最大滤波器尺寸,取值为大于等于 3 的奇数
% 滤波过程采用的最大邻域为 hsize_max * hsize_max 的矩形邻域,即 3*3、5*5 等
% 图像边界采用'symmetric'在边界处镜像反射扩展图像
% * * * * * * * * * * * * * * * * * * * * *
% 计算图像需扩展的行、列数,最大滤波邻域尺寸相当于(2 * hab_max + 1) * (2 * hab_max + 1)
hab_max = floor((hsize_max-1)/2);
% 图像边界采用'symmetric',扩展范围依据可能的最大滤波器尺寸
fex = padarray(f,[hab_max,hab_max],'symmetric','both')
% 声明输出图像变量,尺寸大小等于输入图像
g = f;
[Height,Width] = size(f);   % 获取输入图像 f 的高、宽尺寸
% 仅对输入图像范围内的像素进行滤波处理
for x = hab_max + 1 : hab_max + Height
    for y = hab_max + 1 : hab_max + Width
        hab = 1;   % 初始化滤波器尺寸
        while hab <= hab_max
            temp = fex(x-hab : x + hab ,y-hab : y + hab);   % 获取(x,y)邻域内像素值
            temp = sort(temp(:));   % 对像素值升序排序
            % 得到滤波邻域内像素值的最小值、最大值和中值
            Zxy = fex(x,y);
            Zmin = temp(1);
            Zmax = temp(end);
            Zmed = temp(floor((2 * hab + 1) * (2 * hab + 1)/2) + 1);
            % 判断中值 Zmed 是不是脉冲噪点
            if (Zmin < Zmed) && (Zmed < Zmax)
                % 中值 Zmed 不是脉冲噪点,进一步判断(x,y)像素值 Zxy 是否为脉冲噪点
                if(Zmin < Zxy) && (Zxy < Zmax)
                    % Zxy 不是脉冲噪点,令 Zxy 为滤波输出
                    g(x-hab_max,y-hab_max) = Zxy;
                else
                    % Zxy 是脉冲噪点,令 Zmed 为滤波输出
```

70

```
                g(x-hab_max,y-hab_max) = Zmed；
        end
            % 该像素处理完毕,退出 while 循环
            break；
    else
        % 中值 Zmed 是脉冲噪点,需扩大滤波器尺寸
            hab = hab + 1；
            % 判断滤波器尺寸是否大于允许值 hab_max
            if hab > hab_max
                % 已达到最大滤波器允许尺寸,令 Zmed 为滤波输出
                g(x-hab_max,y-hab_max) = Zmed；
                break；  % 强制退出 while 循环
            end
        end  % 如果 hab <= hab_max,用扩大的滤波邻域再次执行while 循环
    end   % end of while
  end
 end
end  % end of function
%------------------------------------------------------------
```

示例 3-5：常规中值滤波与自适应中值滤波

图 3-11（a）为 cameraman 原图像,图 3-11（b）为添加"椒盐"噪声后的图像,噪声密度 $d=0.2$,噪声水平非常高,几乎模糊了图像的大部分细节。作为比较,使用 3×3 中值滤波器对加噪图像进行滤波,结果如图 3-11（c）所示,虽能去除大部分脉冲噪声,同时也导致部分图像细节丢失,造成图像模糊。图 3-11（d）显示了使用 5×5 中值滤波器的滤波结果,虽然噪声被去除了,但产生了更明显的图像细节损失,加剧了图像模糊。图 3-11（e）显示了使用 $S_{max}=5$ 的自适应中值滤波器结果,其去噪效果同 5×5 中值滤波器相近,但引起的细节损失和图像模糊要轻微些。

(a)　　　　　　　　(b)

图 3-11　常规中值滤波与自适应中值滤波性能比较（一）

(a) 原图像；(b) 添加密度 $d=0.2$ 的椒盐噪声

(c)   (d)   (e)

图 3-11　常规中值滤波与自适应中值滤波性能比较（二）

(c) 3×3 常规中值滤波器；(d) 5×5 常规中值滤波器；

(e) S_{max} = 5×5 自适应中值滤波器

%常规中值滤波与自适应中值滤波示例

```
close all; clearvars;
f = imread('cameraman.tif');    %读入图像
fn = imnoise(f,'salt & pepper',0.2);      %向图像中添加密度 d = 0.2 的椒盐噪声

g1 = medfilt2(fn,[3,3],'symmetric');    %采用常规 3 * 3 中值滤波器去噪
g2 = medfilt2(fn,[5,5],'symmetric');    %采用常规 5 * 5 中值滤波器去噪
g3 = IMadpmedfilt2(fn,5);               %采用最大滤波邻域为 5 * 5 的自适应中值
                                          滤波器去噪

% 显示滤波结果
figure;
subplot(2,3,1); imshow(f); title('原始图像');
subplot(2,3,2); imshow(fn) title('添加椒盐噪声后的图像');
subplot(2,3,4); imshow(g1); title('常规 3 * 3 中值滤波结果');
subplot(2,3,5); imshow(g2); title('常规 5 * 5 中值滤波结果');
subplot(2,3,6); imshow(g3); title('自适应中值滤波结果,最大邻域 5 * 5');
%————————————————————————————————————————————————
```

示例 3-6：统计排序滤波器的适用性比较

从图 3-12 可以看出，如果图像同时被"椒盐"噪声污染，那么无论采用最大值滤波器还是最小值滤波器，不仅没有消除噪声，反而会进一步加重噪声污染，中值滤波器就能够很好地处理这种噪声情况。可见，每种滤波器都有其适用性，一定要针对图像中噪声特点正确选择滤波器类型。

%非线性滤波器的适用性比较示例

```
close all; clearvars;
f = imread('eight.tif');    %读入图像
fn = imnoise(f,'salt & pepper',0.2);    %向图像中添加密度 d = 0.2 的椒盐噪声
```

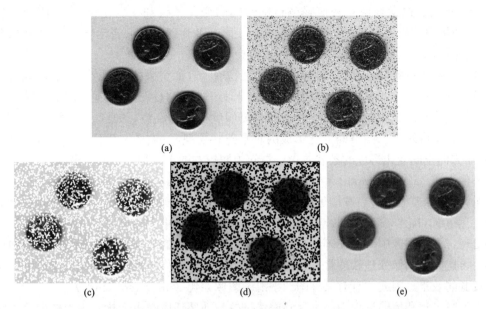

图 3-12 统计排序滤波器的适用性比较，调用函数 ordfilt2 实现

（a）原图像；（b）图像添加密度 $d=0.1$ 的椒盐噪声；（c）3×3 最大值滤波结果；

（d）3×3 最小值滤波结果；（e）3×3 中值滤波结果

```
g1 = ordfilt2(fn,9,ones(3));   %3 * 3 最大值滤波器去噪
g2 = ordfilt2(fn,1,ones(3));   %3 * 3 最小值滤波器去噪
g3 = ordfilt2(fn,5,ones(3));   %3 * 3 中值滤波器去噪
%显示滤波结果
figure;
subplot(2,3,1);imshow(f);title('原始图像');
subplot(2,3,2);imshow(fn);title('添加椒盐噪声后的图像');
subplot(2,3,4);imshow(g1);title('3 * 3 最大值滤波结果');
subplot(2,3,5);imshow(g2);title('3 * 3 最小值滤波结果');
subplot(2,3,6);imshow(g3);title('3 * 3 中值滤波结果');
%————————————————————————————————————————————
```

3.3.4 中点滤波器

中点滤波器的输出为邻域 S_{xy} 内像素灰度值最大值和最小值的平均值，即：

$$g(x,\ y)=\frac{1}{2}\Big[\min_{(s,\ t)\in S_{xy}}\{f(s,\ t)\}+\max_{(s,\ t)\in S_{xy}}\{f(s,\ t)\}\Big] \tag{3-8}$$

中点滤波器结合了统计排序和求平均运算，对高斯和均匀随机分布噪声有较好的滤波效果。

3.4 图像平滑

图像灰度或颜色变化产生的边缘和轮廓，对分析和理解图像非常重要，同时也与图像

的清晰度有关。边缘处像素灰度或颜色随空间的变化越锐利（变化快）、越剧烈（反差大），则边缘可辨程度越高，图像就越清晰。反之，变化越圆钝（变化慢）、越柔和（反差小），则边缘可辨程度就越低，图像就越模糊。

我们所熟悉的时间频率，用单位时间内某物理量（如交变的电流、电压、波动或机械振动等）周期性变化的次数来定义，单位为周/秒（赫兹 Hz）。类似地，图像空域频率的定义，是图像灰度或颜色在单位空间距离内周期性变化的次数，如图 3-13 所示，（左图）为像素颜色值沿水平方向空间变化形成的垂直条状纹理，（右图）为像素颜色值沿垂直方向和 45°方向空间变化形成的条状纹理，空间周期较左图小，相应空域频率也高。

图像平滑（image smoothing）常用于图像模糊（image blurring）和去噪（image de-noising）。图像模糊通过衰减图像的高频成分，使图像灰度或颜色随空间位置的变化渐变平缓，让边缘和轮廓看起来圆钝柔和。例如，在提取图像中大目标时，一般先对图像平滑模糊处理，去除图像中一些琐碎的细节、桥接直线或曲线的缝隙，再进行图像分割和边缘检测。再比如，图像处理软件常采用图像平滑方法去除图像中的皮肤斑点、皱纹等，达到柔化皮肤的效果。因此，有时又称图像平滑为图像柔化（image softening）。

图像在采集和传输过程中，常受到成像设备与外部环境噪声干扰，用于减少噪声的图像平滑又称为图像去噪。图像去噪处理有时会不同程度地改变图像细节或造成图像模糊，应尽可能减少这种不良影响。

常用的图像平滑空域滤波器有均值滤波器、高斯低通滤波器，以及最大值、最小值、中值等各种统计排序滤波器。

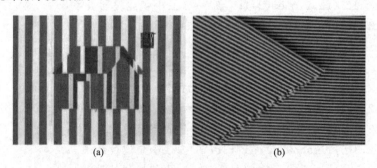

图 3-13　图像灰度或颜色变化的空域频率示意

3.4.1　算术均值滤波器

算术均值滤波器又称滑动平均滤波器（Moving average filter）。令 S_{xy} 表示像素（x，y）的一个 $m \times n$ 矩形邻域，算术均值滤波就是计算邻域 S_{xy} 中所有像素灰度值的平均值，即：

$$g(x, y) = \frac{1}{mn} \sum_{(s, t) \in S_{xy}} f(s, t) \tag{3-9}$$

算术均值滤波器也可以用 3.2 节中介绍的滤波器系数数组表示。为便于编程实现，滤波器系数数组的行、列尺寸通常取奇数，这样就可以得到一个在空间上中心对称的滤波器。对于一个尺寸为 m 行、n 列的滤波器，令 $m = 2a+1$、$n=2b+1$，其中，a、b 为非负整数，就定义了一个具有奇数尺寸的滤波器，常用的滤波器尺寸有 3×3、5×5 等。例如，3×3 均值滤波器的系数数组可表示为：

$$h = \begin{bmatrix} 1/9 & 1/9 & 1/9 \\ 1/9 & 1/9 & 1/9 \\ 1/9 & 1/9 & 1/9 \end{bmatrix} = \frac{1}{9} \begin{bmatrix} 1 & 1 & 1 \\ 1 & 1 & 1 \\ 1 & 1 & 1 \end{bmatrix}$$

从中可见，每个像素都在结果中贡献了自身像素灰度值的 1/9。

3.4.2　高斯低通滤波器

高斯函数在许多领域都有重要应用，包括图像滤波在内。二维高斯函数可表示为：

$$G(x, y) = e^{-\frac{x^2 + y^2}{2\sigma^2}} \tag{3-10}$$

其中，σ 是高斯函数的标准差，又称高斯低通滤波器的尺度因子，决定了高斯低通滤波器作用邻域的空间范围。(x, y) 到滤波中心（0，0）的距离越远，$G(x, y)$ 值就越小，滤波器系数就越小，这表明离滤波器中心较近的像素比远处的像素更重要，如图 3-14 所示。因此，高斯低通滤波器是一种加权均值滤波器。一个 $\sigma = 0.5$ 的 3×3 高斯低通滤波器的系数数组可表示为：

$$h = \begin{bmatrix} 0.0113 & 0.0838 & 0.0113 \\ 0.0838 & 0.6193 & 0.0838 \\ 0.0113 & 0.0838 & 0.0113 \end{bmatrix}$$

高斯低通滤波器尺寸的大小取决于标准差 σ，要获得一个大小为 $n \times n$ 的高斯滤波器，其 n 值应取大于或等于 6σ 的最小奇整数。

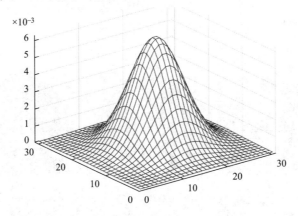

图 3-14　二维高斯函数的三维显示

🔺 高斯低通滤波函数 imgaussfilt

函数 imgaussfilt 实现二维图像的高斯低通滤波，基本语法格式为：

格式 1：B ＝ imgaussfilt（A）

用默认标准差 $\sigma = 0.5$ 的二维高斯低通滤波器对输入图像 A 进行平滑滤波，结果保存到 B 中。

格式 2：B ＝ imgaussfilt（A，sigma）

用指定标准差为 sigma 的二维高斯低通滤波器对输入图像 A 进行平滑滤波，结果保存到 B 中。

3.4.3 图像平滑滤波器尺寸的选择

在某种意义上，图像平滑滤波器具有使像素变得与其邻域像素相似的倾向，造成各像素灰度值随空间位置的变化缓慢，导致图像模糊，纹理细节的可辨度降低。

平滑滤波器的尺寸，即滤波邻域的大小，对图像模糊程度和去噪效果有实质性的影响。以高斯低通滤波器的尺度 σ 为例，假设在一个恒定的背景上有一道狭窄的条纹，如果使用小于该条纹宽度的滤波器尺度平滑图像，那么条纹附近的图像变化得以保留，仍能够分辨出条纹的上升沿和下降沿。如果滤波器尺度过大，条纹将被平滑到背景中，计算导数时只产生很小的响应或完全没有响应。

因此，当图像中有较多的精细细节，如果希望减少这些细节，以便在更大范围内识别图像边缘的结构特征，就需要采用较大尺寸的滤波器对图像进行平滑。如果要去除严重的图像噪声，同样也需要采用较大尺寸的滤波器。回顾第 3.3.3 节中介绍的自适应中值滤波器，就是采用了可变尺寸滤波器去除严重的"椒盐"噪声，并最大限度地保留图像细节。

示例 3-6：滤波器尺寸对平滑效果的影响

图 3-15（a）为原图像，图 3-15（b）为添加了均值为 0、方差为 0.01 高斯白噪声后的图像；图 3-15（c）～（f）分别为用尺寸 $n = 3、9、15、35$ 方形均值滤波器，对图 3-15（b）中加噪图像平滑滤波后的结果。当 $n=3$ 时，可以观察到图像中噪声有所减弱，同时图像有轻微的模糊。随着滤波器尺寸增大，去噪效果明显提高，但图像模糊程度也逐渐加重，与滤波器尺寸接近的图像细节，受到的影响比较大。当 $n=15$ 和 35 时，图像中小于滤波器尺寸的图像细节近乎消失，被融入背景中。

图 3-15 滤波器尺寸对平滑效果的影响
（a）原图；（b）添加高斯噪声后的图像；（c）3×3 均值滤波结果；
（d）9×9 均值滤波结果；（e）15×15 均值滤波结果；（f）35×35 均值滤波结果

%滤波器尺寸对平滑效果的影响

```
close all; clearvars;
f = imread('cameraman.tif');          % 读入图像
fn = imnoise(f,'gaussian',0,0.01);    % 向图像中添加 0 均值,方差为 0.01 的高斯
                                        噪声

h = fspecial('average',3);            % 生成 3 * 3 均值滤波器
fs3 = imfilter(fn,h,'replicate');     % 对原图像进行 3 * 3 平滑滤波
h = fspecial('average',9);            % 生成 9 * 9 均值滤波器
fs9 = imfilter(fn,h,'replicate');     % 对原图像进行 9 * 9 平滑滤波
h = fspecial('average',15);           % 生成 15 * 15 均值滤波器
fs15 = imfilter(fn,h,'replicate');    % 对原图像进行 15 * 15 平滑滤波
h = fspecial('average',35);           % 生成 35 * 35 均值滤波器
fs35 = imfilter(fn,h,'replicate');    % 对原图像进行 35 * 35 平滑滤波


% 显示结果
figure;
subplot(2,3,1); imshow(f); title('原图像');
subplot(2,3,2); imshow(fn); title('被高斯噪声污染后的图像');
subplot(2,3,3); imshow(fs3); title('3 * 3 均值滤波结果');
subplot(2,3,4); imshow(fs9); title('9 * 9 均值滤波结果');
subplot(2,3,5); imshow(fs15); title('15 * 15 均值滤波结果');
subplot(2,3,6); imshow(fs35); title('35 * 35 均值滤波结果');
% ------------------------------------------------------------
```

示例 3-7：对图像兴趣区域（ROI，Region of Interest）进行平滑模糊

电视采访、街景地图等应用中，为保护当事人或行人的隐私，需将图像中当事人或行人脸部区域作模糊或马赛克处理。图 3-16（a）为原图，图 3-16（b）为采用函数 roifilt2 对由图 3-16（c）掩膜指定的兴趣区域进行均值滤波结果。图 3-16（c）掩膜是调用函数 roipoly 采用鼠标交互方式获取的。

(a)　　　　　　　　　(b)　　　　　　　　　(c)

图 3-16　对图像中兴趣区域（ROI）进行平滑模糊
(a) 原图；(b) 对指定兴趣区域平滑模糊；(c) 兴趣区域掩膜

%对图像中兴趣区域滤波

```
% Filter Region of Interest (ROI) in image
close all; clearvars;
f = imread('cameraman.tif');    % 读入图像
% 鼠标交互获取兴趣区域 ROI,移动鼠标单击左键在图像上选点形成封闭多边形,
% 然后单击鼠标右键,弹出菜单,选择"Create Mask"
mask = roipoly(f);
% 采用 20 * 20 均值滤波器对指定区域平滑模糊
% Filter the region of the image specified by the mask.
ha = fspecial('average',20);
g = roifilt2(ha,f,mask);
% 显示结果
figure; montage({f,g,mask},'Size',[1,3]);
title('原图像(左) | 对兴趣区域平滑模糊结果(中)  |  掩膜图像(右)');
% ---------------------------------------------------------------
```

示例 3-8:高斯低通滤波器图像平滑与边缘检测

图 3-17(a)是几枚硬币图像,可用边缘检测得到它们的圆形轮廓。如果直接对图像进行边缘检测,硬币中的纹理细节也会被检测出来,图 3-17(b)给出了采用 sobel 算子得到的边缘。如果希望减少这些细节以便获得硬币轮廓曲线这一重要的结构特征,就需要采用较大尺寸的滤波器对图像进行平滑,然后再进行边缘检测。图 3-17(c)给出了先采用 σ=1.5 的高斯低通滤波器对图像平滑,然后再用 sobel 算子得到的边缘,硬币内部的纹理细节已被消除,得到了较为完美的硬币轮廓。

%高斯低通滤波器图像平滑与边缘检测示例

```
close all; clearvars;
f = imread('coins.png');    % 读入灰度图像
% 采用 edge 函数,选择 sobel 算子对图像进行边缘检测
fe = edge(f,'sobel');
% 采用标准差 sigma = 1.5 的高斯低通滤波器对图像平滑滤波
fs = imgaussfilt(f,1.5);
fse = edge(fs,'sobel');    % 对平滑后的图像进行边缘检测
% 显示结果
figure;
subplot(2,2,1); imshow(f); title('原图像');
subplot(2,2,2); imshow(fe); title('原图像边缘检测结果');
subplot(2,2,3); imshow(fs); title('采用高斯低通滤波器平滑后的图像');
subplot(2,2,4); imshow(fse); title('平滑后图像边缘检测结果');
truesize;    % 尽可能显示真实大小的图像
% ---------------------------------------------------------------
```

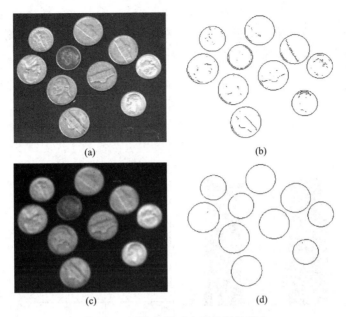

图 3-17 图像平滑对边缘检测的影响

（a）原图像；（b）原图像 sobel 算子得到的边缘；

（c）采用 $\sigma = 1.5$ 高斯低通滤波器平滑；（d）平滑后图像 sobel 算子得到的边缘

3.5 图像锐化

图像的清晰度与图像边缘和轮廓的锐利程度有关，边缘处像素的灰度或颜色随空间位置的变化越快、越剧烈，则图像就越清晰，细节的可辨程度就越高。反之，边缘处像素的灰度或颜色随空间位置的变化越慢、越柔和，则图像就越模糊，细节的可辨程度就越低。

图像锐化（Image Sharpening）的本质，就是增强图像边缘的锐利程度。图像边缘可以粗略地描述为图像中那些沿某一方向局部灰度或颜色值变化显著的像素，局部灰度值变化越强烈，表明这一位置存在边缘的可能性就越大。图像的高频分量与图像局部灰度值变化有关，图像锐化也就是增强图像的高频分量。图像锐化一般包括两个环节：

（1）计算图像中各像素灰度值的局部变化量；

（2）将这一变化量叠加到原图像上，使图像边缘处像素的灰度或颜色随空间的变化加快、加剧。

3.5.1 采用拉普拉斯算子的图像锐化

图像灰度值的空间变化量可用导数描述，下面用一维函数 $f(x)$ 阐释这种思路。$f(x)$ 可以看作是图像某一行（或列）像素的灰度值随列坐标（或行坐标）变化而形成的灰度函数，如图 3-18 所示。$f(x)$ 的二阶导数 $f''(x)$ 在其函数值上升沿和下降沿过渡区域的低值处对应有一个正脉冲，高值处对应一个负脉冲。$f(x)$ 上升沿和下降沿的锐化，可以通过从 $f(x)$ 中减去其二阶导数 $f''(x)$ 的一部分得到，即：

$$g(x) = f(x) - \alpha f''(x) \tag{3-11}$$

选择权重因子 α 的大小，将引起 $f(x)$ 在上升沿和下降沿边缘两侧出现不同程度的"过冲"，从而夸大边缘附近像素灰度值的反差、增强了感知锐度。

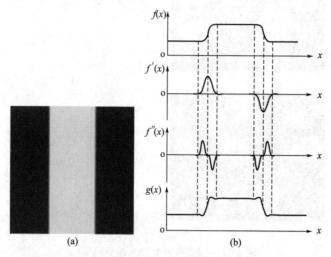

图 3-18　通过二阶导数进行边缘锐化

(a) 灰色背景中带模糊边缘的竖直亮条图像；(b) 由上至下所示分别为：
图像某一行的灰度函数 $f(x)$、一阶导数 $f'(x)$、二阶导数 $f''(x)$，以及锐化后的结果

1. 拉普拉斯算子

二维函数 $f(x, y)$ 的拉普拉斯算子（Laplacian Operator） ∇^2（∇ 念作 Nabla），定义为沿 x 和 y 方向的二阶偏导数之和，作为各像素灰度值的局部变化量，即：

$$\nabla^2 f(x, y) = \frac{\partial^2 f}{\partial x^2} + \frac{\partial^2 f}{\partial y^2} \tag{3-12}$$

由于图像为二维离散函数，拉普拉斯算子可以采用差分近似计算。为获得以像素 (x, y) 为中心的计算表达式，计算二阶偏导数时用前向差分，计算一阶偏导数时用后向差分，即：

$$
\begin{aligned}
\frac{\partial^2 f}{\partial x^2} &= \frac{\partial f(x+1, y)}{\partial x} - \frac{\partial f(x, y)}{\partial x} \\
&= [f(x+1, y) - f(x, y)] - [f(x, y) - f(x-1, y)] \\
&= f(x+1, y) + f(x-1, y) - 2f(x, y)
\end{aligned} \tag{3-13}
$$

$$
\begin{aligned}
\frac{\partial^2 f}{\partial y^2} &= \frac{\partial f(x, y+1)}{\partial y} - \frac{\partial f(x, y)}{\partial y} \\
&= [f(x, y+1) - f(x, y)] - [f(x, y) - f(x, y-1)] \\
&= f(x, y+1) + f(x, y-1) - 2f(x, y)
\end{aligned} \tag{3-14}
$$

二者相加，得到离散拉普拉斯算子为：

$$
\begin{aligned}
\nabla^2 f(x, y) &= \frac{\partial^2 f}{\partial x^2} + \frac{\partial^2 f}{\partial y^2} \\
&= f(x+1, y) + f(x-1, y) + f(x, y+1) + f(x, y-1) - 4f(x, y)
\end{aligned} \tag{3-15}
$$

上式的计算，可以采用图 3-19（a）所示的滤波器系数数组实现。图 3-19（b）为加入对角

邻域像素的拉普拉斯滤波器系数数组。为保证拉普拉斯算子在灰度为常值的平坦区域输出为零，拉普拉斯滤波器系数之和应为零。

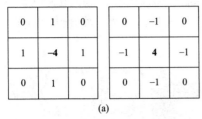

图 3-19 拉普拉斯算子对应的滤波器系数数组
（a）标准拉普拉斯算子；（b）加入对角邻域像素的拉普拉斯算子

MATLAB 滤波器创建函数 fspecial 采用式（3-16）创建拉普拉斯算子的滤波器系数数组，其调用格式为：

$$\nabla^2 = \frac{4}{(\alpha+1)} \begin{bmatrix} \dfrac{\alpha}{4} & \dfrac{1-\alpha}{4} & \dfrac{\alpha}{4} \\ \dfrac{1-\alpha}{4} & -1 & \dfrac{1-\alpha}{4} \\ \dfrac{\alpha}{4} & \dfrac{1-\alpha}{4} & \dfrac{\alpha}{4} \end{bmatrix} \tag{3-16}$$

格式 1：h = fspecial ('laplacian')
默认 $\alpha=0.2$，按式（3-16）计算拉普拉斯算子的滤波器系数数组；
格式 2：h = fspecial ('laplacian', alpha)
即 $\alpha=$ alpha，按式（3-16）计算拉普拉斯算子的滤波器系数数组。当 alpha$=0$ 时，得到的结果与图 3-19（a）相同。

2. 图像锐化

首先用拉普拉斯算子对图像 $f(x, y)$ 进行滤波，得到其拉普拉斯二阶偏导数图像，然后从原图像中减去用强度因子 α 加权的拉普拉斯二阶偏导数图像，即：

$$g(x, y) = \begin{cases} f(x, y) - \alpha \nabla^2 f(x, y), & \text{拉普拉斯模板中心系数为负} \\ f(x, y) + \alpha \nabla^2 f(x, y), & \text{拉普拉斯模板中心系数为正} \end{cases} \tag{3-17}$$

式中，强度因子 α 用于控制图像锐化的强度。为避免精度损失，式（3-17）中参与运算的图像 $f(x, y)$ 和拉普拉斯边缘图像 $\nabla^2 f(x, y)$ 的数据类型应转换为浮点型，然后再对锐化结果 $g(x, y)$ 进行饱和处理和数据类型转换。对于 8 位 256 级灰度图像而言，$g(x, y)$ 中某些像素灰度值可能超出 $[0, 255]$ 取值范围，应将 $g(x, y)$ 中小于 0 的像素灰度值强制为 0，大于 255 的像素灰度值强制为 255。

拉普拉斯算子对噪声敏感，在进行拉普拉斯滤波之前，可以先对图像平滑预处理，减弱噪声的影响，如采用高斯低通滤波器平滑。

示例 3-9：用拉普拉斯算子进行图像锐化

图 3-20（a）为月球照片。图 3-20（b）显示了用标准拉普拉斯滤波系数数组对该图像锐化的结果，由于增强了图像中灰度突变处的对比度，图像中月球陨石坑的细节比原图像更加

清晰，同时也较好保留了原图像的背景色调。图 3-20（c）显示了原图像的拉普拉斯二阶偏导数图像，由于拉普拉斯二阶偏导数既有正值又有负值，为了便于观察，显示时将其线性映射到 0～255 之间，即拉普拉斯二阶偏导数图像中的最小值对应 0、最大值映射为 255。

请尝试用图 3-19（b）中加入对角邻域像素的拉普拉斯滤波系数数组对图 3-20（a）进行锐化，并比较二者的差异。

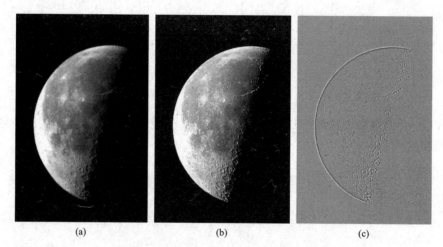

(a)　　　　　　　　　　　(b)　　　　　　　　　　　(c)

图 3-20　采用拉普拉斯算子的图像锐化

(a) 原图像；(b) 强度因子 $\alpha = 1.5$ 的锐化结果；(c) 拉普拉斯二阶偏导数图像

%用拉普拉斯算子进行图像锐化

```
close all; clearvars;
f = imread('moon.tif');    %读入待锐化图像
fd = double(f);            %将原图像数据转换为 double 型
alpha = 1.5;    %定义锐化强度因子变量,并初始化为 1.5

fs = imgaussfilt(fd,0.5);       %采用高斯低通滤波器对原图像平滑 sigma = 0.5
h = fspecial('laplacian',0);    %生成拉普拉斯滤波器系数数组
fL = imfilter(fs,h,'replicate'); %计算拉普拉斯二阶偏导图像
g = fd - alpha * fL;            %计算锐化图像
%对计算结果进行饱和处理
g(g<0) = 0;
g(g>255) = 255;
g = uint8(g);    %将锐化后的图像数据类型转换为 uint8 型

%显示结果
figure;
subplot(1,3,1); imshow(f); title('原始图像');
subplot(1,3,2); imshow(g); title('Laplacian 锐化结果');
subplot(1,3,3); imshow(fL,[]); title('Laplacian 二阶偏导图像');
```

%——

3.5.2 钝化掩膜图像锐化

钝化掩膜（Unsharp Masking，USM）图像锐化技术，在天文图像、数字印刷等领域有着非常广泛的应用。钝化掩膜图像锐化源于传统摄影中的暗室照片冲印技术，由于简单、灵活，被很多图像处理软件采用，通常称 USM 滤镜（Unsharp Masking Filter）。

1. 钝化掩膜图像锐化的步骤

（1）用高斯低通滤波器对图像 $f(x, y)$ 平滑滤波，得到模糊图像 $f_s(x, y)$；

（2）图像 $f(x, y)$ 减去其模糊图像 $f_s(x, y)$，得到边缘图像 $f_e(x, y)$，即

$$f_e(x, y) = f(x, y) - f_s(x, y) \tag{3-18}$$

（3）将边缘图像 $f_e(x, y)$ 乘以锐化强度因子 α，然后与图像 $f(x, y)$ 相加，得到锐化图像 $g(x, y)$。强度因子 α 用于控制锐化程度，即：

$$\begin{aligned} g(x, y) &= f(x, y) + \alpha f_e(x, y) \\ &= f(x, y) + \alpha [f(x, y) - f_s(x, y)] \end{aligned} \tag{3-19}$$

原则上，可以使用任何平滑滤波器对图像 $f(x, y)$ 进行平滑得到模糊图像 $f_s(x, y)$，但通常使用高斯低通滤波器，其标准差 σ 用于控制边缘增强的空间范围，典型值可以从 $0.5 \sim 20$ 之间选取。标准差 σ 的设置必须谨慎，如果标准差 σ 及其对应的高斯滤波器尺寸过大，会导致图像物体边缘处出现明显的光晕（"白边"，halo），如图 3-23 所示。

标准差 σ 和强度因子 α 要协调选择，即增大其中一个，相应要减小另一个。例如，令标准差 σ 小些，强度因子 α 就可以取值大些。一般宁可用低 σ、高 α 锐化多次，也不要用高 σ、低 α 锐化一次。强度因子 α 通常在 $0 \sim 2$ 之间选取。

钝化掩膜图像锐化方相对于采用拉普拉斯算子的图像锐化，优势在于降低了对噪声的敏感性，因为它包含了一个平滑的过程，并且可以通过标准差 σ（空间范围）和因子 α（锐化强度）提高滤波结果的可控性。

2. 用阈值控制锐化噪声

钝化掩膜图像锐化过程不仅仅对真实的边缘有响应，它对任何灰度变化的地方都有响应，因此也会放大均匀图像区域中的一些可见噪声。为控制噪声，可以利用步骤（2）得到的边缘图像 $f_e(x, y)$ 信息，来确定需要锐化的边缘像素，即仅当像素 (x, y) 处的边缘变化绝对值大于给定阈值 T 时才进行增强，否则该像素灰度值不被修改。即：

$$g(x, y) = \begin{cases} f(x, y) + \alpha [f(x, y) - f_s(x, y)], & \text{当} |f(x, y) - f_s(x, y)| \geqslant T \times 255 \\ f(x, y) & \text{其他} \end{cases}$$

$$\tag{3-20}$$

式中，阈值 T 可在 $0 \sim 1$ 之间取值。

对于 RGB 彩色图像，为避免色散，通常把图像转换到 HSV 颜色空间，仅对 V 分量进行锐化，然后再将其转换回到 RGB 颜色空间。

3. 钝化掩膜图像锐化示例

用钝化掩膜图像锐化技术，对图 3-21（a）中的月球照片进行锐化处理，图 3-21（b）显示了锐化结果。参数设置为：高斯低通滤波器标准差 $\sigma = 1.5$、强度因子 $\alpha = 2$、降噪阈值 $T =$

0.01。由于增强了图像中灰度突变处的对比度，图像中月球陨石坑的细节比原始图像更加清晰，同时较好保留了原图像的背景色调。图 3-21（c）显示了原图像减去钝化掩膜得到的边缘图像，既有正值又有负值，为了便于观察，显示时将其线性映射到 0～255 之间，即边缘图像中的最小值对应 0、最大值映射为 255。注意对比图 3-20 中拉普拉斯算子图像锐化结果。

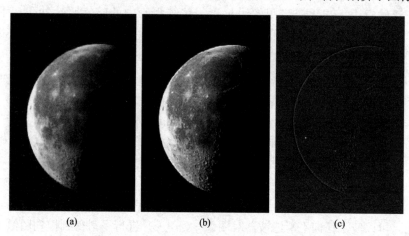

图 3-21　采用钝化掩膜（USM）的图像锐化
（a）原图像；（b）钝化掩膜图像锐化结果；（c）边缘图像

示例 3-10：钝化掩膜（USM）图像锐化的编程实现

```
%采用钝化掩膜(Unsharp Masking)进行图像锐化
close all; clearvars;
f = imread('moon.tif');    %读入灰度图像
fd = double(f);            %将图像数据转换为 double 型
sigma = 1.5;    %定义高斯低通滤波器标准差,初始化为 1.5
alpha = 2;      %定义锐化强度因子变量,并初始化为 2
T = 0.01;       %定义降噪阈值,初始化为 0.01
fs = imgaussfilt(fd,sigma);   %对原图像进行高斯低通滤波平滑
fe = fd-fs;     %用原图像减去模糊图像,差值即为边缘图像
%降低平缓区域中的锐化噪声,对边缘图像做阈值处理
fe(abs(fe)<T*255) = 0;
%计算锐化图像,即原图像加上用 alpha 强度因子加权后的边缘图像
g = fd + alpha*fe;
%对计算结果进行饱和处理
g(g<0) = 0;
g(g>255) = 255;
g = uint8(g);    %将锐化后的图像数据类型转换为 uint8 型
%显示结果
figure;
subplot(1,3,1);imshow(f); title('原图像');
```

```
subplot(1,3,2); imshow(g); title('USM 锐化结果');
subplot(1,3,3); imshow(fe,[]); title('USM 得到的边缘图像');
```
——

%调用 MATLAB 函数 imsharpen 进行钝化掩膜图像锐化

```
close all;clearvars;
f = imread('moon.tif');    % 读入灰度图像
% 参数 Radius-标准差 σ,Amount-强度因子 α,Threshold-降噪阈值 T
g = imsharpen(f,'Radius',1.5,'Amount',2,'Threshold',0.01);
% 显示结果
figure; montage({f,g});
title('Original Image(left) and sharpened Image(right)');
```
%——

图 3-22　调用 MATLAB 函数 imsharpen 进行钝化掩膜图像锐化

4. 钝化掩膜图像锐化函数 imsharpen

函数imsharpen 采用钝化掩膜（Unsharp Masking）方法对图像进行锐化，调用语法格式为：

格式 1：B = imsharpen（A）

采用默认参数对输入图像 A 进行钝化掩膜锐化，处理结果保存到 B 中。输入图像 A 可以是灰度图像或 RGB 真彩色图像。如果输入图像 A 是 RGB 真彩色图像，imsharpen 函数先将 A 转换到 L * a * b * 颜色空间（colorspace），然后仅对 L * 分量进行锐化，再把图像转换到 RGB 颜色空间。

格式 2：B = imsharpen（A，Name，Value，…）

使用指定参数对输入图像 A 进行钝化掩膜锐化，处理结果保存到 B 中。输入图像 A 可以是灰度图像或 RGB 真彩色图像。指定参数采用 Name-Value 的方式给出，如：

示例 3-9：B = imsharpen（A，'Radius'，1.5，'Amount'，2，'Threshold'，0.01）；

'Radius'—指定高斯低通滤波器的标准差 σ，缺省值为 1。例如：'Radius'，1.5

'Amount' —指定锐化效果的强度因子 α，通常在 [0，2] 范围内取值，缺省值为 0.8。

例如：'Amount', 2

'Threshold'—指定噪声控制阈值，在［0，1］之间取值，缺省值取 0。例如：'Threshold', 0.01

5. 光晕现象

钝化掩膜图像锐化时，标准差 σ 的设置必须谨慎，如果标准差 σ 及其对应的高斯滤波器尺寸过大，得到的钝化掩膜中将平滑掉过多的纹理边缘，与原图像 $f(x，y)$ 相减得到的边缘灰度值变化空间范围宽、差值大，就会在图像物体边缘处出现明显的光晕（"白边"，halo）。同样，采用拉普拉斯算子对图像锐化时，如果强度因子 α 过大，图像边缘也会产生光晕。

示例 3-11：钝化掩膜图像锐化时的光晕现象

图 3-23 展示了钝化掩膜图像锐化中控制参数对光晕现象的影响。图 3-23（a）为 cameraman 原图像，图 3-23（b）为标准差 $\sigma=0.5$、强度因子 $\alpha=2$、降噪阈值 $T=0.02$ 时的锐化结果；图 3-23（c）为标准差 $\sigma=1.5$、强度因子 $\alpha=2$、降噪阈值 $T=0.02$ 时的锐化结果，此时人物轮廓四周出现了明显"白边"光晕；图 3-23（d）为标准差 $\sigma=1.5$、强度因子 $\alpha=0.5$、降噪阈值 $T=0.02$ 时的锐化结果，光晕现象基本消失。因此，标准差 σ 和强度因子 α 要协调选择，即增大其中一个，相应要减小另一个。

(a)　　　　　　　　(b)　　　　　　　　(c)　　　　　　　　(d)

图 3-23　钝化掩膜（USM）图像锐化时的光晕现象

```
%钝化掩膜（USM）图像锐化时的光晕现象
close all; clearvars;
f = imread('cameraman.tif');   %读入灰度图像
%参数 Radius-标准差σ,Amount-强度因子α,Threshold-降噪阈值T
g1 = imsharpen(f,'Radius',0.5,'Amount',2,'Threshold',0.02);
g2 = imsharpen(f,'Radius',1.5,'Amount',2,'Threshold',0.02);
g3 = imsharpen(f,'Radius',1.5,'Amount',0.5,'Threshold',0.02);
%显示结果
figure;
subplot(2,2,1); imshow(f); title('原始图像');
subplot(2,2,2); imshow(g1); title('USM 锐化结果,Radius = 0.5,Amount = 2,T = 0.02');
subplot(2,2,3); imshow(g2); title('USM 锐化结果,Radius = 1.5,Amount = 2,T = 0.02');
subplot(2,2,4); imshow(g3); title('USM 锐化结果,Radius = 1.5,Amount = 0.5,T =
```

0.02');

```
  %-------------------------------------------------------------------
```

3.6　MATLAB 图像处理工具箱的空域滤波函数简介

为便于对照学习，下表列出了 MATLAB 图像处理工具箱中与空域滤波相关的函数及其功能。

函数名	功能描述
imfilter	多维图像线性滤波，N-D filtering of multidimensional images
imgaussfilt	二维高斯低通滤波，2-D Gaussian filtering of images
imgaussfilt3	三维高斯低通滤波，3-D Gaussian filtering of 3-D images
fspecial	创建预定义的二维滤波系数矩阵，Create predefined 2-Dfilter
imsharpen	采用钝化掩膜（USM）对图像进行锐化，Sharpen image using unsharp masking
medfilt2	二维中值滤波，2-D median filtering
ordfilt2	二维统计排序滤波，2-Dorder-statistic filtering
imnoise	向图像中添加指定类型和强度的噪声，Add noise to image
imboxfilt	二维盒状滤波（即均值滤波），2-D box filtering of images
imboxfilt3	三维盒状滤波 3-D box filtering of 3-D images
imguidedfilter	图像导向滤波，Guided filtering of images
normxcorr2	归一化二维互相关运算，Normalized 2-D cross-correlation
wiener2	维纳二维自适应去噪滤波，2-D adaptive noise-removal filtering
stdfilt	计算图像像素的局部标准差，Local standard deviation of image
padarray	对数组扩展填充，Pad array
roifilt2	仅对兴趣区域滤波，Filter region of interest (ROI) in image
roipoly	指定一个多边形兴趣区域的掩膜二值图像，Specify polygonal region of interest (ROI)

习题 ▶▶▶

3.1　线性空域滤波的本质是什么？

3.2　讨论用于图像平滑和锐化的空域滤波器的异同及联系。

3.3　从信号与系统的角度，说明相关运算、卷积运算的含义以及二者之间的关系。

3.4　滤波器尺寸大小对滤波结果有何影响？

3.5　为什么低通滤波器可以减少图像中的噪声？

3.6　如何设计一个二维空域滤波器？

3.7　对于"椒盐"噪声，为什么中值滤波比均值滤波效果好？

3.8　简述高斯低通滤波器的主要特点。

上机练习 ▶▶▶

E3.1 编辑本章各示例程序代码建立 MATLAB 脚本或函数 m 文件，保存运行，注意观察并分析运行结果。也可打开实时脚本文件 Ch3 _ SpatialDomainFiltering. mlx，逐节运行，熟悉本章给出的示例程序。

E3.2 智能手机图片编辑应用一般有一项被称为"虚化"的功能，可以对图片进行全部、指定位置和大小圆形区域外部或条形区域外部的图像进行程度可调的平滑模糊。请用MATLAB 语言编制一个类似功能的图像虚化函数，实现对一幅图像指定位置和大小的圆形区域（或任意形状的区域）外部进行模糊程度可调的平滑。此种滤波方法又称兴趣区域掩膜滤波（masked filtering），关键是如何生成所需的掩膜（mask）。常用的"掩膜"为二维数组或一幅二值图像，用元素值"0"或"1"对图像上某些区域作屏蔽，使其不参加处理，或仅对屏蔽区作处理。

E3.3 用 MATLAB 统计排序滤波函数 ordfilt2，实现滤波邻域为"＋"型的 3×3 中值滤波器，并比较与常规 3×3 中值滤波器的滤波效果。

第4章 频域滤波

正弦信号的时域波形可由幅度、相位及频率三个参数完全确定，其频域也最简单，只是一根谱线（复正弦）。傅里叶变换将信号分解为一系列正弦信号的线性组合，从而得到信号的频谱。时间和空间频率是现实世界中两个最重要也是最基本的物理量，如人声调的粗细、图像纹理的单调与丰富、图像的清晰度等都与频率有关。傅里叶变换能将时间或空间信号与频率联系起来，使得我们可以把信号由时域/空域变换到频域，再由频域变换回时域/空域。这样做的目的，一是便于理解信号的内涵，二是便于提取信号特征。

离散傅里叶变换 DFT（Discrete Fourier Transform）及其快速傅里叶变换 FFT 算法（Fast Fourier Transform）已成为信号分析和处理的重要工具，也是频域滤波（Frequency Domain Filtering）的理论和技术基础。

4.1 离散傅里叶变换 DFT

4.1.1 傅里叶变换的四种形式

傅里叶变换有四种形式，即连续周期信号的傅里叶级数 FS（Fourier Series）、连续非周期信号的傅里叶变换 FT（Fourier Transform）、离散时间信号的傅里叶变换 DTFT（Discrete Time Fourier Transform）、离散时间周期信号的傅里叶级数 DFS（Discrete Fourier Series）。

离散傅里叶变换 DFT 并不是一个新的傅里叶变换形式，它实际上来自 DFS，只不过仅在时域、频域各取一个周期，再进行周期延拓，得到整个时域离散信号序列和频域离散频谱序列。下面以一维信号为例，介绍傅里叶变换四种形式的定义以及他们之间的关系。

1. 连续周期信号的傅里叶级数 FS

$f(t)$ 是周期为 T 的一维连续周期信号，且满足狄里赫利（Dirichlet）条件，则 $f(t)$ 可被分解为无穷多个复正弦的组合，即：

$$f(t) = \sum_{n=-\infty}^{\infty} c_n \mathrm{e}^{\mathrm{j}\frac{2\pi n}{T}t} \tag{4-1}$$

式（4-1）称为 $f(t)$ 的指数形式傅里叶级数。式中，第 n 个复正弦的频率是 $2\pi n/T$，其幅度记为 c_n，又称傅里叶系数，由式（4-2）给出：

$$c_n = \frac{1}{T} \int_{-T/2}^{T/2} f(t) \mathrm{e}^{-\mathrm{j}\frac{2\pi n}{T}t} \mathrm{d}t \qquad n = \pm 1, \ \pm 2, \ \cdots\cdots \tag{4-2}$$

c_n 是离散的，代表了 $f(t)$ 中第 n 次谐波的幅度，c_{n-1} 与 c_n 两点之间的间隔是 $2\pi/T$。

2. 连续非周期信号的傅里叶变换 FT

$f(t)$ 是一维非周期连续信号，且满足狄里赫利条件，则 $f(t)$ 的傅里叶变换存在，定义为：

$$F(u) = \int_{-\infty}^{\infty} f(t) \mathrm{e}^{-\mathrm{j}2\pi ut} \mathrm{d}t \tag{4-3}$$

其反变换定义为：

$$f(t) = \frac{1}{2\pi} \int_{-\infty}^{\infty} F(u) \mathrm{e}^{\mathrm{j}2\pi ut} \mathrm{d}u \tag{4-4}$$

式中，u 为正弦频率变量，量值单位取决于时域变量 t 的单位。若 t 的单位为时间"s"，则 u 的单位为"周/s"或"赫兹（Hz）"；若 t 的单位为距离"m"，则 u 的单位为"周/m"。

如果信号 $f(t)$ 是实数，那么其傅里叶变换 $F(u)$ 通常是连续复函数，称为 $f(t)$ 的频谱密度函数。

3. 离散时间信号的傅里叶变换 DTFT

若离散时间信号序列 $f(n)$ 是绝对可加的能量有限序列，那么其傅里叶变换存在，定义为：

$$F(\mathrm{e}^{\mathrm{j}\omega}) = \sum_{n=-\infty}^{\infty} f(n) \mathrm{e}^{-\mathrm{j}\omega n} \tag{4-5}$$

其反变换定义为：

$$f(n) = \frac{1}{2\pi} \int_{-\pi}^{\pi} F(\mathrm{e}^{\mathrm{j}\omega}) \mathrm{e}^{\mathrm{j}\omega n} \mathrm{d}\omega \tag{4-6}$$

式中，$\omega = 2\pi f/f_s$，为正弦序列的圆周频率，又称数字频率，单位为"弧度（rad）"；其中 f 是频率，f_s 是信号序列 $f(n)$ 的采样频率。$F(\mathrm{e}^{\mathrm{j}\omega})$ 是 ω 的连续周期函数，周期为 2π。

4. 离散时间周期信号的傅里叶级数 DFS

假设 $\tilde{f}(t)$ 是周期为 T 的连续时间信号，每个周期内抽样 N 个点，得到离散时间周期信号序列 $\tilde{f}(n)$，其周期为 N。$\tilde{f}(n)$ 的傅里叶变换定义为：

$$F(u) = \sum_{n=0}^{N-1} \tilde{f}(n) \mathrm{e}^{-\mathrm{j}\frac{2\pi}{N}nu} \qquad u = -\infty \sim +\infty \tag{4-7}$$

其反变换定义为：

$$\tilde{f}(n) = \frac{1}{N} \sum_{u=0}^{N-1} \tilde{F}(u) \mathrm{e}^{\mathrm{j}\frac{2\pi}{N}nu}, \qquad n = -\infty \sim +\infty \tag{4-8}$$

式（4-7）和式（4-8）称为离散时间周期序列的傅里叶级数（DFS），尽管式中 n、u 标注的都是从 $-\infty$ 到 $+\infty$，实际上，只能计算出 N 个独立的 $\tilde{F}(u)$ 或 $\tilde{f}(n)$ 的值。DFS 在时域、频域都是周期且离散的。因此，可以更明确地用下式来表示仅取一个周期的 DFS：

$$
\begin{cases}
F(u) = \displaystyle\sum_{n=0}^{N-1} f(n)\, \mathrm{e}^{-\mathrm{j}\frac{2\pi}{N}nu} & u = 0,\ 1,\ \cdots\cdots,\ N-1 \\[2mm]
f(n) = \dfrac{1}{N} \displaystyle\sum_{u=0}^{N-1} F(u)\, \mathrm{e}^{\mathrm{j}\frac{2\pi}{N}nu} & n = 0,\ 1,\ \cdots\cdots,\ N-1
\end{cases}
\tag{4-9}
$$

式（4-9）又称**离散傅里叶变换 DFT**（Discrete Fourier Transform）及其**反变换 IDFT**（Inverse Discrete Fourier Transform），习惯上把 N 点 DFT 变换的标定因子 $1/N$ 放在反变换公式中。

4.1.2　离散傅里叶变换 DFT

1. 一维离散傅里叶变换 DFT

将式（4-7）、式（4-8）和式（4-9）对比可知，DFT 并不是一个新的傅里叶变换形式，只不过仅在 DFS 的时域、频域各取一个周期而已，由这个周期作延拓，就可以得到整个的 $\tilde{f}(n)$ 和 $\tilde{F}(u)$。

实际工作中常常遇到非周期信号序列 $f(n)$，可能是有限长，也可能是无限长，对这样的信号序列做傅里叶变换，理论上应是做 DTFT，得到连续周期频谱 $F(\mathrm{e}^{\mathrm{j}\omega})$，然而 $F(\mathrm{e}^{\mathrm{j}\omega})$ 不能直接在计算机上做数字运算。由于离散傅里叶 DFT 能够在计算机上做数字运算，这样就可以借助式（4-9），用数字计算机来求取 $f(n)$ 的傅里叶变换。具体方法是：

若 $f(n)$ 是有限长信号序列，则令其长度为 N 点；若 $f(n)$ 是无限长序列，可用矩形窗将其截成 N 点。然后对上述 N 点序列 $f(n)$，按式（4-9）计算出其 N 点频谱序列 $F(u)$。

需要注意的是，只要使用式（4-9）计算离散频谱，不管 $f(n)$ 本身是否来自周期序列，都应把它看作是周期序列 $\tilde{f}(n)$ 的一个周期，即 $\tilde{f}(n)$ 是由 $f(n)$ 作 N 点周期延拓所形成的。同时，计算得到的频谱 $F(u)$ 也应视为周期序列 $\tilde{F}(u)$ 的一个周期，即 $\tilde{F}(u)$ 由 $F(u)$ 作 N 点周期延拓所形成的。

2. 二维离散傅里叶变换 DFT

令 $f(x,\ y)$ 为 $M \times N$ 的二维离散序列，其二维离散傅里叶变换 DFT 定义为：

$$
F(u,\ v) = \sum_{x=0}^{M-1} \sum_{y=0}^{N-1} f(x,\ y)\, \mathrm{e}^{-\mathrm{j}2\pi\left(\frac{xu}{M} + \frac{yv}{N}\right)}
\tag{4-10}
$$
$$
u = 0,\ 1,\ \cdots\cdots,\ M-1;\ v = 0,\ 1,\ \cdots\cdots,\ N-1
$$

其反变换 IDFT 定义为：

$$
f(x,\ y) = \frac{1}{MN} \sum_{u=0}^{M-1} \sum_{v=0}^{N-1} F(u,\ v)\, \mathrm{e}^{\mathrm{j}2\pi\left(\frac{xu}{M} + \frac{yv}{N}\right)}
\tag{4-11}
$$
$$
x = 0,\ 1,\ \cdots\cdots,\ M-1;\ y = 0,\ 1,\ \cdots\cdots,\ N-1
$$

式中，x、y 为空域变量；u、v 为频域变量；$F(u,\ v)$ 仍是大小为 $M \times N$ 的二维复数序列。

3. 二维离散傅里叶变换的幅度谱、相位谱和功率谱

对于二维离散实数序列 $f(x, y)$ 来说，其离散傅里叶变换 $F(u, v)$ 通常为复数序列：

$$F(u, v) = F_R(u, v) + jF_I(u, v) \tag{4-12}$$

式中，$F_R(u, v)$ 和 $F_I(u, v)$ 分别为 $F(u, v)$ 的实部和虚部。因此，$F(u, v)$ 也可写成如下指数形式：

$$F(u, v) = |F(u, v)| e^{j\phi(u, v)} \tag{4-13}$$

其中，$|F(u, v)|$ 称为 $f(x, y)$ 傅里叶变换的**幅度谱**，简称频谱；$\phi(u, v)$ 称为 $f(x, y)$ 傅里叶变换的**相位谱**：

$$|F(u, v)| = \left[F_R^2(u, v) + F_I^2(u, v) \right]^{\frac{1}{2}} \tag{4-14}$$

$$\phi(u, v) = \arctan\left[\frac{F_I(u, v)}{F_R(u, v)} \right] \tag{4-15}$$

并定义 $f(x, y)$ 傅里叶变换的**功率谱**为：

$$P(u, v) = |F(u, v)|^2 = F_R^2(u, v) + F_I^2(u, v) \tag{4-16}$$

4. 快速傅里叶变换 FFT

用式（4-9）计算 N 点序列的离散傅里叶变换 DFT 时，计算量非常大，以 $N=1024$ 为例，仅复数乘法计算量就需 $1024^2 = 1048576$ 次。

J. W. Cooley 和 J. W. Tukey 于 1965 年巧妙利用离散傅里叶变换中复指数因子的周期性和对称性，减少重复运算，推导出一个高效的快速算法，称为快速傅里叶变换 FFT（Fast Fourier Transform），使 N 点 DFT 的乘法计算量由 N^2 次降为 $\frac{N}{2}\log_2 N$。仍以 $N=1024$ 为例，乘法计算量由 1048576 次降为 5120 次，仅为原来的 4.88%。因此，人们公认这一重要发现是数字信号处理发展史上的一个转折点，也可以称为一个里程碑。以此为契机，加之超大规模集成电路和计算机的飞速发展，数字信号处理被广泛应用于众多的技术领域。有关 FFT 算法原理，请参考有关文献，此处不再赘述。

4.1.3 离散傅里叶变换 DFT 的基本性质

1. 线性

若 $f_1(x, y)$，$f_2(x, y)$ 都是大小为 $M \times N$ 的二维离散序列，其 DFT 分别是 $F_1(u, v)$，$F_2(u, v)$，则有：

$$af_1(x, y) + bf_2(x, y) \Leftrightarrow aF_1(u, v) + bF_2(u, v) \tag{4-17}$$

式中，双箭头 $\Leftrightarrow$ 表示左、右两边傅里叶变换的等价关系。

2. 平移性质

若 $f(x, y)$ 是大小为 $M \times N$ 的二维离散序列，其 DFT 为 $F(u, v)$，则其傅里叶变换满足以下平移特性：

$$f(x, y) e^{j2\pi\left(\frac{u_0 x}{M} + \frac{v_0 y}{N}\right)} \Leftrightarrow F(u - u_0, v - v_0) \tag{4-18}$$

和

$$f(x - x_0, y - y_0) \Leftrightarrow F(u, v) e^{-j2\pi\left(\frac{u x_0}{M} + \frac{v y_0}{N}\right)} \tag{4-19}$$

即，用指数项乘以 $f(x, y)$ 再做傅里叶变换，将使 $F(u, v)$ 的原点（零频点）平移到

频域平面的 $(u_0，v_0)$ 处，而不影响其幅度。用负指数项乘以 $F(u，v)$ 再做反变换，可将 $f(x，y)$ 的原点平移到空域平面的 $(x_0，y_0)$ 处。

可见，用负指数项乘以 $F(u，v)$ 将改变其相位，$F(u，v)$ 相位的改变导致空域信号序列的平移，因此在频域滤波时，通常采用零相移滤波器。

3. 频谱的中心化

以一维信号 $f(x)$ 为例，按式（4-9）计算的是频谱 $F(u)$ 在 $u=0\sim(N-1)$ 的序列值，由在 $N/2$ 处相会的两个毗连半周期背靠背组成，而零频点 $F(0)$ 位于序列之首，不便于频谱的显示分析和滤波设计。为此，利用 DFT 的平移性质，可以把零频点 $F(0)$ 平移到 $N/2$ 处，如图 4-1 所示。方法为：

$$f(x)\,\mathrm{e}^{\mathrm{j}2\pi\left(\frac{u_0 x}{N}\right)}\Leftrightarrow F(u-u_0) \tag{4-20}$$

令 $u_0=N/2$，则有：

$$\left[f(x)\,\mathrm{e}^{\mathrm{j}2\pi\frac{u_0 x}{N}}=f(x)\,\mathrm{e}^{\mathrm{j}2\pi\frac{(N/2)x}{N}}=f(x)\,(-1)^x\right]\Leftrightarrow F(u-N/2) \tag{4-21}$$

即先用 $(-1)^x$ 乘以 $f(x)$，再做 DFT，就可以把零频点 $F(0)$ 平移到区间 $[0，N-1]$ 的中心位置 $N/2$ 处。

同样，对于二维图像序列 $f(x，y)$，由式（4-10）计算的是离散傅里叶变换 $F(u，v)$ 在区间 $u\in[0，M-1]$ 和 $v\in[0，N-1]$ 的序列值，由在点 $(M/2，N/2)$ 处相会的四个毗连背靠背 1/4 周期组成，如图 4-1 所示。令式（4-14）中的 $u_0=M/2$，$v_0=N/2$，即

$$\left[f(x，y)\,\mathrm{e}^{\mathrm{j}2\pi\left(\frac{u_0 x}{M}+\frac{v_0 y}{N}\right)}=f(x，y)\,\mathrm{e}^{\mathrm{j}2\pi\left(\frac{(M/2)x}{M}+\frac{(N/2)y}{N}\right)}=f(x，y)\,(-1)^{(x+y)}\right] \tag{4-22}$$
$$\Leftrightarrow F(u-M/2，v-N/2)$$

即先用 $(-1)^{(x+y)}$ 乘以图像序列 $f(x，y)$ 的每个像素值，再做 DFT，利用 DFT 的平移性质，就可以把零频点 $F(0，0)$ 平移到由区间 $[0，M-1]$ 和 $[0，N-1]$ 所定义的频域平面中心 $(M/2，N/2)$ 处，以便频谱的显示分析和滤波设计，如图 4-1 所示。

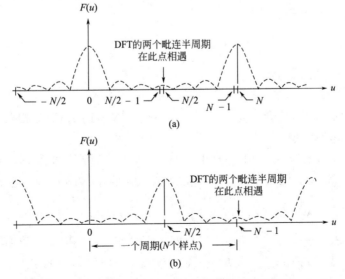

图 4-1　离散傅里叶变换 DFT 频谱的中心化示意（一）

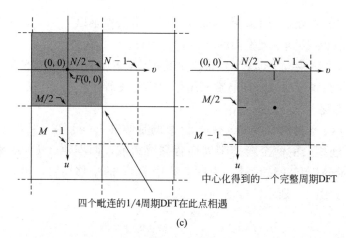

图 4-1　离散傅里叶变换 DFT 频谱的中心化示意（二）

4. 周期性

令 $f(x, y)$ 是大小为 $M \times N$ 的二维离散序列，其二维傅里叶变换在频域 u 和 v 方向、反变换在空域 x 和 y 方向都是以 M 点和 N 点为周期延拓所形成，即：

$$F(u, v) = F(u + k_1 M, v) = F(u, v + k_2 N) = F(u + k_1 M, v + k_2 N) \quad (4\text{-}23)$$

和

$$f(x, y) = f(x + k_1 M, y) = f(x, y + k_2 N) = f(x + k_1 M, y + k_2 N) \quad (4\text{-}24)$$

其中，k_1 和 k_2 为整数。

5. 循环卷积定理

前面讲到，不管 $f(n)$ 本身是否来自周期序列，在计算 DFT 时都应把它看作是某一周期序列 $\tilde{f}(n)$ 的一个周期。同时，计算得到的频谱 $F(u)$ 也应视为周期序列 $\tilde{F}(u)$ 的一个周期。

6. 一维循环卷积定理

设 $f(n)$、$h(n)$ 都是 N 点一维信号序列，其 DFT 分别为 $F(u)$、$H(u)$，那么 $f(n)$ 与 $h(n)$ 的 N 点循环卷积定义为：

$$f(n) \otimes h(n) = \sum_{i=0}^{N-1} f(i) h(n - i), \quad n = 0, 1, \cdots\cdots, N - 1 \quad (4\text{-}25)$$

相应，一维循环卷积定理为：

$$f(n) \otimes h(n) \Leftrightarrow F(u) H(u) \quad (4\text{-}26)$$

式中，$F(u)$ $H(u)$ 表示两者在 $u = 0, 1, 2, \cdots\cdots, N-1$ 的值对应相乘。

7. 二维循环卷积定理

设 $f(x, y)$，$h(x, y)$ 均是大小为 $M \times N$ 的二维信号序列，其 DFT 分别为 $F(u, v)$ 和 $H(u, v)$，那么 $f(x, y)$ 和 $h(x, y)$ 的 $M \times N$ 点循环卷积定义为：

$$f(x, y) \otimes h(x, y) = \sum_{m=0}^{M-1} \sum_{n=0}^{N-1} f(m, n) h(x - m, y - n) \quad (4\text{-}27)$$

式中，$x = 0, 1, 2, \cdots\cdots, M-1$；$y = 0, 1, 2, \cdots\cdots, N-1$。相应，二维循环卷积定理为：

$$f(x, y) \otimes h(x, y) \Leftrightarrow F(u, v) H(u, v) \quad (4\text{-}28)$$

式中，$F(u, v)$ $H(u, v)$ 表示二者在 $u = 0, 1, 2, \cdots\cdots, M-1$ 及 $v = 0, 1, 2, \cdots\cdots,$

$N-1$ 的值对应相乘。

4.1.4　用 DFT 计算线性卷积的方法步骤

1. 一维序列

从一维循环卷积的定义中可以看到，循环卷积和线性卷积的不同之处在于：两个 N 点序列的循环卷积的结果仍为 N 点序列，而它们线性卷积的结果则为 $2N-1$ 点序列。循环卷积对序列的移位采取循环移位，而线性卷积对序列采取线性移位。

事实上，$f(n)$、$h(n)$ 两个 N 点序列的 N 点循环卷积，可以看作是它们的线性卷积以 N 为周期延拓所成。周期延拓就会使循环卷积的结果发生相邻周期缠绕混叠现象，从而使 $f(n)$、$h(n)$ 两个序列的循环卷积和线性卷积有不同的计算结果。循环卷积定理表明，DFT 对应的是循环卷积。但稍加处理，也可以利用 DFT 计算两个序列的线性卷积，消除缠绕错误。

设序列 $f(x)$ 的长度为 M，序列 $h(x)$ 的长度为 N，两者的线性卷积 $g(x)$ 应是长度为 $M+N-1$ 序列。

$$g(x)=f(x)*h(x) \tag{4-29}$$

假定 $f(x)$、$h(x)$、$g(x)$ 的 DFT 分别为 $F(u)$、$H(u)$、$G(u)$，要想利用 DFT 实现 $f(x)$ 和 $h(x)$ 的线性卷积：

$$g(x)=f(x)*h(x)=\text{IDFT}\{F(u)H(u)\}=\text{IDFT}\{G(u)\} \tag{4-30}$$

就必须保证 $F(u)$ 和 $H(u)$ 的长度均为 $M+N-1$ 点，而且它们对应的时域序列 $f(x)$、$h(x)$ 的长度也必须是 $M+N-1$ 点。只有这样，才能保证 $G(u)=F(u)H(u)$ 是一个 $M+N-1$ 点序列，对 $G(u)$ 作 DFT 反变换得到的 $g(x)$ 才是 $f(x)$ 和 $h(x)$ 的线性卷积。具体步骤如下：

步骤 1　对 M 点序列 $f(x)$ 及 N 点序列 $h(x)$ 分别补 "0" 扩展为 $M+N-1$ 点，构成新序列 $f_p(x)$、$h_p(x)$。

$$f_p(x)=\begin{cases} f(x), & x=0,1,\cdots\cdots,M-1 \\ 0, & x=M,\cdots\cdots,M+N-2 \end{cases} \tag{4-31}$$

$$h_p(x)=\begin{cases} h(x), & x=0,1,\cdots\cdots,N-1 \\ 0, & x=N,\cdots\cdots,M+N-2 \end{cases} \tag{4-32}$$

步骤 2　计算新序列 $f_p(x)$、$h_p(x)$ 的 DFT 变换 $F_p(u)$、$H_p(u)$，由下式得到 $f(x)$ 和 $h(x)$ 的线性卷积 $g(x)$。

$$g_p(x)=\text{IDFT}\{F_p(u)H_p(u)\} \tag{4-33}$$

2. 二维序列

同样可以按照上述思路，利用 DFT 计算图像 $f(x,y)$ 和滤波器系数数组 $h(x,y)$ 的二维线性卷积 $g(x,y)$。令 $f(x,y)$ 的大小为 $M\times N$，$h(x,y)$ 的大小为 $S\times T$，则有：

步骤 1　对 $M\times N$ 点二维图像序列 $f(x,y)$ 及 $S\times T$ 点系数矩阵 $h(x,y)$ 分别补 "0" 扩展为 $P\times Q$ 点，构成新序列 $f_p(x,y)$、$h_p(x,y)$。

$$f_p(x,y)=\begin{cases} f(x,y), & 0\leqslant x\leqslant M-1 \text{ 且 } 0\leqslant y\leqslant N-1 \\ 0, & M\leqslant x<P \text{ 或 } N\leqslant y<Q \end{cases} \tag{4-34}$$

$$h_p(x, y) = \begin{cases} h(x, y), & 0 \leqslant x \leqslant S-1 \text{ 且 } 0 \leqslant y \leqslant T-1 \\ 0, & S \leqslant x < P \text{ 或 } T \leqslant y < Q \end{cases} \tag{4-35}$$

其中

$$\begin{cases} P \geqslant M+S-1 \\ Q \geqslant N+T-1 \end{cases} \tag{4-36}$$

步骤 2 计算新序列 $f_p(x, y)$、$h_p(x, y)$ 的 DFT 变换 $F_p(u, v)$、$H_p(u, v)$，由下式得到 $f(x, y)$ 和 $h(x, y)$ 的线性卷积 $g(x, y)$。

$$g_p(x, y) = \text{IDFT}\{F_p(u, v)H_p(u, v)\} \tag{4-37}$$

4.1.5 离散傅里叶变换 DFT 的实现

MATLAB 提供了快速傅里叶变换函数，如一维 DFT 正变换函数 fft、反变换函数 ifft，二维 DFT 正变换函数 fft2、反变换函数 ifft2，以及 DFT 频谱中心化函数 fftshift、去中心化函数 ifftshift 等。

示例 4-1：一维含噪信号的频谱分析

首先生成一维含噪信号，由频率 50Hz 和 120Hz 两个正弦信号相加，再混入零均值、标准差 $\sigma = 2$ 的白噪声（white noise），时域波形如图 4-2（a）所示，很难分辨出信号的频率分量。习惯上把 N 点 DFT 变换的标定因子 $1/N$ 放在反变换公式，在计算含噪信号的幅度谱时，要想让频率分量的幅度与实际信号中的正弦分量一致，需用因子 $1/N$ 对幅度谱重新标定。

图 4-2（b）给出了含噪信号的单边幅度谱（single-sided spectrum），可以看出，由于存在噪声，50Hz 和 120Hz 两个正弦信号的幅度并非等于 0.7 和 1。如果信号序列持续时间越长，频谱计算得到的各频率分量幅度越接近原值。图 4-2（c）为不含噪信号的单边幅度谱，50Hz 和 120Hz 两个正弦信号的幅度恰好等于 0.7 和 1。图 4-2（d）为含噪信号的双边幅度谱（two-sided spectrum），图 4-2（e）为含噪信号的 $N/2$ 中心化双边幅度谱，图 4-2（f）为含噪信号的 0 中心化双边幅度谱。

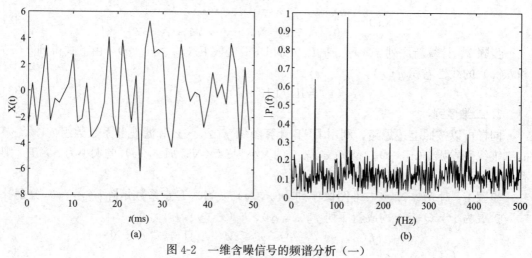

图 4-2 一维含噪信号的频谱分析（一）

（a）含噪信号的时域波形；（b）含噪信号的单边幅度谱

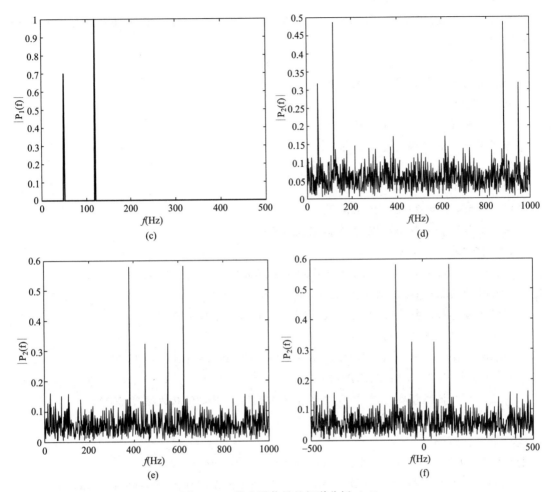

图 4-2　一维含噪信号的频谱分析（二）

（c）不含噪信号的单边幅度谱；（d）含噪信号的双边幅度谱；

（e）含噪信号的 $N/2$ 中心化双边幅度谱；（f）含噪信号的 0 中心化双边幅度谱

%采用离散傅里叶变换分析含噪信号的频率组成

```
clearvars; close all;    % 清除工作空间的变量,关闭已打开显示窗口
% 生成含噪信号序列,离散采样频率为 1kHz,持续时间为 1 秒
Fs = 1000;               % 采样频率 Sampling frequency
T = 1/Fs;                % 采样周期 Sampling period
N = 1000;                % 信号序列长度 Length of signal
t = (0:N-1) * T;         % 采样时刻向量 Time vector
% 生成信号序列,由幅度为 0.7 的 50Hz 正弦信号和幅度为 1 的 120Hz 正弦信号相加
而成
S = 0.7 * sin(2 * pi * 50 * t) + sin(2 * pi * 120 * t);
% 向信号中混入零均值,标准差为 2 的白噪声
X = S + 2 * randn(size(t));
```

```
    % 绘出上述含噪信号的时域波形图
    figure; plot(1000 * t(1:50),X(1:50)); title('Signal Corrupted with Zero-Mean
Random Noise');
    xlabel('t (milliseconds)'); ylabel('X(t)');
    % 计算含噪信号的离散傅里叶变换
    Y = fft(X);
    % 计算含噪信号 X 的双边幅度谱 P2 及单边幅度谱 P1
    % 用因子 1/N 对幅度谱重新标定
    P2 = abs(Y/N);
    P1 = P2(1:N/2 + 1);
    P1(2:end-1) = 2 * P1(2:end-1);
    % 定义频率轴的频率范围,绘制单边幅度谱 P1
    f = (0:N/2) * Fs/N;
    figure; plot(f,P1); title('Single-Sided Amplitude Spectrum of X(t)');
    xlabel('f (Hz)'); ylabel('|P1(f)|');
    % 定义频率轴的频率范围,绘制含噪信号 X 的双边幅度谱 P2
    f = (0:N-1) * (Fs/N);
    figure; plot(f,P2); title('Two-Sided Amplitude Spectrum of X(t)');
    xlabel('f (Hz)'); ylabel('|P2(f)|');
    % 定义频率轴的频率范围,绘制含噪信号 X 的 N/2 中心化双边幅度谱 P2
    Y = fftshift(Y); % 中心化
    P2 = abs(Y/N);
    f = (0:N-1) * (Fs/N);   % N/2-centered frequency range;
    figure; plot(f,P2); title('N/2-centered Two-Sided Amplitude Spectrum of X(t)');
    xlabel('f (Hz)'); ylabel('|P2(f)|');
    % 定义频率轴的频率范围,绘制含噪信号 X 的 0 中心化双边幅度谱 P2
    f = (-N/2:N/2-1) * (Fs/N);   % 0-centered frequency range;
    figure; plot(f,P2); title('0-centered Two-Sided Amplitude Spectrum of X(t)');
    xlabel('f (Hz)'); ylabel('|P2(f)|');
    % 计算不含噪信号 S 的 DFT 变换,绘制其单边幅度谱
    Y = fft(S);
    P2 = abs(Y/N);
    P1 = P2(1:N/2 + 1);
    P1(2:end-1) = 2 * P1(2:end-1);
    % 定义频率轴的频率范围,绘制单边幅度谱 P1
    f = (0:N/2) * Fs/N;
    figure; plot(f,P1); title('Single-Sided Amplitude Spectrum of S(t)')
    xlabel('f (Hz)');   ylabel('|P1(f)|')
    % -------------------------------------------
```

1. 一维快速傅里叶变换函数 fft 与反变换函数 ifft

函数 fft 采用快速傅里叶变换算法计算一维序列的离散傅里叶变换 DFT，常用语法格式为：

格式 1：Y＝fft(X)

计算输入向量 X 的离散傅里叶变换 DFT，结果保存到输出向量 Y 中，向量 Y 与 X 长度相同。

格式 2：Y＝fft(X，n)

计算输入向量 X 的 n 点 DFT，结果保存到长度为 n 的输出向量 Y 中。如果向量 X 的长度小于 n，则先对 X 尾后补 0 扩展到 n 点，再计算其 DFT。如果向量 X 的长度大于 n，则先把 X 截断到为 n 点，再计算其 DFT。

函数 ifft 用于计算一维 DFT 的反变换，其常用语法格式为：

格式 1：X＝ifft(Y)

计算输入向量 Y 的 DFT 反变换，结果保存到输出向量 X 中，向量 X 与 Y 长度相同。

格式 2：X＝ifft(Y，n)

计算输入向量 Y 的 n 点一维 DFT 反变换，结果保存到长度为 n 的输出向量 X 中。

2. 二维快速傅里叶变换函数 fft2 和反变换函数 ifft2

函数 fft2 采用快速傅里叶算法计算二维序列的离散傅里叶变换 DFT，常用语法格式为：

格式 1：Y＝fft2(X)

计算输入数组 X 的二维离散傅里叶变换 DFT，结果保存到输出数组 Y 中，数组 Y 与 X 具有相同的维数。X 数据类型为 double 或 single。

如果数组 X 的维数大于 2，函数将返回 X 的每个高维切片的二维 DFT。例如，若 X 为 $M×N×3$ 的三维数组，那么函数将分别计算 X(:,:,1)、X(:,:,2)、X(:,:,3) 三个二维数组的 DFT。

格式 2：X＝fft2(X，m，n)

计算输入数组 X 的 $m×n$ 点二维离散傅里叶变换 DFT，结果保存到输出数组 Y 中。变换计算之前，先将输入数组 X 截断或尾部补 0 扩展为尺寸为 $m×n$ 的数组。

函数 ifft2 采用快速傅里叶算法计算二维 DFT 的反变换，其常用语法格式为：

格式 1：X＝ifft2(Y)

计算输入数组 Y 的二维 DFT 反变换，结果保存到输出数组 X 中，数组 X 与 Y 具有相同的维数。

格式 2：X＝ifft2(Y，m，n)

计算输入数组 Y 的 $m×n$ 点二维 DFT 反变换，结果保存到输出数组 X 中。

3. DFT 频谱中心化函数 fftshift 和去中心化函数 ifftshift

函数 fftshift 把函数 fft 和 fft2 计算的离散傅里叶变换 DFT 的 0 频分量平移到频谱中心，调用语法格式如下：

Y＝fftshift(X)

函数 ifftshift 是 fftshift 的逆操作，将中心化频谱数组恢复到原状态。调用语法格式如下：

X ＝ifftshift(Y)

示例 4-2：计算灰度图像的傅里叶频谱

调用函数 fft2 计算灰度图像 cameraman 的幅度谱。图 4-3（a）为灰度图像 cameraman；图 4-3（b）为其中心化幅度谱的三维显示，可见幅度谱的系数在 $0\sim10^6$ 较大范围内取值。当这些值直接用灰度图像二维显示时，如图 4-3（c）所示，画面会被少数较大幅度谱系数值左右，仅能看到大面积暗背景中的几个亮点，而幅度谱中的低值系数细节（恰恰是重要的）则观察不到。图 4-3（d）给出了采用对数变换对图 4-3（c）中心化幅度谱图像增强后的显示效果，可以观察到幅度谱中更多的细节。图 4-3（e）为采用对数变换增强的未中心化幅度谱图像。

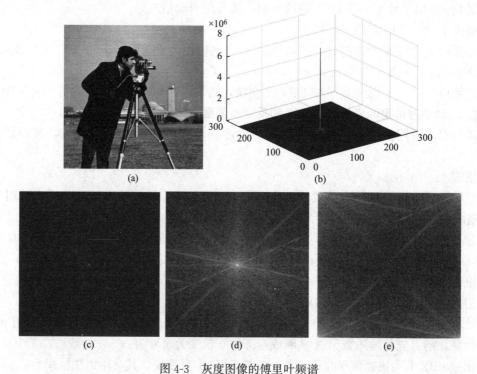

图 4-3　灰度图像的傅里叶频谱

（a）灰度图像 cameraman；（b）中心化幅度谱的三维显示；（c）中心化幅度谱二维显示；
（d）中心化幅度谱对数变换增强；（e）未中心化幅度谱对数变换增强

％计算灰度图像的傅里叶频谱

```
clearvars; close all;   ％清除工作空间的变量,关闭已打开显示窗口
f = imread('cameraman. tif');   ％读入一幅灰度图像
F = fft2(f);   ％计算图像的二维离散傅里叶变换
Fa = abs(F);   ％计算图像的幅度谱
％为便于观察图像的幅度谱,采用对数变换增强图像
r_max = max(Fa(:));
c = 255/log(1 + r_max);
Fg1 = c * log(1 + Fa);
```

```
Fg1 = uint8(Fg1);
Fac = abs(fftshift(F));    % 频谱中心化处理
% 对中心化处理后的幅度谱,进行对数变换增强图像
r_max = max(Fac(:));
c = 255/log(1 + r_max);
Fg2 = c * log(1 + Fac);
Fg2 = uint8(Fg2);
% 显示结果
figure; imshow(f); title('输入图像');
figure; imshow(mat2gray(Fac)); title('中心化幅度谱(未对数校正)');
figure; imshow(Fg2); title('中心化幅度谱的对数校正结果');
figure; imshow(Fg1); title('未中心化幅度谱的对数校正结果');
figure; mesh(Fac);    % 以三维形式显示中心化处理后的幅度谱
% ---------------------------------------
```

4.2　图像频域滤波基础

图像空域滤波的实质是计算二维图像 $f(x, y)$ 与滤波器系数数组 $h(x, y)$ 的线性卷积。离散傅里叶变换 DFT 的循环卷积定理为我们提供了在频域实现线性卷积的方法,重写如下:

$$f(x, y) \otimes h(x, y) \Leftrightarrow F(u, v) H(u, v) \tag{4-38}$$

式中,$H(u, v)$ 为滤波器系数数组 $h(x, y)$ 的 DFT 变换,按其频率特性可分为低通滤波器(Low Pass Filter,LPF)、高通滤波器(High Pass Filter,HPF)、带通(Band Pass Filter,BPF)和带阻滤波器(Band Stop Filter,BSF)等。

低通滤波器可以让信号中的低频成分通过,高频成分被阻止或衰减。高通滤波器则相反,它阻止或衰减信号中的低频成分,而让高频成分通过。带通滤波器是一种仅允许信号中特定频率成分通过,同时对其余频率成分进行有效抑制。带阻滤波器则相反,它有效抑制信号中的特定频率成分,而允许其余频率成分通过。

例如,在频域平面上,零频点 $F(0, 0)$ 对应一幅图像的平均灰度值,$F(0, 0)$ 附近的低频分量对应着图像中缓慢变化特征,如图像的整体轮廓。离零频点 $F(0, 0)$ 越远时,频率越高,对应图像中变化越来越快的可视特征,如图像的纹理、清晰度等。如果对 $F(u, v)$ 作中心化处理,零频点将位于频域平面的中心,那么离开中心依次经历低频分量到高频分量。因此,低通滤波器对图像的高频成分衰减而使其模糊,高通滤波器则对图像的低频成分衰减,保留图像中的纹理边缘特征。

除了特殊情况,一般不能建立图像 $f(x, y)$ 特定可视特征与其傅里叶变换频谱之间的直接联系。但是空间频率与图像像素灰度值的变化相关,直观上将傅里叶变换的空间频率与图像像素灰度值变化模式联系起来并不困难。

利用离散傅里叶变换 DFT 进行频域滤波的关键是滤波器 $H(u, v)$ 的设计,由于

$F(u, v)$ 频谱相位的改变将导致空域图像像素发生位置平移，因此，$H(u, v)$ 应为实序列的零相移滤波器。

如图 4-4，频域滤波的一般步骤为：

（1）根据滤波任务在空域设计滤波器系数数组 $h(x, y)$，或直接在频域设计滤波器频谱 $H(u, v)$。

（2）依据图像 $f(x, y)$ 的大小 $M \times N$ 和滤波器系数数组 $h(x, y)$ 的大小，按式 (4-36) 确定图像扩展参数 P、Q，典型地，选择 $P = 2M$ 和 $Q = 2N$。

（3）按式（4-34）对 $f(x, y)$ 扩展，形成大小为 $P \times Q$ 的扩展图像 $f_p(x, y)$。

（4）计算 $f_p(x, y)$ 的离散傅里叶变换 DFT，并作中心化处理，得到中心化傅里叶变换 $F_p(u, v)$。

（5）如果在空域设计滤波器，则按式（4-35）对 $h(x, y)$ 扩展，形成大小为 $P \times Q$ 的扩展系数矩阵 $h_p(x, y)$。计算 $h_p(x, y)$ 的离散傅里叶变换 DFT，并作中心化处理，得到中心化后的 $H_p(u, v)$。

（6）如果在频域设计滤波器，则生成一个实对称滤波函数 $H_p(u, v)$，其大小为 $P \times Q$，中心位于 $(P/2, Q/2)$ 处。

（7）采用数组点乘方法，计算 $G_p(u, v) = F_p(u, v) H_p(u, v)$。

（8）在频域对 $G_p(u, v)$ 去中心化，并计算 $G_p(u, v)$ 的傅里叶反变换 $g_p(x, y)$。或先求 $G_p(u, v)$ 的反变换，再在空域去中心化，即 $g_p(x, y) = \text{IDFT}\left[G_p(u, v)\right] (-1)^{(x+y)}$。

（9）取 $g_p(x, y)$ 的实部。

（10）截取 $g_p(x, y)$ 左上角与原始图像 $f(x, y)$ 大小 $M \times N$ 相同的部分，即为滤波结果 $g(x, y)$。

（11）进行图像数据类型转换（灰度级标定、数据格式转换等）。

需要注意的是，如果对图像的 DFT 变换 $F_p(u, v)$ 作中心化处理，相应滤波器的 $H_p(u, v)$ 也必须作中心化处理，最后再对滤波结果去中心化。如果 $F_p(u, v)$ 没有中心化，那么滤波器 $H_p(u, v)$ 也不能中心化，必须保证 $F_p(u, v)$ 和 $H_p(u, v)$ 相乘时频率点一一对应。

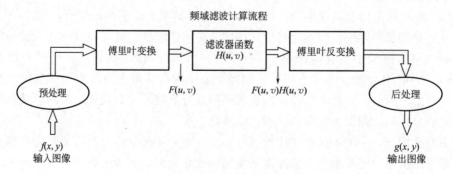

图 4-4　频域滤波的基本步骤

示例 4-3：频域滤波的编程实现

以空域 5×5 均值滤波器为例，给出其频域滤波的实现方法。图 4-5（a）为原图，图 4-5（b）为采用默认补 0 扩展后的频域滤波结果，图 4-5（e）给出了其频域滤波后没有裁剪的图像，可以看出，图像边界出现了明显的黑边现象。空域滤波填充 0 扩展，也会出现这种黑边现象。

图 4-5（c）为采用填充 125 扩展后的频域滤波结果，图 4-5（f）给出了其滤波后没有裁剪的图像，黑边现象减弱。因此，无论是频域滤波还是空域滤波，可以通过选择扩展方式，以消除"黑边现象"。图 4-5（d）给出了 5×5 均值滤波器幅度谱的三维视图。

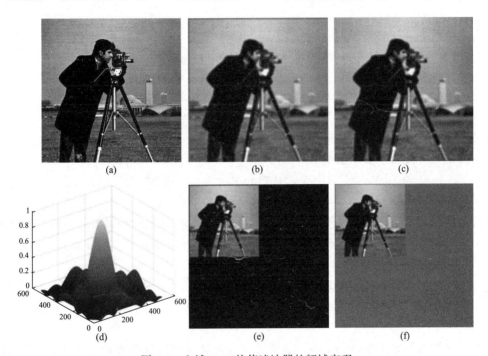

图 4-5　空域 5×5 均值滤波器的频域实现

（a）原图；（b）补 0 扩展滤波结果；（c）补 125 扩展滤波结果；（d）均值滤波器的幅度谱；
（e）补 0 扩展频域滤波（未裁剪）；（f）补 125 扩展频域滤波（未裁剪）

%空域滤波器的频域实现

```
clearvars; close all;
f = imread('cameraman.tif');   %读取一幅灰度图像
[M,N] = size(f);         %获取图像的大小尺寸
P = 2*M; Q = 2*N;     %确定计算线性卷积所需扩展尺寸 P,Q
Fp = fft2(f,P,Q);        %计算图像的 DFT(采用默认填充 0 边界扩展方式)
Fp = fftshift(Fp);       %对图像频谱作中心化处理
%为避免扩展填充 0 形成的黑边,可采用指定填充值的方式扩展
%fp = padarray(f,[P-M Q-N],125,'post');
%Fp = fft2(fp);
```

```
h = fspecial('average',5);   %创建一个 5 * 5 的均值滤波器
Hp = fft2(h,P,Q);            %计算均值滤波器的 DFT(采用默认填充 0 边界扩展方式)
Hp = fftshift(Hp);           %对滤波器频谱作中心化处理
Gp = Fp. * Hp;               %计算图像 DFT 与均值滤波器 DFT 的点积
Gp = ifftshift(Gp);          %去中心化
gp = real(ifft2(Gp));        %计算滤波结果的 DFT 反变换,并取实部
g = gp(1:M,1:N);             %截取 gp 左上角 M * N 的区域作为输出
g = im2uint8(mat2gray(g));   %把输出图像的数据格式转换为 uint8

%显示结果
figure; imshow(f); title('原图像 cameraman');
%显示裁剪后的滤波结果
figure; imshow(g); title('补 0 扩展,5 * 5 均值频域滤波结果');
%显示滤波后未裁剪图像
figure; imshow(mat2gray(gp)); title('补 0 扩展,5 * 5 均值频域滤波结果(未裁剪)');
%显示滤波器的中心化幅度谱
figure;mesh(abs(Hp)); title('滤波器的中心化幅度谱 3D 显示');
%————————————————————————————————————————
```

通常情况下，当空域滤波器 h 尺寸较小时，空域滤波要比频域滤波效率高；当空域滤波器 h 尺寸较大时，使用快速傅里叶变换 FFT 的频域滤波要快于空域滤波。

4.3　频域图像平滑

低通滤波器能让图像 $f(x，y)$ 的低频成分通过、高频成分被阻止或不同程度衰减，导致图像模糊，达到图像平滑的目的。由于理想低通滤波器在通带和阻带之间没有过渡带，存在严重的振铃现象，实用效果差，不再讨论。本节主要介绍巴特沃斯低通滤波器（Butterworth Low Pass Filter，BLPF）和高斯低通滤波器（Gaussian Low Pass Filter，GLPF）的频域设计及其实现。

4.3.1　巴特沃斯低通滤波器

二维 n 阶巴特沃斯低通滤波器的频域传递函数定义为：

$$H(u，v) = \frac{1}{1 + [D(u，v)/D_0]^{2n}} \tag{4-39}$$

其中，D_0 是截止频率；$D(u，v)$ 是频率点 $(u，v)$ 到频域平面中心零频率点 $(P/2，Q/2)$ 的距离，即：

$$D(u，v) = \left[\left(u - \frac{P}{2} \right)^2 + \left(v - \frac{Q}{2} \right)^2 \right]^{\frac{1}{2}} \tag{4-40}$$

式中，P 和 Q 是滤波函数 $H(u，v)$ 数组的尺寸大小，由式（4-36）确定，与图像

$f(x，y)$ 扩展后的尺寸相同。

图 4-6 给出了巴特沃斯低通滤波器传递函数的二维视图、三维视图及其径向剖面图。由二维卷积定理可知，频域滤波就是用滤波器函数 $H(u，v)$ 的系数去"修改"$F(u，v)$ 各频率复正弦的幅度值，从而改变图像 $f(x，y)$ 频率组分的强弱，进而改变其空域形态。就低通滤波器而言，$H(u，v)$ 对应低频区域的通带系数接近 1，对应高频区域的阻带系数远小于 1 并趋近 0。当 $D(u，v)=D_0$ 时，$H(u，v)$ 的值由 1 下降为 0.5。

巴特沃斯低通滤波器的阶次 n 用于控制过渡带的陡峭程度，n 越大，则过渡带越窄、越陡峭，并趋向理想低通滤波器，振铃现象也就越严重。$n=1$ 时的一阶巴特沃斯低通滤波器无振铃现象，$n=2$ 时的二阶巴特沃斯低通滤波器虽有轻微的振铃现象，但在有效低通滤波和可接受的振铃现象之间获得了较好的折中平衡。

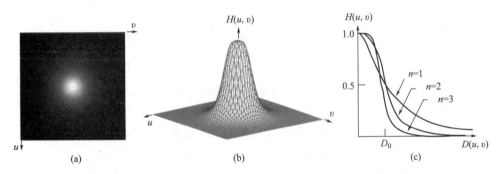

图 4-6　巴特沃斯低通滤波器传递函数的二维视图、三维视图及径向剖面图

示例 4-4：采用巴特沃斯低通滤波器的图像频域平滑

采用式（4-39）定义的 n 阶巴特沃斯低通滤波器，实现图像频域平滑。图 4-7（a）为原图像，图 4-7（b）给出了阶次 $n=2$、$D_0=30$ 时的平滑结果，几乎察觉不到振铃现象。当阶次 n 增大到 20 时，产生了严重的振铃现象，如图 4-7（c）所示。同时可以看到，图像平滑后的模糊程度随截止频率增大而减弱，因为较大的截止频率保留了更多的高频成分，如图 4-7（d）所示。

图 4-7　采用巴特沃斯低通滤波器的图像频域平滑

（a）原图 cameraman；（b）$n=2$，$D_0=30$；（c）$n=20$，$D_0=30$；（d）$n=2$，$D_0=100$

%采用巴特沃斯低通滤波器的图像频域平滑

```
clearvars; close all;
f = imread('cameraman. tif');   %读取图像
```

```
[M,N] = size(f);          % 获取图像的大小尺寸
P = 2 * M; Q = 2 * N;     % 确定计算线性卷积所需扩展尺寸 P,Q
fp = padarray(f,[P-M,Q-N],125,'post');   % 为避免黑边,采用指定值 125 填充
Fp = fft2(fp);            % 计算图像的 DFT
Fp = fftshift(Fp);        % 对图像频谱作中心化处理


% 计算巴特沃斯低通滤波器频域传递函数 HBlpf
n = 2;         % 初始化巴特沃斯低通滤波器的阶次 n
D0 = 30;       % 初始化巴特沃斯低通滤波器的截止频率 D0
u = 0:P-1; v = 0:Q-1;
[Va,Ua] = meshgrid(v,u);
Da2 = (Ua-P/2).^2 + (Va-Q/2).^2;
HBlpf = 1./(1 + (Da2./D0.^2).^n);


Gp = Fp. * HBlpf;         % 计算图像 DFT 与滤波器频域传递函数的点积
Gp = ifftshift(Gp);       % 去中心化
gp = real(ifft2(Gp));     % 计算滤波结果的 DFT 反变换,并取实部
g = gp(1:M,1:N);          % 截取 gp 左上角 M*N 的区域作为输出
g = im2uint8(mat2gray(g));   % 把输出图像的数据类型转换为 uint8
% 显示结果
figure; imshow(f); title('原图像 cameraman');
figure; imshow(g); title('巴特沃斯低通滤波结果');
figure; imshow(mat2gray(gp)); title('巴特沃斯低通滤波(未裁剪)');
figure; mesh(abs(HBlpf)); title('滤波器的中心化幅度谱 3D 显示');
% ─────────────────────────────────────────
```

4.3.2 高斯低通滤波器

二维高斯低通滤波器的传递函数定义为：

$$H(u,v) = e^{-D^2(u,v)/2D_0^2} \tag{4-41}$$

其中，D_0 是截止频率，相当于高斯函数的标准差 σ，是滤波器的尺度因子；$D(u,v)$ 是频率点 (u,v) 与频域平面中心零频率点 $(P/2,Q/2)$ 的距离，仍按式（4-40）计算。当 $D(u,v)=D_0$ 时，高斯低通滤波器 $H(u,v)$ 的值由 1 下降为 0.607。图 4-8 给出了高斯低通滤波器传递函数的二维视图、三维视图及其径向剖面图。

对比图 4-6 二阶巴特沃斯低通滤波器与高斯低通滤波器的剖面图，在截至频率 D_0 相同的情况下，高斯低通滤波器的过渡带更平缓，对低频通带和高频阻带的控制不如二阶巴特沃斯低通滤波器那样"紧凑"，导致平滑效果差些，但高斯低通滤波器不会发生振铃现象。

示例 4-5：采用高斯低通滤波器的图像频域平滑

图 4-9 给出了采用式（4-41）定义的高斯低通滤波器，实现图像频域平滑的结果。可

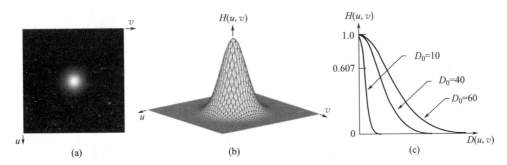

$$图 4\text{-}8 \quad 高斯低通滤波器传递函数的二维视图、三维视图及径向剖面图$$

以看到，图像平滑后的模糊程度随截止频率增大而减弱，因为较大的截止频率保留了更多的高频成分。

图 4-9　采用高斯低通滤波器的图像频域平滑

(a) 原图；(b) $D_0=30$；(c) $D_0=50$；(d) $D_0=100$

%采用高斯低通滤波器的图像频域平滑

```
clearvars; close all;
f = imread('cameraman.tif');    %读取图像
[M,N] = size(f);                %获取图像的大小尺寸
P = 2*M; Q = 2*N;               %确定计算线性卷积所需扩展尺寸 P,Q
fp = padarray(f,[P-M,Q-N],125,'post');  %为避免黑边,采用指定值 125 填充
Fp = fft2(fp);                  %计算图像的 DFT
Fp = fftshift(Fp);              %对图像频谱作中心化处理


%计算高斯低通滤波器频域传递函数 HGlpf
D0 = 30;    %初始化高斯低通滤波器的截至频率 D0
u = 0:P-1; v = 0:Q-1;
[Va,Ua] = meshgrid(v,u);
Da2 = (Ua-P/2).^2 + (Va-Q/2).^2;
HGlpf = exp(-Da2./(2*D0.^2));


Gp = Fp.*HGlpf;                 %计算图像 DFT 与滤波器频域传递函数的点积
Gp = ifftshift(Gp);             %去中心化
```

107

```
gp = real(ifft2(Gp));          % 计算滤波结果的 DFT 反变换,并取实部
g = gp(1:M,1:N);                % 截取 gp 左上角 M * N 的区域作为输出
g = im2uint8(mat2gray(g));      % 把输出图像的数据类型转换为 uint8

% 显示结果
figure; imshow(f); title('原图像 cameraman');
figure; imshow(g); title('高斯低通频域滤波结果');
figure; imshow(mat2gray(gp)); title('高斯低通频域滤波结果(未裁剪)');
figure;mesh(abs(HGlpf)); title('高斯低通滤波器的中心化幅度谱 3D 显示');
% ─────────────────────────────────────────────────
```

4.4　频域图像锐化

图像锐化（Image Sharpening）通过补偿图像的轮廓细节，增强图像的边缘及灰度跳变的部分，使图像变得更清晰。图像锐化突出了图像中物体的边缘、轮廓，提高了物体边缘与周围像素之间的反差，因此也被称为边缘增强。在第 3 章中给出了图像锐化的空域滤波实现方法，本节介绍图像锐化的频域实现。

高通滤波器是图像锐化的关键环节，它阻止或衰减图像 $f(x, y)$ 中的低频成分，保留其高频成分。滤波后的图像因损失低频分量导致整体变暗，仅边缘、轮廓部分可见。如果把高通滤波提取的边缘、轮廓，以某种方式叠加到原图像 $f(x, y)$ 上，就可以得到通常意义上的锐化图像。

本节主要介绍巴特沃斯高通滤波器（Butterworth High Pass Filter，BHPF）和高斯高通滤波器（Gaussian High Pass Filter，GHPF）、拉普拉斯算子、钝化掩膜、同态滤波器等图像锐化的频域实现方法。高通滤波器可以由给定的低通滤波器按式（4-42）得到：

$$H_{HP}(u, v) = 1 - H_{LP}(u, v) \tag{4-42}$$

式中，$H_{LP}(u, v)$ 为低通滤波器的传递函数。

4.4.1　巴特沃斯高通滤波器

二维 n 阶巴特沃斯高通滤波器的传递函数定义为：

$$H(u, v) = \frac{1}{1 + [D_0/D(u, v)]^{2n}} \tag{4-43}$$

式中，D_0 是截止频率；$D(u, v)$ 是频率点 (u, v) 到频域平面中心零频率点 $(P/2, Q/2)$ 的距离，由式（4-40）给出。图 4-10 第 1 行给出了巴特沃斯高通滤波器传递函数的二维视图、三维视图及其径向剖面图。

4.4.2　高斯高通滤波器

二维高斯高通滤波器的传递函数定义为：

$$H(u, v) = 1 - e^{-D^2(u, v)/2D_0^2} \tag{4-44}$$

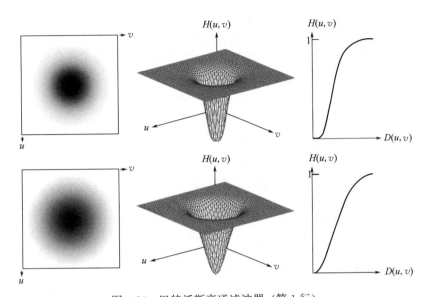

图 4-10　巴特沃斯高通滤波器（第 1 行）、
高斯高通滤波器（第 2 行）的二维视图、三维视图及其径向剖面图

其中，D_0 为截止频率，相当于高斯函数的标准差 σ，是滤波器的尺度因子；$D(u，v)$ 是频率点 $(u，v)$ 到频域平面中心零频率点 $(P/2，Q/2)$ 的距离，由式（4-40）给出。图 4-10 第 2 行给出了高斯高通滤波器的二维视图、三维视图及其径向剖面图。

示例 4-6：采用巴特沃斯高通滤波器的图像频域锐化

图 4-11 给出了采用式（4-43）定义的巴特沃斯高通滤波器，对图像频域锐化的结果。可以看到，经高通滤波后，图像低频分量衰减，突出了图像中的边缘、轮廓等纹理特征。锐化后的边缘强度随截止频率的增大而减弱，但同时也变得更细致。图 4-11（b）、（c）分别为二阶巴特沃斯高通滤波器截止频率 $D_0 = 30$，100 时的滤波结果。

图 4-11　采用巴特沃斯高通滤波器的图像频域锐化

（a）原图 cameraman；（b）$n=2$，$D_0=30$；（c）$n=2$，$D_0=100$

%采用巴特沃斯高通滤波器的图像频域锐化

```
clearvars; close all;
f = imread('cameraman.tif'); % 读取图像
```

```
[M,N] = size(f);          % 获取图像的大小尺寸
P = 2 * M; Q = 2 * N;     % 确定计算线性卷积所需扩展尺寸 P,Q
fp = padarray(f,[P-M,Q-N],125,'post');   % 为避免黑边,采用指定值 125 填充
Fp = fft2(fp);            % 计算图像的 DFT
Fp = fftshift(Fp);        % 对图像频谱作中心化处理


% 计算巴特沃斯高通滤波器频域传递函数 HBhpf
n = 2;          % 初始化巴特沃斯高通滤波器的阶次 n
D0 = 30;        % 初始化巴特沃斯高通滤波器的截止频率 D0
u = 0:P-1; v = 0:Q-1;
[Va,Ua] = meshgrid(v,u);
Da2 = (Ua-P/2).^2 + (Va-Q/2).^2;
HBhpf = 1./(1 + (D0 * D0./Da2).^n);


Gp = Fp. * HBhpf;         % 计算图像 DFT 与滤波器频域传递函数的点积
Gp = ifftshift(Gp);       % 去中心化
gp = real(ifft2(Gp));     % 计算滤波结果的 DFT 反变换,并取实部
g = gp(1:M,1:N);          % 截取 gp 左上角 M * N 的区域作为输出
g = im2uint8(mat2gray(g));  % 把输出图像的数据格式转换为 uint8
% 显示结果
figure; imshow(f); title('原图像 cameraman');
figure; imshow(g); title('巴特沃斯高通滤波结果');
figure; imshow(mat2gray(gp)); title('巴特沃斯高通滤波结果(未裁剪)');
figure;mesh(abs(HBhpf)); title('巴特沃斯高通滤波器的中心化幅度谱 3D 显示');
% ------------------------------------------------------------
```

示例 4-7:采用高斯高通滤波器的图像频域锐化

图 4-12 给出了采用式 (4-44) 定义的高斯高通滤波器,对图像频域锐化的结果。可以看到,经高通滤波后,图像低频分量衰减,突出了图像中的边缘、轮廓等纹理特征。锐化后的边缘强度随截止频率的增大而减弱,但同时也变得更细致。图 4-12 (b)、(c) 分别为高斯高通滤波器截止频率 D_0=30, 100 时的滤波结果。

```
% 采用高斯高通滤波器的图像频域锐化
clearvars; close all;
f = imread('cameraman. tif'); % 读取图像
[M,N] = size(f);          % 获取图像的大小尺寸
P = 2 * M; Q = 2 * N;     % 确定计算线性卷积所需扩展尺寸 P,Q
fp = padarray(f,[P-M,Q-N],125,'post');   % 为避免黑边,采用指定值 125 填充
Fp = fft2(fp);            % 计算图像的 DFT
Fp = fftshift(Fp);        % 对图像频谱作中心化处理
```

(a)   (b)   (c)

图 4-12 采用高斯高通滤波器的图像频域锐化

(a) 原图 cameraman；(b) $D_0=30$；(c) $D_0=100$

```
%计算高斯高通滤波器频域传递函数 HGhpf
D0 = 30;    %初始化高斯高通滤波器的截止频率
u = 0:P-1; v = 0:Q-1;
[Va,Ua] = meshgrid(v,u);
Da2 = (Ua-P/2).^2 + (Va-Q/2).^2;
HGhpf = 1- exp(-Da2./(2 * D0.^2));


Gp = Fp. * HGhpf;       %计算图像 DFT 与滤波器频域传递函数的点积
Gp = ifftshift(Gp);     %去中心化
gp = real(ifft2(Gp));   %计算滤波结果的 DFT 反变换,并取实部
g = gp(1:M,1:N);        %截取 gp 左上角 M * N 的区域作为输出
g = im2uint8(mat2gray(g));   %把输出图像的数据格式转换为 uint8


%显示结果
figure; imshow(f); title('原图像 cameraman');
figure; imshow(g); title('高斯高通频域滤波结果');
figure; imshow(mat2gray(gp)); title('高斯高通频域滤波结果(未裁剪)');
figure;mesh(abs(HGhpf)); title('高斯高通滤波器的中心化幅度谱 3D 显示');
%————————————————————————————————————————————
```

4.4.3　拉普拉斯算子图像锐化的频域实现

在第 3 章我们已用拉普拉斯算子通过空域滤波实现了图像锐化，方法是先用拉普拉斯算子对图像 $f(x, y)$ 进行空域滤波，得到其拉普拉斯图像，然后从原图像中减去用强度因子 α 加权的拉普拉斯图像，即：

$$g(x, y)=f(x, y)-\alpha \nabla^2 f(x, y) \tag{4-45}$$

式中，强度因子 α 用于控制图像锐化的强度。如果使用的拉普拉斯算子滤波器中心系数为正，式中的减号"－"就要改为加号"＋"。

拉普拉斯算子可使用如下滤波器在频域实现：

$$H(u, v) = -4\pi^2 D^2(u, v) \tag{4-46}$$

式中，$D(u, v)$ 是频点 (u, v) 与频域平面中心零频点 $(P/2, Q/2)$ 的距离。再由式 (4-47) 得到 $f(x, y)$ 的拉普拉斯图像 $\nabla^2 f(x, y)$：

$$\nabla^2 f(x, y) = \text{IDFT}[F(u, v) H(u, v)] \tag{4-47}$$

式中，$F(u, v)$ 是 $f(x, y)$ 的 DFT 变换，IDFT 表示 DFT 反变换。由于 DFT 变换引入了标定因子，有可能使得式（4-47）计算得到的拉普拉斯图像 $\nabla^2 f(x, y)$ 的值与 $f(x, y)$ 的值不在同一个数量级，导致锐化后的图像异常。解决此问题的方法是：

（1）把图像 $f(x, y)$ 的灰度值归一化到区间 $[0, 1]$，再计算其 DFT 变换 $F(u, v)$。

（2）将式（4-47）计算得到的拉普拉斯图像 $\nabla^2 f(x, y)$ 除以 $\nabla^2 f(x, y)$ 绝对值的最大值，将 $\nabla^2 f(x, y)$ 映射到 $[-1, 1]$ 之间。

（3）按式（4-45）计算锐化后的图像 $g(x, y)$，并将 $g(x, y)$ 中小于 0 的值置为 0、大于 1 的值置为 1，使得 $g(x, y)$ 值仍在 $[0, 1]$ 之间，然后把图像的数据类型变换到与原图像 $f(x, y)$ 一致。

示例 4-8：频域拉普拉斯算子的图像锐化

采用式（4-46）定义的频域拉普拉斯算子，对图像进行频域锐化。图 4-13（a）为原图，图 4-13（b）给出了按式（4-45）把拉普拉斯图像叠加到原图像后的锐化结果，加权强度因子 $\alpha = 1$，可见边缘和轮廓等纹理细节得到突出，锐化后的图像视觉上明显比原图像清晰。图 4-13（c）为拉普拉斯图像，提取了图像中的边缘、轮廓等纹理特征，由式（4-47）计算得到。

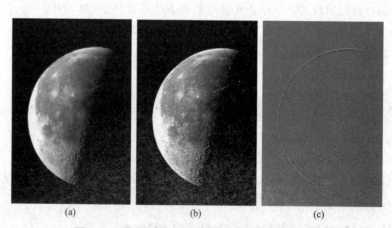

(a)　　　　　　　(b)　　　　　　　(c)

图 4-13　采用频域拉普拉斯算子的图像频域锐化

（a）原图 moon；（b）频域拉普拉斯算子锐化；（c）拉普拉斯图像 $\nabla^2 f(x, y)$

%采用频域拉普拉斯算子的图像锐化

```
clearvars; close all;
f = imread('moon. tif');     %读取一幅灰度图像
f = im2double(f);            %将图像数据类型转换为 double 型[0,1]
[M,N] = size(f);            %获取图像的大小尺寸
P = 2 * M; Q = 2 * N;      %确定计算线性卷积所需扩展尺寸 P,Q
```

```
Fp = fft2(f,P,Q);          %计算图像的 DFT
Fp = fftshift(Fp);          %对图像频谱作中心化处理

%计算频域拉普拉斯算子的传递函数 H
u = 0:P-1; v = 0:Q-1;
[Va,Ua] = meshgrid(v,u);
Da2 = (Ua-P/2).^2 + (Va-Q/2).^2;
H = -4 * pi * pi. * Da2;

FLp = Fp. * H;              %计算图像 DFT 与拉普拉斯算子频域传递函数的点积
FLp = ifftshift(FLp);        %去中心化
fLp = real(ifft2(FLp));      %计算滤波结果的 DFT 反变换,并取实部
fL = fLp(1:M,1:N);          %截取 fLp 左上角 M * N 的区域作为输出

%将计算得到拉普拉斯图像 fL 的值映射到[-1,1]之间
fLmax = max(abs(fL(:)));
fL = fL/fLmax;

a = 1；   %初始化叠加强度控制因子 a
g = f- a * fL;   %把拉普拉斯图像 fL 叠加到原图像上
%将锐化结果 g 中小于 0 的值置为 0,大于 1 的值置为 1
g(g<0) = 0;
g(g>1) = 1;
g = im2uint8(mat2gray(g));   %将锐化结果的数据类型转换为 uint8
%显示处理结果
figure;
subplot(1,3,1); imshow(f); title('原图像 moon');
subplot(1,3,2); imshow(fL,[]); title('拉普拉斯图像');
subplot(1,3,3); imshow(g); title('频域拉普拉斯算子锐化结果');
figure; mesh(abs(H)); title('拉普拉斯算子中心化幅度谱的三维视图');
%————————————————————————————————————
```

4.4.4 钝化掩膜图像锐化的频域实现

在第 3 章 3.5.3 节介绍的钝化掩膜（USM）图像锐化方法，实质上是先提取图像中的边缘，再叠加到原图像上，相当于增强或提升了图像中的高频成分，重写如下：

$$f_e(x, y) = f(x, y) - f_s(x, y) \tag{4-48}$$

式中，$f_s(x, y)$ 为空域低通滤波平滑后的模糊图像，$f_e(x, y)$ 为提取的边缘图像，即图像的高频成分，然后用强度因子 α 加权叠加到图像 $f(x, y)$ 上，得到锐化结果 $g(x, y)$：

$$g(x, y) = f(x, y) + \alpha f_e(x, y) \tag{4-49}$$
$$= f(x, y) + \alpha[f(x, y) - f_s(x, y)]$$

式中，平滑模糊图像 $f_s(x, y)$ 可以采用频域低通滤波来计算，即

$$f_s(x, y) = \text{IDFT}[F(u, v)H_{\text{LP}}(u, v)] \tag{4-50}$$

利用 DFT 的线性性质，可以得到式（4-49）完整的频域实现表达式，即：

$$g(x, y) = \text{IDFT}\{[1 + \alpha[1 - H_{\text{LP}}(u, v)]]F(u, v)\} \tag{4-51}$$

当然，也可以根据式（4-42），将上式写成高通滤波器形式：

$$g(x, y) = \text{IDFT}\{[1 + \alpha H_{\text{HP}}(u, v)]F(u, v)\} \tag{4-52}$$

示例 4-9：频域 USM 的图像锐化

采用式（4-52）定义的频域 USM 锐化算法，对图像进行频域锐化。图 4-14（a）为原图，选用频域高斯高通滤波器。图 4-14（b）给出了锐化结果，加权强度因子 $\alpha = 2$，高斯高通滤波器的截止频率 $D_0 = 80$。可见，边缘和轮廓等纹理细节得到突出，锐化后的图像视觉上明显比原图像清晰，较图 4-14（b）采用拉普拉斯算子的图像锐化结果要柔和，具有更好的"噪点"控制性能。

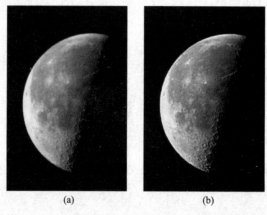

(a)　　　　　　　　　(b)

图 4-14　采用高斯高通滤波器的频域 USM 图像锐化

(a) 原图 moon；(b) 频域 USM 锐化结果

%采用高斯高通滤波器的 USM 频域锐化

```
clearvars; close all;
f = imread('moon. tif');    %读取一幅灰度图像
[M,N] = size(f);            %获取图像的大小尺寸
P = 2*M; Q = 2*N;           %确定计算线性卷积所需扩展尺寸 P,Q
Fp = fft2(f,P,Q);           %计算图像的 DFT
Fp = fftshift(Fp);          %对图像频谱作中心化处理


%计算高斯高通滤波器频域传递函数 HGhpf
D0 = 80;    %初始化高斯高通滤波器的截止频率 D0
u = 0:P-1; v = 0:Q-1;
```

```
[Va,Ua] = meshgrid(v,u);
Da2 = (Ua-P/2).^2 + (Va-Q/2).^2;
HGhpf = 1- exp(-Da2./(2 * D0.^2));

a = 2;        %初始化叠加强度控制因子
Gp = Fp.*(1 + a * HGhpf);     %计算 USM 锐化图像的频谱
Gp = ifftshift(Gp);           %去中心化
gp = real(ifft2(Gp));         %计算 Gp 的 DFT 反变换,并取实部
g = gp(1:M,1:N);              %截取 gp 左上角 M * N 的区域作为输出
%将锐化结果进行饱和处理,g 中小于 0 的值置为 0,大于 255 的值置为 255
g(g<0) = 0;
g(g>255) = 255;
g = im2uint8(mat2gray(g));    %把输出图像的数据格式转换为 uint8
%显示处理结果
figure; montage({f,g});
title('原图像 moon(左),频域 USM 锐化结果(右)');
%-------------------------------------------------------
```

4.4.5　同态滤波器

我们经常遇到灰度值动态范围很大、暗区域细节不清楚的图像,希望增强图像暗区域细节、同时不损失亮区域细节。

在成像过程中,图像 $f(x, y)$ 可以表示为其照射分量 $i(x, y)$ 和反射分量 $r(x, y)$ 的乘积,即:

$$f(x, y)=i(x, y) \cdot r(x, y) \tag{4-53}$$

图像中自然光照通常具有均匀渐变的特点,照射分量 $i(x, y)$ 一般具有一致性,表现为低频分量。然而不同材料或物体的表面反射特性差异很大,常引起反射分量 $r(x, y)$ 急剧变化,从而使图像的灰度值发生突变,这种变化与高频分量有关。对式 (4-53) 取自然对数,可使图像 $f(x, y)$ 的照射分量 $i(x, y)$ 和反射分量 $r(x, y)$ 分离,由相乘转化为相加:

$$z(x, y)=\ln[f(x, y)]=\ln[i(x, y)]+\ln[r(x, y)] \tag{4-54}$$

然后使用同态滤波器（Homomorphic Filter）对这个取自然对数后的图像 $z(x, y)$ 进行频域滤波。同态滤波器能压缩图像低频分量的动态范围,同时扩展提升图像高频分量的动态范围,这样就可以减少图像中的光照变化,降低图像的明暗反差,增加暗区域亮度,并突出其边缘或轮廓等细节。图 4-15 给出了同态滤波器传递函数曲面的径向剖面图。

同态滤波器的频域传递函数可由式（4-55）给出:

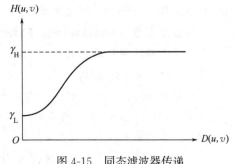

图 4-15　同态滤波器传递函数曲面的径向剖面图

$$\begin{aligned}
H(u, v) &= \gamma_L + (\gamma_H - \gamma_L) H_{HP}(u, v) \\
&= \gamma_L [1 - H_{HP}(u, v)] + \gamma_H H_{HP}(u, v) \\
&= \gamma_L H_{LP}(u, v) + \gamma_H H_{HP}(u, v)
\end{aligned} \tag{4-55}$$

式中，$0 < \gamma_L < 1$，$\gamma_H > 1$，用于控制滤波器的幅度范围。$H_{HP}(u, v)$ 为高通滤波器，可以选择巴特沃斯高通滤波器、高斯高通滤波器等，$H_{LP}(u, v)$ 为对应的低通滤波器。可见，同态滤波器也可以视为一个高通滤波器和一个低通滤波器的加权和。采用式（4-43）定义的巴特沃斯高通滤波器，得到以下同态滤波器传递函数：

$$H(u, v) = \gamma_L + \frac{\gamma_H - \gamma_L}{1 + [D_0 / D(u, v)]^{2n}} \tag{4-56}$$

式中，令巴特沃斯高通滤波器的阶次 $n = 2$。

式（4-56）定义的同态滤波器有 4 个控制参数，调整有一定难度。一般而言，截止频率 D_0 应足够大，可取滤波器高、宽最大值或至少一半，即 $D_0 > 0.5 * \max(P, Q)$，让足够的图像低频分量被保留，保证图像的整体视觉效果不会被过度改变。从式（4-55）可以看出，参数 γ_L 用于衰减滤波后图像的低频分量，大的 γ_L 会过多保留原图像的光照特点，因此不宜太大，通常 $\gamma_L < 0.5$。参数 γ_H 用于提升滤波后图像中的高频分量，也不宜过大。

同态滤波的一般步骤

（1）对图像 $f(x, y)$ 取对数，得到 $z(x, y)$。为避免因 $f(x, y)$ 中 0 灰度值导致出现 $\ln(0)$ 情况，令 $z(x, y) = \ln[f(x, y) + 1]$；

（2）计算 $z(x, y)$ 的 DFT 变换 $Z(u, v)$；

（3）计算 $S(u, v) = Z(u, v) H(u, v)$；

（4）对 $S(u, v)$ 作反变换，即 $s(x, y) = \text{IDFT}[S(u, v)]$；

（5）对 $s(x, y)$ 取指数，得到处理后的图像 $g(x, y) = e^{s(x, y)} - 1$。由于之前使用 $z(x, y) = \ln[f(x, y) + 1]$，此处将 $s(x, y)$ 取指数后的结果减 1。

示例 4-10：同态滤波器增强光照不均匀图像

采用式（4-56）定义的同态滤波器，对一幅光照反差强烈的隧道图像进行频域增强。图 4-16（a）为隧道原图像，图 4-16（b）为同态滤波增强结果，控制参数取值为：$n = 2$，$\gamma_L = 0.3$，$\gamma_H = 1.5$，$D_0 = 0.6 * \max(P, Q)$。图 4-16（c）为采用另一组参数的同态滤波增强结果，控制参数取值为：$n = 2$，$\gamma_L = 0.5$，$\gamma_H = 1.5$，$D_0 = 0.6 * \max(P, Q)$。可见，隧道内部暗处的墙壁边缘和轮廓等纹理细节得到突出，不均匀光照得到明显改善，图像反差也得到适当调整。但加大 γ_L 后，将保留更多的原图像光照风格。

%同态滤波器（Homomorphic Filter）增强不均匀光照图像

```
% 采用巴特沃斯高通滤波器
clearvars; close all;
f = imread('tunnel.jpg'); % 读取一幅灰度图像
[M,N] = size(f);          % 获取图像的大小尺寸
fd = double(f);           % 转换数据类型为 double 型
z = log(fd + 1);          % 图像 fd 取对数,得到 z
P = 2 * M; Q = 2 * N;     % 确定计算线性卷积所需扩展尺寸 P,Q
```

（a）　　　　　　　　　　（b）　　　　　　　　　　（c）

图 4-16　采用同态滤波器增强光照不均匀图像

（a）原图像 tunnel；（b）增强后的图像，$\gamma_L=0.3$；（c）增强后的图像，$\gamma_L=0.5$

```
Zp = fft2(z,P,Q);          %计算对数图像 z 的 DFT
Zp = fftshift(Zp);          %对图像频谱作中心化处理

rL = 0.3; rH = 1.5;         %初始化同态滤波器参数
n = 2;                      %巴特沃斯高通滤波器的阶次
D0 = 0.6 * max(P,Q);        %巴特沃斯高通滤波器的截止频率

%计算同态滤波器频域传递函数 Hof
u = 0:P-1; v = 0:Q-1;
[Va,Ua] = meshgrid(v,u);
Da2 = (Ua-P/2).^2 + (Va-Q/2).^2;
Hof = rL + (rH - rL)./(1 + (D0 * D0./Da2).^n);

Sp = Zp.* Hof;             %计算同态滤波后的频谱
Sp = ifftshift(Sp);         %去中心化
sp = real(ifft2(Sp));       %计算 Sp 的 DFT 反变换,并取实部
s = sp(1:M,1:N);            %截取 sp 左上角 M * N 的区域
g = exp(s)-1;              %取 s 的自然指数,结果减 1 补偿
g = im2uint8(mat2gray(g));  %把输出图像的数据格式转换为 uint8

%显示处理结果
figure; montage({f,g}); title('原图像 tunnel(左)  |  同态滤波增强结果(右)');
figure; mesh(abs(Hof));    %显示同态滤波器的三维视图
%------------------------------------------------
```

4.5　MATLAB 工具箱中的傅里叶频域分析与滤波函数简介

为便于对照学习，下表列出了 MATLAB 工具箱中傅里叶频域分析与滤波（Fourier

Analysis and Filtering）相关的常用函数及其功能。

函数名	功能描述
fft	一维快速傅里叶变换(1-D fast Fourier transform)，计算一维离散傅里叶变换 DFT
fft2	二维快速傅里叶变换(2-D fast Fourier transform)，计算二维离散傅里叶变换 DFT
fftn	N 维快速傅里叶变换(N-D fast Fourier transform)
ifft	一维快速傅里叶变换反变换(1-D inverse fast Fourier transform)，计算一维 DFT 反变换
ifft2	二维快速傅里叶变换反变换(2-D inverse fast Fourier transform)，计算二维 DFT 反变换
ifftn	N 维快速傅里叶变换反变换(N-D Inverse fast Fourier transform)
fftshift	将 0 频率分量平移到频谱中心(Shift zero-frequency component to center of spectrum)
ifftshift	对函数 fftshift 结果的反操作(inverse FFT shift)，去中心化
abs	计算一个数的绝对值或复数的幅度(Absolute value and complex magnitude)
angle	计算复数的相角(Phase angle)
conv2	二维卷积(2-D convolution)
filter2	二维数字滤波 2-D digital filter

习题 ▶▶▶

4.1 频域滤波的本质是什么？

4.2 简述线性卷积与循环卷积的异同及联系。

4.3 证明图像 $f(x,y)$ 二维 DFT 变换 $F(u,v)$ 的 0 频点 $F(0,0)$ 的幅值与图像灰度值的平均值成正比。若令 $F(0,0)=0$ 再进行反变换，图像会发生什么变化？

4.4 在频域用二维空域滤波器对图像滤波时，若采用补 0 扩展图像，滤波后的图像周边会出现黑边问题，分析产生这种现象的原因。请选择一种图像扩展方案，让滤波后的图像周边更自然些。

4.5 为什么理想低通（高通）滤波器的滤波效果并不理想？怎样让巴特沃斯低通（高通）滤波器趋向理想低通（高通）滤波器？

4.6 证明连续和离散傅里叶变换的平移性质和旋转不变性质。

上机练习 ▶▶▶

E4.1 编辑本章各示例程序代码建立 MATLAB 脚本或函数 m 文件，保存运行，注意观察并分析运行结果。也可打开实时脚本文件 Ch4 _ FrequencyDomainFiltering. mlx，逐节运行，熟悉本章给出的示例程序。

E4.2 计算一幅图像 $f(x,y)$ 二维 DFT 变换 $F(u,v)$，将频谱 $F(u,v)$ 所有系数的相角加上 $-\pi(u+v)$，然后再计算 $F(u,v)$ 的 DFT 反变换。请用 MATLAB 语言编程实现，观察图像发生的变化，并解释原因。

E4.3 请采用高斯高通滤波器实现同态滤波器功能，给出同态滤波器的频域传递函数，用 MATLAB 语言编程实现，并和本章采用巴特沃斯高通滤波器实现的同态滤波器做对比。

E4.4　查找资料，给出带阻滤波器和带通滤波器的频域传递函数，编程实现。

E4.5　本章涉及的示例图像都是灰度图像，如何对彩色图像进行平滑和锐化？请查阅后续章节相关内容，编程尝试对彩色图像进行平滑或锐化，如图 E-1 所示。

图 E-1　采用同态滤波器改善光照反差强烈彩色图像的视觉效果（temple.jpg）

彩色图像处理

我们身处的世界五彩缤纷，眼睛已习惯于通过颜色分辨物体、获取信息，彩色图像比灰度图像能提供更贴近自然的视觉效果和更有效的信息表达能力。颜色视觉是一个非常复杂的物理、生理和心理现象，数百年来，引起了大量科学家、心理学家、哲学家和艺术家的兴趣。本章首先介绍色度学基础、颜色空间与颜色模型等概念，然后讨论彩色图像增强技术。

5.1 颜色的感知

颜色视觉机理非常复杂，涉及人类视觉系统、颜色的物理本质等。17 世纪，牛顿通过三棱镜色散实验，发现白光可被分解为从红到紫的不同颜色，证明白光是由不同颜色的光混合而成，为颜色理论奠定了基础。

5.1.1 人眼视网膜结构与三原色

从功能上，人类眼球大致可分为屈光系统和感光系统。屈光系统由角膜、房水、晶状体和玻璃体四部分组成，其作用是把来自物体的光线汇聚成清晰的光影像。感光系统则由视网膜组成，视网膜上分布有锥状细胞和杆状细胞两大类感光细胞，在光刺激下形成神经脉冲，经视神经传递到大脑视觉中枢，从而产生有关物体形状、明暗和颜色等视知觉。

1. 锥状细胞

锥状细胞主要分布在视网膜中心区域，有 600 万～700 万个，这些锥状细胞又分为三种，即 L、M、S，每种锥状细胞能感知可见光谱中特定波长范围的电磁波，且在某一波长处敏感度达到峰值，分别产生红、绿、蓝彩色视觉，如表 5-1 所示。人脑主要依据这三种锥状细胞接收到的光刺激，产生不同的颜色感觉。我们看到的颜色，实际上是红、绿、蓝三种光刺激的各种组合，所以把红、绿、蓝称为三原色（primary color）或三基色。锥状细胞既能辨别光的颜色，又能辨别光的强弱。

2. 杆状细胞

视网膜上分布的杆状细胞数量有 7500 万～15000 万个，数量远超锥状细胞，但只有一种。杆状细胞比锥状细胞对光线更敏感，但没有彩色感觉，仅产生明暗不同的灰度视觉。在低照度环境下，如夜晚，人类主要靠杆状细胞来辨别环境的明暗。

人眼视网膜中感光细胞分类及其光谱吸收特性　　　　　表 5-1

感光细胞类型	感知电磁波长范围(nm)	敏感度达到峰值波长(nm)	大脑感知的颜色
锥状细胞(Type L)	400～680	564	红(Red)
锥状细胞(Type M)	400～650	534	绿(Green)
锥状细胞(Type S)	370～530	420	蓝(Blue)
杆状细胞	400～600	498	黑/灰/白

5.1.2　物体的光谱吸收特性与颜色感觉

可见光是一种电磁辐射，处在电磁波谱相对狭窄的范围内，其是否可见，与到达视网膜的辐射功率和观察者的响应度有关。可见光的波长范围下限一般在 360～400nm，上限在 760～830nm。不同波长的光呈现不同的颜色，随着波长由长变短，呈现的颜色依次为红、橙、黄、绿、青、蓝、紫。各种颜色之间渐变平滑过渡到另一种颜色，没有明确的界线。

进入眼睛的可见光大致分为光源的辐射光、物体的反射光、穿过透明物体的透射光等。物体之所以呈现五彩缤纷的颜色，取决于光源辐射的光谱分布，以及物体对光谱的选择性吸收特性。

1. 光源

光源是指通过能量转换发出一定波长范围电磁辐射的物体，以可见为主，也包括紫外线、红外线、X 射线等不可见光，分为自然光源和人造光源。

太阳是人类赖以生存的自然光源，人类视觉功能也正是伴随太阳光得以进化形成。太阳辐射电磁波的波长范围覆盖了从 X 射线到无线电波的整个电磁波谱，其中 99.9％的能量集中在红外区、可见光区和紫外区。经大气层过滤后到达地面后，太阳辐射的可见光谱能量近乎均匀分布，产生白光的视觉效应。日光的可见光谱分布特性从早到晚，以及不同气象条件下会发生很大变化，引起的整体视觉效应也大不相同。譬如，早晚日光偏暖色、中午日光偏蓝。

人造光源，例如白炽灯、荧光灯、LED 灯，发出的光谱特性与日光相去甚远。在研究人造光源的光谱及其彩色视觉特性时，多以日光为参照。

光源的光谱分布，不仅决定了其自身的表观颜色，还影响被照物体的颜色感觉。因此，对电视和其他光电成像技术而言，要准确复现物体颜色，有必要了解光源的光谱特性及其度量方法。

2. 物体的光谱吸收特性

自然界大部分物体本身并不发光，因此在黑暗中是不可见的。物体颜色只有在光线存在时，才显示出来。当光线照射到物体上，物体选择性吸收一定波长范围内的光，而将其余波长的光反射或透射出来作用于人眼，就产生了不同的颜色感觉。

例如，当阳光照射在绿叶上时，绿叶主要反射了绿色光谱成分，而吸收了阳光中其余光谱成分，被反射的绿光进入人眼引起绿色视觉效应。如果物体在阳光照射下较多地吸收了青色（蓝＋绿），则此物体呈红色。一般来讲，物体的颜色，是该物体在特定光源照射下所反射（或透射）的可见光作用于人眼而引起的视觉效果。如果某一物体对光全部吸收，没有反射光，则呈现黑色；如果物体对各种波长的光均匀地部分吸收，则呈现灰色；如果物体对各种波长的光都不吸收，全部反射，则呈现白色。

显然，我们对物体的颜色感觉，取决于光源辐射光中所含的光谱成分，以及物体材料对光谱的选择性吸收特性，即对照射光的反射、吸收或透射光谱的特性。所以，同一物体在不同光源照射下呈现的颜色也有所不同。例如，在白炽灯光下看蓝色衣物，其颜色就不如在自然光下那样鲜艳，这是由于白炽灯光中的蓝光成分较少的缘故。总之，人的颜色感觉是主观（人眼的视觉功能）和客观（物体属性与照明条件）相结合的生理—物理过程。

3. 光源的色温、显色性

（1）色温

为了表征光源的光谱能量分布和表观颜色，引入了色温概念。当光源发出光的颜色与黑体在某一温度下辐射光的颜色相同时，黑体的这个温度就称为该光源的颜色温度，简称色温（Color Temperature），用绝对温标表示，单位是开尔文（K）。例如，一个钨丝灯泡的温度保持在 2800K 时所发出的白光，与温度为 2854K 的黑体所辐射的光谱能量分布一致，就称该白光的色温为 2854K。可见，色温并非光源本身的实际温度，而是用来表征其光谱能量分布特性的参数。

黑体在绝对零度以上就存在热辐射，在温度较低时黑体辐射的是波长较长的红外光，随着黑体温度的提高，不仅亮度增大，其发光颜色也随之变化，较短波长的可见光辐射也逐渐增加，黑体颜色呈现由红→橙红→黄→黄白→白→蓝白的渐变过程，同时紫外光辐射也逐渐增加。白炽灯、卤钨灯等都属热致发光，称热辐射光源。

（2）相关色温

对于某些非热辐射光源，主要是线光谱较强的气体放电光源，又称冷光源，如荧光灯、白色 LED 灯等，它们发出的光颜色和各种温度下黑体辐射的光颜色都不完全相同，这时就不能用一般的色温概念来描述它的颜色，但是为了便于比较，还是定义了相关色温概念。如果光源辐射的光与黑体在某一温度下辐射的光颜色最接近，则此时黑体的温度就称为该光源辐射光的相关色温（correlated color temperature）。显然，相关色温所表示的颜色是粗糙的，但它在一定程度上表达了光源辐射特性，如果和显色指数结合起来，就可在一定程度上表达光源的颜色特性。

（3）显色性

光源的显色性，是指在该光源照射下，物体表面呈现的颜色与标准光源照射下呈现的颜色相符合的程度，通常用显色指数来表征，是照明光源的一项重要性能指标。显色指数用于定量分析颜色样品在照明光源下与其真实颜色的符合程度，显色指数最大值为 100，它表示颜色样品在照明光源下所呈现的颜色与其真实颜色的色差为零，即完全相符。

5.1.3 颜色的视觉属性

颜色分为彩色（chromatic color）和无彩色（achromatic color）两类。无彩色通常指那些用白色、黑色和各种深浅不一的灰色等名称来描述的光感觉，对于透明物体，则称无色或中性色。无彩色以外的各种颜色统称为彩色，可用彩色名称来描述，例如：黄色、橙色、棕色、红色、粉色、绿色、蓝色、紫色等。由于人眼看到的彩色是红、绿、蓝三种色光刺激的各种组合，所以常把红、绿、蓝光色称为三原色。我们日常看到的各种颜色，是由彩色和无彩色成分的任意组合构成的，常用色调（Hue）、饱和度（Saturation）和亮度（Intensity）等**视觉属性**来区分和描述，如图 5-1 所示。

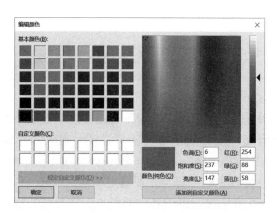

图 5-1　Windows 画笔编辑颜色时的颜色视觉属性选项

色调与饱和度合称为色度（Chromaticity），所以颜色也可以用色度和亮度共同表示。注意，无彩色只有亮度属性，而没有色调和饱和度这两个属性。

1. 色调

色调是指彩色彼此相互区分的特性。光的波长不同，呈现的颜色就不同，具有不同的色调。可见光的波长有无数种，颜色的色调也可认为有无数种，但实际上相近波长的单色光肉眼很难区分它们的颜色差别。

只含有单一波长成分的光称为**单色光**，其颜色称为光谱色。含有两种或两种以上波长成分的光称为**复合光**，人们在自然界接触较多的是复合光，复合光中不同波长的相对功率分布，决定了人们对它的色调感觉。但是，一种颜色感觉对应不止一种光谱组合，两种不同光谱组合的复合光可能会引起完全相同的颜色感觉，这就是所谓的"异谱同色"效应。

为了能用文字描述不同的颜色，通常把各种光谱色归纳成有限种色调名称，如红、橙、黄、绿、蓝、紫等。其中，红、绿、蓝和黄四种色调，称为单一色调。由两种单一色调的组合来描述的色调称为二元色调，例如，橙色是淡黄色与红色或淡红色与黄色混合的色调，紫色是淡红色与蓝色混合的色调。

2. 饱和度

饱和度是颜色色调的表现程度，它反映了构成该颜色的光线频率范围的大小。频率范围越窄，说明颜色越纯，饱和度越高。因白光具有最宽频谱，因此高饱和度的彩色光因掺入白光而被冲淡，变成低饱和度的彩色光。例如，把一束高饱和度的红光投射到一张白纸上，人们看到白纸呈现为深红色。如果再将一束白光投射到这张白纸上，并叠加到红光区域，人眼虽然仍感觉到红色色调，但已变成了淡红色，即饱和度降低了，投射的白光越强，则感到红色越淡。显然，光谱色最纯，饱和度也就最高。

饱和度表现为颜色的深浅、浓淡程度，如果说某种颜色的饱和度高，指的是这种颜色深，例如深红、深绿等。反之，若饱和度低，则颜色浅，例如浅红、浅绿等。

3. 亮度

亮度指颜色的明暗程度，是光作用于人眼时所引起的明亮程度的感觉，与辐射光的能量强弱有关。观察两个具有同样频谱分布的光源，光通量越大感觉上就越明亮。不同波长的光视效率不同，人眼对黄绿光最灵敏，对红和蓝光灵敏度较低。同样的辐射通量，黄绿光感觉会更亮些。

5.2 CIE 标准色度系统

色度学要解决的是颜色的度量问题，它应用心理物理学方法，对光刺激和人类色知觉量之间的关系进行定量研究，用测量光物理量来间接测得色知觉量。在大量实验的基础上，经国际照明委员会 CIE（Commission Internationale de l'Eclairage）协调和规范，建立了 CIE 标准色度学系统，为颜色的分解与复现奠定了理论基础。

由人眼视觉机制可知，我们感受到的各种颜色可看作是红、绿、蓝三种光不同强度组合刺激视网膜的结果，这就有可能通过把适量的红、绿、蓝三种原色叠加混合在一起产生指定颜色，使混合色与指定颜色具有相同的色调、饱和度和亮度等视觉特征，称为**颜色匹配**（color matching）。

颜色混合可以是颜色光相加，称为**加法颜色匹配**（additive color matching）；也可以相减，称为**减法颜色匹配**（subtractive color matching），如图 5-2 所示。例如，彩色电视机就是基于加法颜色匹配来再现彩色图像，而彩色打印机和印刷机则是采用减法颜色匹配来再现彩色图像。

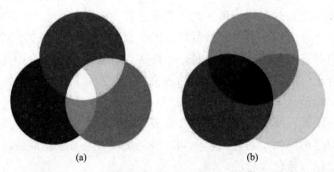

(a)　　　　　　　　(b)

光的三原色为红 Red、绿 Green、蓝 Blue，颜料三原色为青 Cyan、品红 Magenta、黄 Yellow。

图 5-2　颜色混合示例

（a）光三原色加法混合；（b）颜料三原色减法混合

5.2.1　CIE 1931-RGB 色度系统

光加法颜色匹配所需的三原色，要求便于物理实现、相互独立，任何一种原色不能由其余两种原色相加混合得到，且尽量选取纯单色光（或窄谱光），以便混出更多的高饱和度颜色。1931 年国际照明委员会 CIE 选择波长 700nm 的红色、546.1nm 的绿色和 435.8nm 的蓝色作为原色光，同时采用在可见光谱范围内具有等能量光谱分布的**标准照明**

体 E 作为基准白光（Reference White），建立了 CIE 1931-RGB 标准色度系统。**标准照明体**是一种具有规定光谱能量分布的光源模型，不一定是物理可实现的实际光源。

图 5-3 给出了光加法颜色匹配实验装置示意图。图的左方是一块具有均匀漫反射特性的白色屏幕，分成上下两部分。屏幕的下方为红、绿、蓝三原色光源，上方为待测颜色光源。三原色光照射白色屏幕的下半部，待测颜色光照射白色屏幕的上半部。由白色屏幕反射出来的光通过小孔抵达右方观察者的眼内，人眼看到的视场范围在 2° 左右，被分成上下两部分。

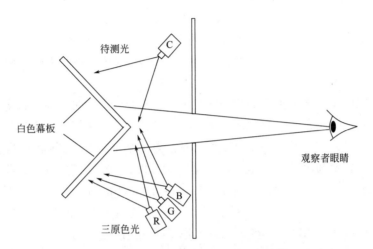

图 5-3　光加法颜色匹配实验装置示意图

给定一种待测颜色光，然后调节下方三种原色光的强度，当观察到视场中上、下两部分光色（色调、饱和度和亮度）在感觉上相同时，视场分界线消失，两部分合为同一视场，此时认为三原色的混合色与待测光的颜色达到匹配。

在光加法颜色匹配实验中，与待测颜色光达到颜色匹配时所需三原色的强度值，可用绝对物理量来记录，如光通量（单位：流明，lm）或亮度（单位：坎德拉/米²，cd/m²，又称尼特 nit），但更常用的方法是采用相对量，即用匹配基准白光所需三原色的亮度值作参照，来规定匹配某一颜色时所需三原色的相对数量。

令 [W] 表示基准白光，[R]、[G]、[B] 分别表示红、绿、蓝三原色，按照上述光加法颜色匹配实验，把一束基准白光投射到白色屏幕的上半部，调整红、绿、蓝三原色光的强度，直到混合色与基准白光匹配为止，记录下基准白光和三原色光的亮度值（或光通量），分别用 L_W、L_R、L_G、L_B 表示。经实验和计算确定，匹配等能基准白光 E 所需三原色 [R]、[G]、[B] 的亮度之比为：

$$L_R : L_G : L_B = 1.0000 : 4.5907 : 0.0601 \tag{5-1}$$

这一匹配结果可表示为以下颜色匹配方程：

$$L_W[W] \equiv L_R[R] + L_G[G] + L_B[B] \tag{5-2}$$

式中，符号"≡"表示左右两边的颜色视觉上相同，不是某种数量的相等关系。

令 [C] 表示待测光，亮度为 F_C，按上述方法进行颜色匹配实验，记录下颜色匹配时所需要红、绿、蓝光的强度值，记为 F_R、F_G 和 F_B，相应的匹配结果表示为以下颜色匹配方程：

$$F_C[C] \equiv F_R[R] + F_G[G] + F_B[B] \tag{5-3}$$

用上述匹配基准白光得到的三原色光亮度值 L_R、L_G、L_B 为参照，按式（5-4）对 F_R、F_G 和 F_B 做相对规整化处理：

$$R = \frac{F_R}{L_R}, \; G = \frac{F_G}{L_G}, \; B = \frac{F_B}{L_B}$$

$$C = R + G + B \tag{5-4}$$

称 R、G、B 为颜色［C］的**三刺激值**，对应的匹配方程式（5-2）可改写为：

$$C[C] \equiv R[R] + G[G] + B[B] \tag{5-5}$$

上式表明，用 R 单位的红光［R］、G 单位的绿光［G］、B 单位的蓝光［B］混合后，得到 C 单位的待测光［C］。这样，一种颜色与一组 R、G、B 刺激值相对应，颜色知觉可通过三刺激值来定量表示。

显然，基准白光 E 的三原色刺激值满足 R＝G＝B＝1，此时，我们称等量三原色光混合得到基准白光。应注意，所谓等量三原色混合得到白色，是指三原色刺激值相等，而不是等量的光通量混合。实际上，要通过原色混合得到基准白光，所需三原色［R］、［G］、［B］的光通量（或亮度）之比应保持 1.0000：4.5907：0.0601。例如，我们可以用 1lm 的红光（R＝1）、4.5907lm 绿光（G＝1）和 0.0601lm 的蓝光（B＝1）混合，得到 5.6508lm 的基准白光。另外，当一种彩色光的三原色刺激值同时扩大或缩小若干倍，混合色的色度（色调和饱和度）不变，而仅仅是亮度发生改变。

对于具有确定三原色光源的实际物理装置，比如彩色显示器，只能再现大部分自然色。通常把一个彩色显示系统能够产生的颜色种类总和称为**色域**，如图 5-4（c）所示。色域越大，系统所能表现的颜色越丰富，色彩也就越自然艳丽。

5.2.2 CIE 1931-XYZ 标准色度系统

CIE 1931-RGB 标准色度系统的是从光加法颜色匹配实验得出的，由于表达某些颜色三刺激值会出现负值，用起来不方便，又不易理解。1931 年国际照明委员会在 CIE 1931-RGB 标准色度系统的基础上，选用三个假想原色 X、Y、Z 建立了一个新的色度系统，使得匹配一个颜色的所有三原色刺激值都是正值，其中原色 Y 的亮度（绝对物理量）等于被匹配色的亮度，这一系统称作 CIE 1931 XYZ 标准色度系统，相应的颜色匹配方程可表示为：

$$C[C] \equiv X[X] + Y[Y] + Z[Z] \tag{5-6}$$

CIE 1931 XYZ 与 CIE 1931 RGB 之间的变换

确定假想三原色 XYZ 时，令原色［Y］的刺激值 Y 等于待匹配颜色的亮度值。在选定具有等能量光谱分布的标准照明体 E 作为基准白光时，CIE 1931-RGB 系统的三刺激值 R、G、B 与 CIE 1931 XYZ 标准色度系统的三刺激值 X、Y、Z 之间的转换，可由下式给出：

$$\begin{bmatrix} X \\ Y \\ Z \end{bmatrix} = \begin{bmatrix} 0.49018626 & 0.30987954 & 0.19993420 \\ 0.17701522 & 0.81232418 & 0.01066060 \\ 0.00000000 & 0.01007720 & 0.98992280 \end{bmatrix} \begin{bmatrix} R \\ G \\ B \end{bmatrix} \tag{5-7}$$

$$\begin{bmatrix} R \\ G \\ B \end{bmatrix} = \begin{bmatrix} 2.36353918 & -0.89582361 & -0.46771557 \\ -0.51511248 & 1.42643694 & 0.08867553 \\ 0.00524373 & -0.01452082 & 1.00927709 \end{bmatrix} \begin{bmatrix} X \\ Y \\ Z \end{bmatrix} \qquad (5\text{-}8)$$

注意：当采用不同的 RGB 三原色和参考基准白光时，由 RGB 到 XYZ 刺激值的转换公式也不同。

5.2.3 色度坐标与色度图

在光加法颜色匹配实验中，如果将某一颜色的三原色刺激值同时扩大或缩小若干倍，混合色的色度（色调和饱和度）不变，而仅仅是亮度发生改变。这样，我们可以对三刺激值 R、G、B 进一步做归一化处理，用三刺激值各自在刺激值总量（R+G+B）中所占的比例系数，来定义匹配某一颜色时所需三原色的相对数量，并用 r、g、b 表示，即：

$$r = \frac{R}{R+G+B}, \; g = \frac{G}{R+G+B}, \; b = \frac{B}{R+G+B} \qquad (5\text{-}9)$$

由于 r+g+b= 1，三个比例系数实质上只有两个独立量，因此描述一个颜色匹配只需两个原色比例系数就可以了，一般选 r 和 g。

用 r、g 作为直角坐标绘制出一个二维直角坐标平面图，称为**色度图**，r、g 称为**色度坐标**，图 5-4（a）给出了据 CIE 1931-RGB 标准色度系统绘出的 r-g 色度图，图中马蹄形曲线是由所有光谱色（单色光）色度坐标点连接起来的轨迹，称为**光谱轨迹**。

对 CIE 1931-XYZ 标准色度系统中匹配某一颜色的三刺激值 X、Y、Z 做归一化处理，用三刺激值各自在刺激值总量（X+Y+Z）中所占的比例系数，来定义匹配某一颜色时三原色的相对数量，并用 x、y、z 表示，即：

$$x = \frac{X}{X+Y+Z}, \; y = \frac{Y}{X+Y+Z}, \; z = \frac{Z}{X+Y+Z} \qquad (5\text{-}10)$$

式中，$x + y + z = 1$，三个比例系数实质上只有两个独立，因此描述一个颜色匹配过程只需要两个原色的比例系数就可以了，一般选择 x、y，称 x、y 为色度坐标。以 x、y 为直角坐标绘制出一个直角坐标平面图，就得到了 CIE 1931- XYZ 系统的 x-y 色度图，如图 5-4（b）所示。

x-y 色度图的特点

（1）所有亮度不同但色度相同的彩色，在色度图中具有相同的 x-y 坐标，对应同一个点。

（2）在此色度图中马蹄形曲线是所有光谱色（单色光）色度坐标点连接起来的轨迹，称为光谱轨迹。三原色 [X]、[Y]、[Z] 的色度坐标点（1，0）、（0，1）、（0，0）都落在光谱轨迹的外面，在光谱轨迹外面的所有颜色都是物理上不能实现的。光谱轨迹曲线以及连接光谱两端点的直线所构成的马蹄形区域，包括了一切物理上能实现的颜色。

（3）光谱轨迹上的颜色饱和度最高。色度图上的点 E 代表的是 CIE 标准光源白光 E，越靠近 E 点的颜色饱和度就越低。

（4）如果有两个不同的颜色 C_1、C_2，它们在色度图上对应坐标点分别为（x_1，y_1）和（x_2，y_2）。如果将 C_1 和 C_2 混合，得到的颜色色度坐标点一定位于连接 C_1 和 C_2 的直线段上，且位于 C_1 和 C_2 之间。

（5）对于各种颜色再现系统，其选定的三原色对应于色度图中三个色度坐标点，以这三点为顶点的三角形区域内的颜色，是该物理装置可再现的颜色范围，称为**色域**，如图 5-4（c）所示。

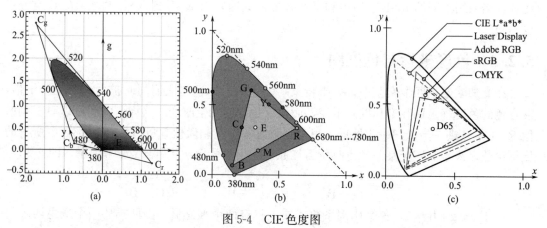

图 5-4　CIE 色度图

（a）CIE 1931-RGB 色度图；（b）CIE 1931-XYZ 色度图；（c）几种颜色模型的色域

5.2.4　减法颜色匹配

日常看到的颜色绝大多数是通过减法混色而得到。例如，日光通过红色滤色片，除去了波长为 494nm 的蓝绿光，视觉感受到的是蓝绿光的补色—红色。相反，如滤去了红光，则透过的是蓝绿光。之所以称为减法颜色匹配，是因为它吸收了部分光谱，减少了反射到人眼中的光谱成分。

减法混色除了前面讲的滤光片减法混色外，还有染色过程中染料的混合。减法混色中的三原色为青 Cyan、品红 Magenta 和黄 Yellow，如图 5-2（b）所示。混合后样品的亮度与加法混色相反，亮度是降低的。由于彩色墨水和颜料的化学特性，用三种染料原色混合得到的黑色不是纯黑色，因此在印刷术中，常常加一种真正的黑色（black ink），故称四色印刷。

5.3　颜色模型

颜色模型规定了颜色度量与表达方式的标准，例如，上节介绍的 CIE 1931-RGB 色度系统、CIE 1931-XYZ 色度系统都是一种颜色模型。由于颜色模型中每一种颜色通常需要三个与原色相关的基本量来描述，所以常把颜色模型看作是一个多维坐标系统，称**颜色空间**（Color space），空间中每一个点都代表一种可能的颜色。

RGB 颜色模型具有设备相关性，真彩色图像通常来源于彩色摄像机、照相机或扫描仪，这些成像装置含有对红、绿、蓝光敏感的传感器，将接收到的红、绿、蓝光能量转换为与其呈线性关系的红、绿、蓝分量信号，因此被称为**线性** RGB 值，它是各种颜色模型的基础。由于选用不同的**三原色**和**参考基准白色**，出现了多种 RGB 色度系统，如 CIE

1931-RGB、NTSC RGB、sRGB、Adobe RGB 等。

除了各种 RGB 颜色模型外，在色度学的研究中，基于不同目的建立了多种颜色模型，如 CIE 1931-XYZ、CIE 1976-L* a* b*、HSI、HSV、YIQ（NTSC）、YUV、YCbCr、CMY、CMYK 等，本节将介绍几种常用的颜色模型及其之间的转换方法。

5.3.1　CIE RGB 颜色模型

在 5.2 节中介绍的 CIE 1931-RGB 色度系统，是国际照明委员会 1931 年建立的首个标准原色参考系统。它选用三个单色光作为三原色，波长分别是红色 700nm、绿色 546nm、蓝色 435.8nm，并采用等能量光源 E 作为基准白光。利用匹配等能光谱色的三原色的数量，即光谱三刺激值，又称为颜色匹配函数，来定义该原色系统。这些数据是通过对许多观察者进行颜色匹配实验来间接获得的，故把这些观察者集体性的颜色匹配响应称为 CIE 标准观察者。尽管 CIE 1931-RGB 颜色模型实际应用较少，但它是色度系统和颜色模型的开山鼻祖。

5.3.2　sRGB 颜色模型

sRGB（standard RGB）是微软与惠普、爱普生等公司联合开发的颜色模型，简称 sRGB 或标准三原色，是大多数显示器、扫描仪、打印机、数码相机等设备和应用软件默认的颜色模型，具有良好的通用性，JPEG 和 PNG 等图像文件格式也采用 sRGB 颜色模型。尽管 sRGB 的色域相对小些，如图 5-4（c）所示，但非常适合一般用途的图像处理和网页图像分享。

1. sRGB 颜色模型的三原色和基准白光

为便于实现 sRGB 与其他颜色模型之间的转换，sRGB 采用 CIE -XYZ 颜色模型的色度坐标来定义其三原色和基准白光。表 5-2 给出了 sRGB 三原色 RGB 和基准白光 W 标准照明体 D65 在 CIE -XYZ 颜色空间中的三刺激值和色度坐标。

sRGB 三原色 RGB 和基准白光 W（D65）在 CIE -XYZ 颜色空间中的三刺激值和色度坐标

表 5-2

颜色	R	G	B	X	Y	Z	x	y
红（R）	1.0	0.0	0.0	0.4125	0.2127	0.0193	0.6400	0.3300
绿（G）	0.0	1.0	0.0	0.3576	0.7152	0.1192	0.3000	0.6000
蓝（B）	0.0	0.0	1.0	0.1804	0.0722	0.9502	0.1500	0.0600
白（W, D65）	1.0	1.0	1.0	0.9505	1.0000	1.0886	0.3127	0.3290

2. 线性 RGB 与非线性 RGB

数码相机图像传感器将接收到的红、绿、蓝光，转换为与光强度成线性比例的红、绿、蓝分量信号，每个像素的红、绿、蓝分量值都与一种颜色的三原色刺激值成线性比例，因此被称为线性 RGB 值，经过伽马校正后的图像 RGB 分量值称为非线性 RGB 值。

sRGB 除了上述定义的三原色和基准白色之外，另一个关键技术是对线性 RGB 值进

行伽马校正（Gamma≈2.2），以便普通 CRT 显示器不需额外的变换便能正确再现彩色图像。从彩色图像文件或数码相机接收到的图像的 RGB 数据，实际上多是非线性 RGB 值。

3. RGB 彩色立方体

在 RGB 颜色模型中，可将每种颜色的红 R、绿 G、蓝 B 三原色刺激值视为三个变量，用笛卡尔坐标系的三个坐标轴来表示，张成一个三维颜色空间，每种颜色对应空间中的一个点。如果将 R、G、B 值归一化处理，所有颜色的 R、G、B 值都在 ［0，1］ 范围内取值，RGB 模型所能再现的颜色构成一个单位立方体。如图 5-5 所示。

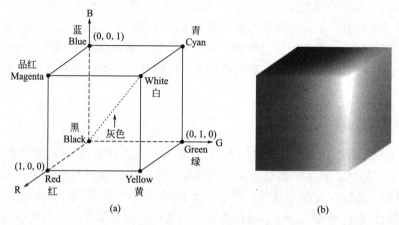

图 5-5　RGB 颜色模型及其单位立方体表示

在单位立方体中，原点对应黑色，离原点最远的顶点对应白色，两者之间的连线对应着从黑到白的灰度变化，这意味着只要 R＝G＝B，该颜色就是黑、白或明暗程度不同的灰色。

将 RGB 图像离散数字化后，每个原色刺激值常用 8 比特（bit）无符号整数来表示，每种颜色需用 3 个原色分量共 24 比特，所能描述的颜色总数为（2^8)^3＝2^{24}＝16777216 种。

4. RGB 与 XYZ 颜色空间的转换函数 rgb2xyz、xyz2rgb

（1）函数 rgb2xyz

格式 1：xyz ＝ rgb2xyz(rgb)

将输入变量 rgb 由 RGB 颜色空间转换到 CIE 1931 XYZ 颜色空间，结果保存到输出变量 xyz 中。输入变量 rgb 可以是 $P×3$ 的二维数组、或 $M×N×3$ 的三维图像数组、或 $M×N×3×F$ 多维图像序列数组，RGB 颜色空间默认为 sRGB，基准白光默认为 D65。例如：

```
rgb = imread('peppers. png');
xyz = rgb2xyz(rgb);
```

格式 2：xyz ＝ rgb2xyz(rgb,Name,Value)

将输入变量 rgb，按参数 Name 及其值 Value 所指定的 RGB 颜色空间、基准白光等参数，转换到 CIE 1931 XYZ 颜色空间，结果保存到输出变量 xyz 中。参数 Name 为字符串变量，有两个选项：

'ColorSpace'—指定输入变量 rgb 的颜色空间类型，对应的参数 Value 也有两个选项 'srgb'（缺省），'adobe-rgb-1998'.

'WhitePoint' —指定输入变量 rgb 的颜色空间的基准白光，对应的参数 Value 有多个选项，'d65'（缺省），'d50', 'a' , 'c', 'e'等 CIE 标准照明体，或'icc' -ICC 标准配置文件连接空间照明体。

例如：将一组 RGB 颜色值转换为采用 $D50$ 照明体为基准白光的 XYZ 颜色空间值。

$$xyz = rgb2xyz([0.2,0.3,0.4],'WhitePoint','d50')$$

（2）函数 xyz2rgb

格式 1：rgb = xyz2rgb(xyz)

采用默认参数，把输入变量 xyz 由 XYZ 颜色空间转换到 RGB 颜色空间，结果保存到输出变量 rgb 中。

格式 2：rgb = xyz2rgb(xyz,Name,Value)

采用 Name，Value 参数对指定的选项，把输入变量 xyz 由 XYZ 颜色空间转换到 RGB 颜色空间。Name 仍为字符串变量，有'ColorSpace', 'WhitePoint'和'OutputType'三个选项，其中'OutputType'用于指定对应输出 RGB 的数据类型，对应参数 Value 有'double' 'single' ，'uint8' 'uint16'等选项。

5.3.3　面向视觉感知的颜色模型 HSI、HSV

面向视觉感知的颜色模型较多，如 HSI（Hue，Saturation，Intensity）、HSV（Hue，Saturation，Value）、HSB（Hue，Saturation，Brightness）等，这些颜色模型都是非线性的，用接近人类颜色视觉感知特点的分量来描述颜色的属性。

1. HSI 颜色模型

颜色是由彩色和无彩色成分的任意组合所构成的视知觉属性，尽管我们的彩色视觉是大脑视中枢综合三种锥状细胞对红、绿、蓝三色光刺激形成的，但通常使用色调 H（Hue）、饱和度 S（Saturation）和亮度 I（Intensity）等视觉感知量来区分或描述颜色的特征。

HSI 颜色模型中，亮度 I 分量与色度分量（色调 H、饱和度 S）是分离的。另外，色调 H 和饱和度 S 彼此独立且与人的视觉系统对颜色感知的自然描述一致，这些特点使得 HSI 颜色模型非常适合那些与人视觉系统颜色感知相关的图像分析与处理应用。

图 5-6 以圆锥体的形式展示了 HSI 颜色空间中各分量的含义，其中色调 H 用角度表示，H＝0°对应红色，随着 H 值增大，对应的色调依次为：红、橙、黄、绿、青、蓝、紫，再到红。饱和度 S

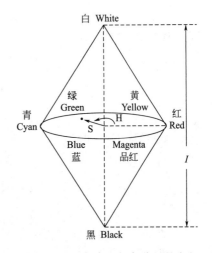

图 5-6　HSI 颜色空间各分量的含义

用半径表示，颜色点到中轴线的距离越大，饱和度越高。亮度 I 用连接黑色点 Black 和白色点 White 的垂直中轴线上的一段距离来表示，值越大，像素越明亮。

（1）RGB 到 HSI 颜色空间的转换

$$H = \begin{cases} \theta, & \text{if } B \leqslant G \\ 360 - \theta, & \text{if } B > G \end{cases} \quad \text{其中,} \quad \theta = \cos^{-1}\left\{ \frac{\frac{1}{2}[(R-G)+(R-B)]}{[(R-G)^2+(R-B)(G-B)]^{\frac{1}{2}}} \right\}$$

$$S = 1 - \frac{3}{R+G+B}\min(R,\ G,\ B)$$

$$I = \frac{1}{3}(R+G+B)$$

$$(5\text{-}11)$$

式中，RGB 值应归一化到区间 [0，1] 内，此时，转换后得到的饱和度 S 和亮度 I 也在区间 [0，1] 内取值。色调 H 具有角度的量纲，在区间 [0，360] 内取值，可除以 360 将其归一化到区间 [0，1]。

如果颜色为无彩色（黑、白和明暗程度不同的灰色），即三刺激值 R＝G＝B，此时饱和度 S＝0，色调 H 没有定义（计算时一般令其为 0），为奇异点，而且在奇异点附近，R、G、B 值的微小变化会引起 H、S、I 值产生明显的变化，这是 HSI 模型的一个缺点。

（2）HSI 到 RGB 颜色空间的转换

在计算之前，要先将色调 H 的值映射到区间 [0，360] 内，饱和度 S、亮度 I 的值映射在区间 [0，1] 内，并根据 H 的大小选择下面的一组公式完成颜色空间的转换计算，转换后的 R、G、B 在区间 [0，1] 内取值。

① 当 $0° \leqslant H < 120°$：

$$B = I \cdot (1-S)$$

$$R = I \cdot \left[1 + \frac{S \cdot \cos(H)}{\cos(60° - H)}\right]$$

$$G = 3I - (R+B)$$

$$(5\text{-}12)$$

② 当 $120° \leqslant H < 240°$：

$$R = I \cdot (1-S)$$

$$G = I \cdot \left[1 + \frac{S \cdot \cos(H-120°)}{\cos(180° - H)}\right]$$

$$B = 3I - (R+G)$$

$$(5\text{-}13)$$

③ 当 $240° \leqslant H < 360°$：

$$G = I \cdot (1-S)$$

$$B = I \cdot \left[1 + \frac{S \cdot \cos(H-240°)}{\cos(300° - H)}\right]$$

$$R = 3I - (G+B)$$

$$(5\text{-}14)$$

示例 5-1：编程实现 RGB 与 HSI 颜色空间之间的转换

MATLAB 图像处理工具箱中没有 RGB 与 HSI 之间的转换函数，下面给出自定义函数 IMrgb2hsi 和 IMhsi2rgb 实现 RGB 与 HSI 颜色空间之间的转换，HSI 各分量均在 [0，1] 范围内取值。

（1）由 RGB 到 HSI 的转换函数 IMrgb2hsi

```
function hsi = IMrgb2hsi(rgb)
    % IMRGB2HSI Convert red-green-blue colors to hue-saturation-intensity
    %   HSI = IMRGB2HSI(RGB) converts the RGB image RGB (3-D array) to the
    %   equivalent HSI image HSI (3-D array).
    %   CLASS SUPPORT
    %   the input is an RGB image, it must be of class uint8, uint16 or double;
    %   the output image is of class double and in the range[0,1]
    %   Date：2019/8/5
    % **********************************
    %将输入图像数据转换为[0,1]范围内的 double 型
    if isa(rgb, 'uint8') ||isa(rgb, 'uint16')
        rgb = im2double(rgb);
    end
    %抽取图像的彩色分量
    r = rgb(:,:,1);
    g = rgb(:,:,2);
    b = rgb(:,:,3);
    %计算色调 H,为避免分母 den 为 0 时除法计算溢出,加上一个极小值 eps
    num = 0.5*((r-g)+(r-b));
    den = sqrt((r-g).^2+(r-b).*(g-b));
    theta = acosd(num./(den+eps));
    H = theta;
    H(b>g) = 360-H(b>g);
    %把色调 H 归一化到区间[0,1]
    H = H/360;
    %计算饱和度 S 分量
    num = min(min(r,g),b);
    den = r+g+b;
    S = 1-3.*num./(den+eps);
    %如果像素的 R=G=B,无彩色,饱和度等于零,
    %将所有饱和度等于 0 的像素的色调 H 也设为 0;
    H(S==0) = 0;
    %计算亮度分量 I
    I = (r+g+b)/3;
    %把保存在 3 个独立二维数组中的 H、S、I,联结为一个三维数组
    hsi = cat(3,H,S,I);
end
%-----------------------------------------------
```

（2）由 HSI 到 RGB 的转换函数 IMhsi2rgb

```
function rgb = IMhsi2rgb(hsi)
    % IMHSI2RGB Convert hue-saturation-intensity to red-green-blue colors
    %    RGB = IMHSI2RGB(HSI) converts the HSI image (3-D array) to the
    %    equivalent RGB image RGB (3-D array).
    %    CLASS SUPPORT
    %    输入 hsi 图像为 double,取值范围是[0,1],输出 rgb 为 uint8
    %    Date: 2019/8/5
    %    ******************
    %抽取图像 HSI 各分量
    %把色调 H 从区间[0,1]变换到区间[0,360]
    H = hsi(:,:,1) * 360;
    S = hsi(:,:,2);
    I = hsi(:,:,3);
    %创建 3 个二维数组暂存转换后的 RGB 分量
    R = zeros(size(H));
    G = zeros(size(H));
    B = zeros(size(H));
    %
    %处理色调 H 位于 0 和 120 之间的像素
    ind = find((0<=H) & (H<120));
    B(ind) = I(ind).*(1-S(ind));
    R(ind) = I(ind).*(1+S(ind).*cosd(H(ind))./cosd(60-H(ind)));
    G(ind) = 3*I(ind)-(R(ind)+B(ind));
    %
    %处理色调 H 位于 120 和 240 之间的像素
    ind = find((120<=H) & (H<240));
    R(ind) = I(ind).*(1-S(ind));
    G(ind) = I(ind).*(1+S(ind).*cosd(H(ind)-120)./cosd(180-H(ind)));
    B(ind) = 3*I(ind)-(R(ind)+G(ind));
    %
    %处理色调 H 位于 240 和 360 之间的像素
    ind = find((240<=H) & (H<360));
    G(ind) = I(ind).*(1-S(ind));
    B(ind) = I(ind).*(1+S(ind).*cosd(H(ind)-240)./cosd(300-H(ind)));
    R(ind) = 3*I(ind)-(G(ind)+B(ind));
    %把保存在 3 个独立二维数组中的 R、G、B 分量,联结为一个三维数组
    rgb = cat(3,R,G,B);
    %将 R、G、B 分量数据由 double 型转换为 uint8 型
```

```
rgb = im2uint8(rgb);
end
%------------------------------------------------
```

2. HSV 颜色模型

HSV 颜色模型比 HSI 颜色模型更接近人类对颜色的感知，H 仍为色调、S 为饱和度，V 是 Value 的缩写，一般称为明度，表示颜色明亮的程度。对于光源色，明度值与发光体的光亮度有关；对于物体色，此值和物体的透射比或反射比有关。图 5-7 以圆柱体的形式展示了 HSV 颜色空间中各分量的含义，其中色调 H 用角度表示，H＝0°对应红色，随着 H 值增大，对应的色调依次为：红、橙、黄、绿、青、

图 5-7　HSV 颜色空间各分量的含义

蓝、紫，再到红。饱和度 S 用半径表示，颜色点到中轴线的距离越大，饱和度越高；亮度 V 用连接黑色点和白色点的垂直中轴线上的一段距离来表示，值越大，像素越明亮。

（1）RGB 到 HSV 颜色空间的转换

RGB 值应归一化到区间 [0，1] 内，此时转换后得到的色调 H、饱和度 S 和明度 V 也在区间 [0，1] 内取值。色调 H 也可乘以 360°转换到区间 [0，360°] 内，具有角度的量纲。先按下式计算明度 V 和饱和度 S：

$$V = \max(R, G, B)$$

$$S = \begin{cases} \dfrac{\max(R, G, B) - \min(R, G, B)}{\max(R, G, B)}, & \max(R, G, B) \neq 0 \\ 0, & \max(R, G, B) = 0 \end{cases} \tag{5-15a}$$

然后，根据饱和度 S 计算出一个色调值 H′。如果 $\max(R,G,B) = 0$ 或 $\max(R,G,B) - \min(R,G,B) = 0$，饱和度 S＝0，此时 R＝G＝B，表明该像素为灰色，色调无定义，为处理方便，可令 H′＝0；

$$H' = \begin{cases} 0, & S = 0 \\ \dfrac{G - B}{\max(R, G, B) - \min(R, G, B)}, & S \neq 0 \text{ 且 } \max(R, G, B) = R \\ \dfrac{B - R}{\max(R, G, B) - \min(R, G, B)} + 2, & S \neq 0 \text{ 且 } \max(R, G, B) = G \\ \dfrac{R - G}{\max(R, G, B) - \min(R, G, B)} + 4, & S \neq 0 \text{ 且 } \max(R, G, B) = B \end{cases}$$

$$\tag{5-15b}$$

将色调值 H′归一化到区间 [0，1]，得到最终的色调值 H。

$$H = \begin{cases} \dfrac{H'}{6} + 1, & H' < 0 \\ \dfrac{H'}{6}, & H' \geqslant 0 \end{cases} \tag{5-15c}$$

（2）HSV 到 RGB 颜色空间的转换

$$H' = 6 \times H$$

$$K = \text{floor}(H')$$
$$F = H' - K$$
$$a = V \cdot (1-S)$$
$$b = V \cdot (1-S \cdot F)$$
$$c = V \cdot (1-S \cdot (1-F))$$

$$(R, G, B) = \begin{cases} (V, c, a), & \text{若 } K=0 \\ (b, V, a), & \text{若 } K=1 \\ (a, V, c), & \text{若 } K=2 \\ (a, b, V), & \text{若 } K=3 \\ (c, a, V), & \text{若 } K=4 \\ (V, a, b), & \text{若 } K=5 \end{cases} \qquad (5\text{-}16)$$

式中，函数 floor（x）表示取不大于 x 的最大整数。色调 H、饱和度 S 和明度 V 都在区间 [0，1] 内取值，转换后的 R、G、B 也在区间 [0，1] 内取值。

3. RGB 与 HSV 颜色空间的转换函数 rgb2hsv、hsv2rgb

（1）函数 rgb2hsv

格式：hsv_image = rgb2hsv(rgb_image)

将图像从 RGB 颜色空间转换到 HSV 颜色空间。输入参数 rgb_image 为一个 $M \times N \times 3$ 的 RGB 真彩色图像三维数组，返回变量 hsv_image 也是一个 $M \times N \times 3$ 的三维数组，在 [0，1] 间取值，其中 hsv_image（:,:,1）为色调 H 分量、hsv_image（:,:,2）为饱和度 S 分量、hsv_image（:,:,3）为明度 V 分量。

（2）函数 hsv2rgb

格式：rgb_image = hsv2rgb(hsv_image)

将图像从 HSV 颜色空间转换到 RGB 颜色空间。输入参数 hsv_image 为一个 $M \times N \times 3$ 的 HSV 图像数组，返回变量 rgb_image 也是一个 $M \times N \times 3$ 的 RGB 真彩色图像数组，在 [0，1] 间取值。

5.3.4 视频颜色模型 YCbCr

欧洲广播联盟 EBU（European Broadcasting Union）在制定 PAL 电视制式彩色传输标准时提出了 YUV 颜色模型，其中 Y 代表亮度分量，U 和 V 称为色度分量，分别正比于色差（B-Y）和（R-Y），两者一起表示一种颜色的色调和饱和度。后来美国国家电视标准委员会 NTSC 用 YIQ 取代 YUV，其中 Y 代表亮度分量，I 和 Q 为色度分量，两者联合表示一种颜色的色调和饱和度。

YUV 颜色模型和 YIQ 颜色模型中的色度分量可能取负值，为了保证亮度和色度分量大于零，以便采用 8 比特编码时均在 0～255 取值，国际无线电咨询委员会 CCIR（International Radio Consultative Committee）标准 601（ITU-R BT.601-5）制订了 YCbCr 颜色模型，其中 Y 代表亮度分量，Cb 和 Cr 分别正比于色差（B-Y）和（R-Y），称为色度分量，两者共同描述一种颜色的色调和饱和度。YCbCr 颜色模型是在计算机系统中应用最多的成员，其应用领域很广泛，如 JPEG、MPEG 均采用此格式。YCbCr 颜色空间与 RGB 颜色空间的转换公式有多个版本，下面给出其中的两个。

1. ITU-R BT. 601-5 标准

$$\begin{bmatrix} Y \\ Cb \\ Cr \end{bmatrix} = \begin{bmatrix} 0.257 & 0.504 & 0.098 \\ -0.148 & -0.291 & 0.439 \\ 0.439 & -0.368 & -0.071 \end{bmatrix} \begin{bmatrix} R \\ G \\ B \end{bmatrix} + \begin{bmatrix} 16 \\ 128 \\ 128 \end{bmatrix} \quad (5\text{-}17)$$

$$\begin{bmatrix} R \\ G \\ B \end{bmatrix} = \begin{bmatrix} 1.164 & 0.000 & 1.596 \\ 1.164 & -0.392 & -0.813 \\ 1.164 & 2.017 & 0.000 \end{bmatrix} \begin{bmatrix} Y-16 \\ Cb-128 \\ Cr-128 \end{bmatrix} \quad (5\text{-}18)$$

式中，R、G、B 在 [0，255] 间取值，转换后的 Y 分量在 [16，235] 间取值，Cb 和 Cr 分量在 [16，240] 间取值。MATLAB 图像处理工具箱函数 rgb2ycbcr 采用此版本计算方法。

2. JPEG 版本

$$\begin{bmatrix} Y \\ Cb \\ Cr \end{bmatrix} = \begin{bmatrix} 0.299 & 0.587 & 0.114 \\ -0.169 & -0.331 & 0.500 \\ 0.500 & -0.419 & -0.081 \end{bmatrix} \begin{bmatrix} R \\ G \\ B \end{bmatrix} + \begin{bmatrix} 0 \\ 128 \\ 128 \end{bmatrix} \quad (5\text{-}19)$$

$$\begin{bmatrix} R \\ G \\ B \end{bmatrix} = \begin{bmatrix} 1.000 & 0.000 & 1.403 \\ 1.000 & -0.344 & -0.714 \\ 1.000 & 1.773 & 0.000 \end{bmatrix} \begin{bmatrix} Y \\ Cb-128 \\ Cr-128 \end{bmatrix} \quad (5\text{-}20)$$

式中，Y、Cb、Cr 和 R、G、B 均在 [0，255] 间取值。

RGB 与 YCbCr 颜色空间的转换函数 rgb2ycbcr、ycbcr2rgb

（1）函数 rgb2ycbcr

格式：ycbcr_image = rgb2ycbcr(rgb_image)

将图像从 RGB 颜色空间转换到 YCbCr 颜色空间。输入参数 rgb_image 为一个 $M \times N \times 3$ 的 RGB 真彩色图像三维数组，返回变量 ycbcr_image 也是一个 $M \times N \times 3$ 的三维数组，其中 ycbcr_image（:,:,1）为色调 Y 分量、ycbcr_image（:,:,2）为色度 Cb 分量、ycbcr_image（:,:,3）为色度 Cr 分量。

如果 rgb_image 的数据类型为 uint8，则返回变量 ycbcr_image 的数据类型也为 uint8，其中 Y 分量在 [16，235] 间取值，Cb 和 Cr 分量在 [16，240] 间取值。

如果 rgb_image 的数据类型为 double，则返回变量 ycbcr_image 的数据类型也为 double，其中 Y 分量在 [16/255，235/255] 间取值，Cb 和 Cr 分量在 [16/255，240/255] 间取值。

（2）函数 ycbcr2rgb

格式：rgb_image = ycbcr2rgb(ycbcr_image)

将图像从 YCbCr 颜色空间转换到 RGB 颜色空间。输入参数 ycbcr_image 为一个 $M \times N \times 3$ 的 YCbCr 图像数组，返回变量 rgb_image 也是一个 $M \times N \times 3$ 的 RGB 真彩色图像数组。

如果 ycbcr_image 的数据类型为 uint8，则返回变量 rgb_image 的数据类型也为 uint8。如果 ycbcr_image 的数据类型为 double，则返回变量 rgb_image 的数据类型也为 double，且 RGB 各分量都在 [0，1] 间取值。

5.3.5　用于印刷技术的颜色模型 CMY 和 CMYK

彩色打印和彩色摄影处理采用 CMY 减法颜色模型，C、M 和 Y 分别表示青（Cyan）、品红（Magenta）和黄（Yellow）染料色。在彩色打印中，RGB 颜色分量被转换为青 C、品红 M 和黄色 Y 墨汁用量，这些墨汁覆盖在白纸上再现彩色图像。RGB 与 CMYK 颜色空间之间的转换关系为：

$$C = 1.0 - R$$
$$M = 1.0 - G$$
$$Y = 1.0 - B \tag{5-21}$$
$$K = \min(C, M, Y)$$

由 CMY 到 RGB：

$$R = 1.0 - C$$
$$G = 1.0 - M \tag{5-22}$$
$$B = 1.0 - Y$$

式中，R、G、B 三原色值与 C、M、Y 均在 [0，1] 间取值。在高质量的打印系统中，关键是要解决从 RGB 到 CMY 转换时色彩成分的交叉耦合和点的非线性化问题。

为了不使用过多的 CMY 墨汁混合获得较暗的深色打印，通常加入黑色墨汁成分，用 K（black）表示，又称为关键成分（Key），常用欠色移除方法（under-color removal method）为基础完成从 RGB 到 CMY 较为复杂的转换。

5.4　彩色图像的表达

RGB 颜色模型被广泛应用于彩色图像的采集、传输、表示和存储，如电视、计算机、数字摄像机、数字相机和扫描仪等。基于这个原因，许多图像和图形处理程序都将 RGB 颜色空间作为彩色图像的内部表示。

5.4.1　RGB 真彩色图像

RGB 真彩色图像的颜色，用红 R、绿 G、蓝 B 三个分量来描述，各分量通常采用 8 位无符号整数进行数字化，共 24 位组合，能够产生 $(2^8)^3 = 2^{24} = 16777216$ 种不同的颜色。

MATLAB 用一个 M×N×3 三维数组来保存 RGB 真彩色图像数据。第 1 维是数组的行序，M 是数组的行数，对应图像的高度；第 2 维是数组的列序，N 是数组的列数，对应图像的宽度。前两维构成了一个二维数组，形成了图像的矩形网格结构，每对行、列下标 (x, y) 对应图像中的一个像素。由于二维数组的每个元素只能保存对应像素的一个颜色分量值，这样，就需要 3 个二维数组分别保存像素的 R、G、B 分量，然后依次排列形成第三维，所以第三维又称为色序，类似于一本书的页码。这样就可以用数组的行序、列序和色序 3 个下标，读、写像素的三个分量值。

示例 5-2：RGB 彩色图像及其颜色分量

先用函数 imfinfo 获取一幅 JPEG 格式彩色图像文件的格式信息，该函数返回一个结构体，包含文件名（File name）、文件编辑时间（FileModDate）、文件格式（Format）、图像的宽度（Width）和高度（Height）、像素深度（BitDepth）、颜色类型（ColorType）等信息。

然后读取该彩色图像，将图像的各颜色分量视为一幅灰度图像显示出来，明暗程度代表了该分量的大小。最后，仅保留彩色图像中一个分量值，把其余两个分量设为 0，再以红、绿、蓝单色彩色图像方式显示，结果如图 5-8 所示。图中的水果主要是红色和黄色，因此，可以看出 R 分量和 G 分量较大，B 分量较小。由于背景为白色，所以背景部分各个分量都非常大，多数为 255。

图 5-8　RGB 真彩色图像及其 RGB 分量

(a) RGB 真彩色图像；(b) R 分量灰度显示；(c) G 分量灰度显示；(d) B 分量灰度显示；
(e) R 分量的彩色显示；(f) G 分量彩色显示；(g) B 分量彩色显示

%RGB 彩色图像及其颜色分量

```
clearvars;close all;
%查看一幅 RGB 彩色图像文件的信息
fileinfo = imfinfo('fruits.jpg')
I = imread('fruits.jpg');%读取该图像
%显示结果
figure;
subplot(3,3,2),imshow(I);title('Original RGB true color image');
%以灰度图像的方式显示各颜色分量
subplot(3,3,4),imshow(I(:,:,1)); title('R 分量');
subplot(3,3,5),imshow(I(:,:,2)); title('G 分量');
subplot(3,3,6),imshow(I(:,:,3)); title('B 分量');
%以单色方式显示各颜色分量
IR = I;IR(:,:,2) = 0;IR(:,:,3) = 0;
IG = I;IG(:,:,1) = 0;IG(:,:,3) = 0;
IB = I;IB(:,:,1) = 0;IB(:,:,2) = 0;
subplot(3,3,7),imshow(IR); title('R 分量单色');
subplot(3,3,8),imshow(IG); title('G 分量单色');
subplot(3,3,9),imshow(IB); title('B 分量单色');
%------------------------------------------------
```

函数 impixelinfo 可以查看显示在当前窗口内图像的像素值。方法是：先显示图像，再执行 impixelinfo 函数，然后把鼠标移动到图像上某一位置。对于真彩色 RGB 图像，在当前窗口左下角就会显示鼠标选中像素的如下信息：

$$\text{Pixel info（列下标 X，行下标 Y）} \quad [\text{R} \quad \text{G} \quad \text{B}]$$

5.4.2 索引图像

索引图像不直接包含表示颜色或亮度的数据，而是为每个像素分配一个颜色索引值，同时构造一个颜色映射表（colormap），又称调色板（color palette）。颜色映射表是 P×3 的二维数组，P 为颜色映射表的行数，也是其能提供的颜色数。每种颜色占用一行，以红 R、绿 G、蓝 B 分量来定义该种颜色。根据颜色索引值就可以从颜色映射表中找到该像素实际颜色的 RGB 分量。例如，图像索引序号为 8 bit 无符号整数，那么索引图像最多有 256 种颜色，相应的调色板有 256 个有效行。

因此，索引图像的数据包含两个二维数组：一个 $M \times N$ 二维数组，用于保存每个像素颜色索引值；另一个 P×3 二维数组，用于保存颜色索引值所对应颜色的 RGB 分量。像素的颜色索引值必须是整数，数据类型可以是 single、double 型、uint8 或 uint16 型。颜色映射表 colormap 中的 R、G、B 分量为 uint8 型或 double 型，在 [0，255]，或 [0，1] 内取值。在 MATLAB 中，颜色表每行的 R、G、B 分量在 [0，1] 内取值。当索引序号的数据类型为 uint8 或 uint16 型整数时，索引序号的最小值为 0，对应颜色表的首行。

也可以把 RGB 彩色图像转换为索引图像，但这一过程涉及最优化颜色缩减问题，也就是颜色量化问题。颜色量化的任务就是选择和指定一个有限的颜色集合，逼近表示一幅给定的彩色图像。

在处理索引图像时，不能仅根据像素的颜色索引值对图像做解释，或者把处理灰度图像的滤波操作直接应用于索引图像。一般应先将索引图像转换为 RGB 彩色图像，然后进行各种处理，之后再将 RGB 彩色图像转换为索引图像。

示例 5-3：索引图像与 RGB 彩色图像之间的转换

用函数 imread 读入一幅 tif 格式的索引图像文件 trees. tif，得到两个数组变量，一个数组用于保存像素颜色的索引序号，另一个数组则保存颜色表。然后调用工具箱函数 ind2rgb，把索引图像转换为 RGB 彩色图像。接下来读入一幅 RGB 彩色图像，调用函数 rgb2ind，把该图像转换为 8 种颜色的索引图像，并将其保存为 png 格式的图像文件。由于转换过程中颜色的缩减，转换前后的图像有明显的差异，尤其是选择的颜色表中颜色数量较少时，如图 5-9 所示。

(a)   (b)

图 5-9　RGB 真彩色图像及其 8 种颜色索引图像

%索引图像与 RGB 彩色图像之间的转换

close all;clearvars;

[Ind, map] = imread('trees. tif');%读入一幅索引图像

Irgb = ind2rgb(Ind, map);% 把索引图像转换为 RGB 彩色图像

% 显示原索引图像和转换后的 RGB 真彩色图像

figure;

subplot(1,2,1);imshow(Ind, map); title(' Original Indexd image');

subplot(1,2,2);imshow(Irgb); title('Convertes to RGB image');

IRGB = imread('fruits. jpg');% 读入一幅 RGB 彩色图像

% 把 RGB 彩色图像转换为索引图像,为了比较差异,选择颜色表中的颜色数量为 8

[Xind, map2] = rgb2ind(IRGB, 8);

imwrite(Xind,map2,'fruits_indexed.png');% 将结果保存为 png 格式图像文件

% 显示原 RGB 彩色图像和转换后的索引图像

figure;

subplot(1,2,1);imshow(IRGB); title(' Original RGB image');

subplot(1,2,2);imshow(Xind, map2); title('Convertes to Indexd image (8 colors)');

% --

1. RGB 彩色图像与索引图像之间的转换函数 rgb2ind 和 ind2rgb

（1）函数 rgb2ind

格式 1：[X,map] = rgb2ind(RGB,n)

据指定的颜色数 n，将输入的 RGB 彩色图像转换为索引图像，返回变量 X 为颜色索引序号数组，map 为生成的颜色表数组；输入参数颜色数 n 必须小于或等于 65536，如果颜色数 n 小于或等于 256，那么输出索引图像的索引序号数组的数据类型为 uint8，否则为 uint16。

格式 2：X = rgb2ind(RGB, map)

据指定的颜色表 map，将输入的 RGB 彩色图像转换为索引图像，返回变量 X 为颜色索引序号数组。输入参数颜色表 map 的行数必须小于或等于 65536，如果颜色表 map 的行数小于或等于 256，那么输出索引图像的索引序号数组的数据类型为 uint8，否则为 uint16。

（2）函数 ind2rgb

格式：RGB = ind2rgb(X,map)

将输入的索引图像转换为 RGB 彩色图像。输入参数 X 为索引图像的颜色索引序号数组，map 为颜色表数组。

2. 索引图像转换为灰度图像函数 ind2gray

格式：I = ind2gray(X,map)

根据输入的索引图像数据 X 及颜色表，把索引图像转换为灰度图像，保存在返回变量 I 中。

5.5　彩色图像的点处理增强

类似于灰度变换，彩色图像的点处理按照指定的变换函数，将输入彩色图像每个像素的颜色分量映射为输出图像中对应像素的颜色分量，这种映射完全取决于输入图像中各像素颜色分量和所选择的变换函数，而与邻域像素无关，又称彩色变换。不同于灰度变换，彩色图像的点处理需要处理每个像素的多个颜色分量，这些颜色分量可以是 RGB，或 HSI、HSV、YCbCr、CMYK 等其他颜色空间。

为了优化彩色图像在不同显示媒介上的颜色还原能力和视觉效果，经常需要调整彩色图像的亮度、饱和度、对比度、色调、色温、锐度等视觉特性。有时通过改变图像的色调和颜色分布，以获得某种特殊视觉效果，为此各种图像编辑软件提供了丰富的特效"滤镜"功能。

5.5.1　饱和度调整

对于 RGB 真彩色图像，降低或增强其颜色饱和度，可以直接在 RGB 颜色空间实现，通过将每个像素的颜色点（R，G，B）和其相应的灰度点（Y，Y，Y）之间进行线性插值来获得，即：

$$\begin{bmatrix} R_a \\ G_a \\ B_a \end{bmatrix} = \begin{bmatrix} Y \\ Y \\ Y \end{bmatrix} + s_c \begin{bmatrix} R-Y \\ G-Y \\ B-Y \end{bmatrix} \tag{5-23}$$

式中，$(R_a，G_a，B_a)$ 为饱和度调整后像素的 RGB 分量，Y 是对应像素的亮度，系数因子 s_c 用来控制降低或增强颜色饱和度的程度。当 s_c 在 [0，1] 间取值时，降低颜色饱和度；$s_c=0$，将所有的颜色消除，得到无彩色图像；$s_c=1$，不改变输入图像的颜色饱和度。当 $s_c>1$，增强颜色饱和度，得到的图像颜色较鲜艳，s_c 过大时可能会出现伪轮廓。

图像饱和度的调整也可以在 HSI 或 HSV 颜色空间中进行。先把 RGB 彩色图像转换到 HSI 或 HSV 颜色空间，然后按下式调整图像饱和度分量 S 的大小，最后再转换到 RGB 颜色空间。

$$S_a = s_c \cdot S \tag{5-24}$$

示例 5-4：RGB 彩色图像的饱和度调整

以图 5-10（a）中的水果彩色图像为例，利用式（5-23）和式（5-24）给出的方法，分别在 RGB 和 HSI 颜色空间中调整图像的颜色饱和度。在 RGB 颜色空间，需要同时处理三个颜色分量；而在 HSI 颜色空间，仅对饱和度分量 S 做线性运算，此处用到了在 5.3 节中介绍的自定义函数 IMrgb2hsi 和 IMhsi2rgb。图 5-10（b）、（d）增大饱和度，控制因子 $s_c=2$，图 5-10（c）、（e）降低饱和度，控制因子 $s_c=0.5$。请尝试在 HSV 空间来调整图像饱和度，并作对比。

%RGB 彩色图像的饱和度调整

```
clearvars; close all;
```

```
Irgb = imread('fruits.jpg'); % 读取一幅 RGB 彩色图像
Irgb = im2double(Irgb); % 将输入图像数据类型转换为 double 型

% 定义饱和度控制因子的大小, sc = 0, 消色, 得到无彩图像;
% sc = 1, 不改变饱和度; sc > 1, 加大饱和度; sc < 1, 降低饱和度。
sc = 2;
% 在 RGB 颜色空间中调整图像饱和度　 % 先计算输入图像的灰度图像(亮度)
Y = (Irgb(:,:,1) + Irgb(:,:,2) + Irgb(:,:,3))/3;
Ig = cat(3,Y,Y,Y);
Is1 = Ig + sc * (Irgb - Ig);
Is1 = im2uint8(Is1); % 把处理后的图像数据转换为 uint8 型

% 在 HSI 颜色空间中调整图像饱和度
Ihsi = IMrgb2hsi(Irgb);
Ihsi(:,:,2) = sc * Ihsi(:,:,2);
Is2 = IMhsi2rgb(Ihsi);
Is2 = im2uint8(Is2); % 把处理后的图像数据转换为 uint8 型
% 显示结果
figure;
subplot(1,3,1),imshow(Irgb);title('Original RGB image');
subplot(1,3,2), imshow(Is1); title('Saturation adjusted in RGB');
subplot(1,3,3), imshow(Is2); title('Saturation adjusted in HSI');
% ------------------------------------------------------
```

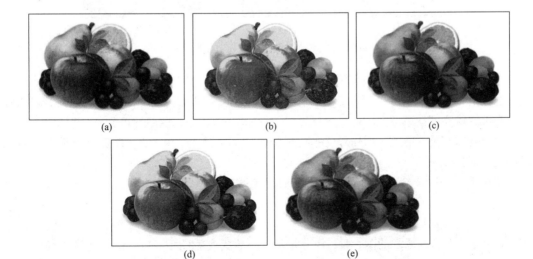

图 5-10　对 RGB 彩色图像进行颜色饱和度调整

(a) 原图像；(b) 在 RGB 颜色空间增大饱和度；(c) 在 RGB 颜色空间减小饱和度；

(d) 在 HSI 颜色空间增大饱和度；(e) 在 HSI 颜色空间减小饱和度

5.5.2　亮度和对比度调整

有些图像处理软件或摄影技术表达彩色图像的视感觉时，常用"色调"（tone）来描述图像中一种色系的明暗分布。不过这里的"色调"，不同于我们前面所说的色调（hue）。此处"色调"（tone），可以理解为某种色调（hue）与黑色、白色以不同比例混合后产生的色系。"色调"（tone）就是所有的 hue（色调）颜色通过同时调整饱和度和亮度得到的所有颜色。

所以，当谈到一幅图像的"色调"类型（也称为主调类型，key type）是指图像中颜色亮度的分布。高主调（high-key）图像的多数信息集中在高亮度区域（图像整体偏亮），低主调（low-key）图像的颜色信息主要位于低亮度区域（图像整体偏暗），中主调（middle-key）图像的信息则位于两者之间（图像亮度整体平淡、缺乏层次感），如图 5-11 所示。

(a) chalk_bright　　　(b) flower_flat　　　(c) stream_dark

(d)　　　　　　　　(e)　　　　　　　　(f)

图 5-11　彩色图像的亮度和对比度调整

我们通常期望一幅彩色图像的亮度均匀分布在亮和暗之间，如同灰度图像一样具有较宽的动态范围，这样的图像才具有良好的对比度和颜色渲染能力。类似图像灰度变换，可以通过对彩色图像亮度动态范围的调整（压缩或拉伸），来改善图像的对比度和颜色表现力。

为避免改变图像的色调 Hue，在 RGB 颜色空间处理时，R、G、B 三个分量应采用相同的灰度变换函数。

采用下式可以连续单独（或同时）调整彩色图像的亮度和对比度：

$$s = [r - 127.5 \cdot (1-b)] \cdot k + 127.5 \cdot (1+b)$$
$$\text{其中，} k = \tan(45° + 44° \cdot c) \tag{5-25}$$

式中，r 是输入图像像素的 R、G、B 分量值，s 是变换后的 R、G、B 分量值；参数 b 在区间 $[-1, 1]$ 内取值，用于控制亮度的增减程度：$b=0$，不改变；$b<0$，降低亮度；$b>0$，提高亮度；参数 c 在区间 $[-1, 1]$ 内取值，用于控制对比度的增减程度：$c=0$，不改变；$c<0$，降低对比度；$c>0$，提高对比度。

示例 5-5：连续单独（或同时）调整 RGB 彩色图像的亮度和对比度

```
function rgb_out = IMadjustbc( rgb_in,b,c )
    %对彩色图像的亮度和对比度连续独立(或同时)调整；
    %   rgb_out = (rgb_in - 127.5 * (1 -b)) * k + 127.5 * (1 + b)
    %其中,b 取值[-1,1],调节亮度；
    %       c 取值[-1,1],调节对比度
    %       k = tand(45 + 44 * c);
    % CLASS SUPPORT
    %   the input is a RGB image, it must be of class uint8, or double;
    %   the output image is a RGB image of class uint8.
    %   Date：2019/8/6
    %将输入图像数据转换为[0, 255]范围内的 double 型
    if~isa(rgb_in, 'uint8')
        rgb_in = im2uint8(rgb_in);
    end
    %转换为 double 型
    rgb_in = double(rgb_in);
    k = tand(45 + 44 * c);
    rgb_out = (rgb_in - 127.5 * (1 - b)) * k + 127.5 * (1 + b);
    %将输出图像数据类型转换为 uint8 型
    rgb_out = uint8(rgb_out);
end
%----------------------------------------------------------------
```

示例 5-6：对彩色图像的亮度和对比度进行调整

图 5-11 中第 1 行图（a）整体偏亮、对比度低，图 5-11（b）整体亮度中等、对比度低，图 5-11（c）整体偏暗、对比度低。三幅图像的对比度低都偏低。调用上述自定义函数 IMadjustbc 调整这三幅图像的亮度和对比度，根据图像的视觉表现选择合适的控制参数 b 和 c，可以得到满意的处理结果。

图 5-11（a）应降低亮度、提高对比度，令控制参数 $b=-0.2$、$c=0.3$；图 5-11（b）应降低亮度、提高对比度，取控制参数 $b=-0.1$、$c=0.3$；图 5-11（c）应同时提升亮度和高对比度，令控制参数 $b=0.3$、$c=0.4$。调整后的结果分别显示在第 2 行图 5-11（d）、（e）、（f）中，视觉效果明显改善。

```
%彩色图像亮度和对比度的连续独立（或同时）调整
clearvars; close all
Irgb1 = imread('chalk_bright.tif');          %读取彩色图像
rgb_out1 = IMadjustbc( Irgb1,-0.2, 0.3 );    %调整
Irgb2 = imread('flower_flat.tif');           %读取彩色图像
rgb_out2 = IMadjustbc( Irgb2,-0.1, 0.3 );    %调整
```

```
Irgb3 = imread('stream_dark.tif');              % 读取彩色图像
rgb_out3 = IMadjustbc( Irgb3,0.3, 0.4 );        % 调整

% 显示处理结果
figure;
subplot(2,3,1);imshow(Irgb1); title('Original chalkbright image');
subplot(2,3,2);imshow(Irgb2); title('Original flowerflat image');
subplot(2,3,3);imshow(Irgb3); title('Original streamdark image');
subplot(2,3,4);imshow(rgb_out1); title('Enhanced chalk image');
subplot(2,3,5);imshow(rgb_out2); title('Enhanced flower image');
subplot(2,3,6);imshow(rgb_out3); title('Enhanced stream image');
truesize;% 尽可能显示真实大小的图像
%-----------------------------------------------------------
```

示例 5-7：调用函数 imadjust 调整彩色图像的亮度和对比度

"第 2 章灰度变换"中已介绍了函数 imadjust 的使用。函数 imadjust 可以用于调整灰度图像的亮度和对比度，也可以用于彩色图像。不过，为了尽量不改变图像的色调（Hue），输入参数［low_in high_in］、［low_out high_out］对三个分量 R、G、B 应相同，并分别写成两个 2×3 的矩阵，即：

$$[low\_in, low\_in, low\_in; high\_in, high\_in, high\_in]$$
$$[low\_out, low\_out, low\_out; high\_out, high\_out, high\_out]$$

为了确定调整一幅彩色图像合理的 low_in、high_in 参数，可将 RGB 图像转换到 HSV 空间，然后计算明度分量 V 的直方图，观察明度分量 V 的分布范围来选择。图 5-12 第 1 行给出了上述示例中三幅原始图像的明度分量 V 的直方图，图 5-12 第 2 行给出了调用函数 imadjust 对这三幅彩色图像的亮度和对比度调整后的结果。

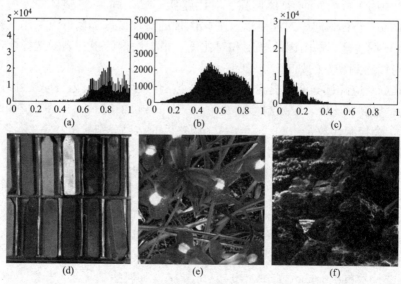

图 5-12　彩色图像的亮度和对比度调整

146

%用函数 imadjust 调整彩色图像的亮度和对比度

```
clearvars; close all;
Irgb1 = imread('chalk_bright.tif');    % 读取彩色图像
Ihsv1 = rgb2hsv(Irgb1);               % 将图像从 RGB 转换到 HSV 颜色空间
% 统计图像的明度直方图, 在 HSV 颜色模型中, V = max(R, G, B)
figure;
subplot(3,3,1); imhist(Ihsv1(:,:,3)); title('brightness histogram of chalk');
% 观察直方图, 选择拉伸范围[low_in, high_in]; 并令 low_out = 0; high_out = 1;
% RGB 三个分量应采用相对的拉伸范围, 以免改变图像的色调(Hue);
Ia1 = imadjust(Irgb1,[0.5,0.5,0.5;1,1,1],[0,0,0;1,1,1]);
% 显示处理结果
subplot(3,3,2); imshow(Irgb1); title('Original chalkbrightimage');
subplot(3,3,3); imshow(Ia1); title('Enhancedchalk image');


Irgb2 = imread('flower_flat.tif');    % 读取彩色图像
Ihsv2 = rgb2hsv(Irgb2);
% 观察直方图
subplot(3,3,4); imhist(Ihsv2(:,:,3)); title('brightness histogram of flower');
Ia2 = imadjust(Irgb2,[0.3,0.3,0.3;0.8,0.8,0.8],[0,0,0;1,1,1]);
% 显示处理结果
subplot(3,3,5); imshow(Irgb2); title('Original flowerflat image');
subplot(3,3,6); imshow(Ia2); title('Enhanced flower image');


Irgb3 = imread('stream_dark.tif');    % 读取彩色图像
Ihsv3 = rgb2hsv(Irgb3);
% 观察直方图
subplot(3,3,7); imhist(Ihsv3(:,:,3)); title('brightness histogram of stream');
Ia3 = imadjust(Irgb3,[0,0,0;0.5,0.5,0.5],[0,0,0;1,1,1]);
% 显示处理结果
subplot(3,3,8); imshow(Irgb3); title('Original streamdark image');
subplot(3,3,9); imshow(Ia3); title('Enhanced stream image');
% ----------------------------------------------------------------
```

示例 5-8：调用直方图均衡化函数 histeq 增强彩色图像的亮度和对比度

直方图均衡化函数 histeq 也可用于增强彩色图。图 5-13 给出了对图 5-11 第 1 行三幅彩色图像直方图均衡化后的结果。

%彩色图像的全局直方图均衡化

```
clearvars; close all
Irgb1 = imread('chalk_bright.tif'); % 读取彩色图像
```

(a)　　　　　　　　　(b)　　　　　　　　　(c)

图 5-13　使用全局直方图均衡化函数 histeq 调整彩色图像的亮度和对比度

```
rgb_out1 = histeq(Irgb1);            % 直方图均衡化
Irgb2 = imread('flower_flat.tif');   % 读取彩色图像
rgb_out2 = histeq(Irgb2);            % 直方图均衡化
Irgb3 = imread('stream_dark.tif');   % 读取彩色图像
rgb_out3 = histeq(Irgb3);            % 直方图均衡化
% 显示处理结果
figure;
subplot(2,3,1);imshow(Irgb1); title('Original chalk bright image');
subplot(2,3,2);imshow(Irgb2); title('Original flower flat image');
subplot(2,3,3);imshow(Irgb3); title('Original stream dark image');
subplot(2,3,4);imshow(rgb_out1); title('chalk-Histogram equalization');
subplot(2,3,5);imshow(rgb_out2); title('flower-Histogram equalization');
subplot(2,3,6);imshow(rgb_out3); title('stream-Histogram equalization');
% ------------------------------------------------------------
```

5.5.3　色调调整

　　根据 HSV（或 HSI）颜色模型，色调 H 对应色相环上的一个角度且以 360°为模，如图 5-14 色相环所示，"色相"是色调 hue 的别称。如果对图像中每一个像素的色调分量 H 加一个正（或负）的常数值（角度值），将会使每个像素的颜色在色相环上沿逆时针（或顺时针）方向移动，当这个常数较小时，一般会导致图像的色调变成"暖"或"冷"色调，而当这个数比较大时，则有可能会使图像的色彩发生较显著的变化，如图 5-15 所示。在调整图像色调

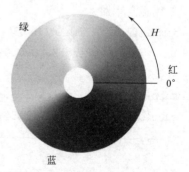

图 5-14　色相环，色调 H 从 0°
变化到 360°颜色色调的变化

时，应将色调分量 H 的值变换到区间 [0，360°] 内，并以 360 为模取余数，然后再归一化到区间 [0，1]。图 5-15（b）在原图像像素的色调分量 H 加 60°的结果，注意彩色粉笔颜色的变化。

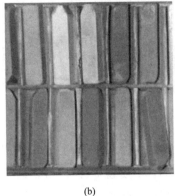

(a)　　　　　　　　　　　　　　　　(b)

图 5-15　通过加减 H 分量改变彩色图像的色调
(a) 原图像；(b) 色调被改变后图像

%通过加减 H 分量改变彩色图像的色调

```
clearvars; close all;
Irgb = imread('chalk_bright.tif');%读取一幅 RGB 彩色图像
Ihsv = rgb2hsv(Irgb);%转换到 HSV 颜色空间

H = Ihsv(:,:,1)*360;%提取色调H分量并将取值范围变换到[0,360]
H = H + 60;%色调值加 60
H = mod(H,360)/360;%以 360 为模取余,并归一化
Ihsv(:,:,1) = H;
Ia = hsv2rgb(Ihsv);%再转换到 RGB 颜色空间

%显示处理结果
figure;
subplot(1,2,1); imshow(Irgb);title('Original chalk bright image');
subplot(1,2,2); imshow(Ia);title('色调改变后的图像');
%-----------------------------------------------------------
```

示例 5-9：怀旧滤镜

通过色调调整，让一幅照片呈现褪色泛黄的老旧照片的视觉，增强图片的历史韵味。各类图像编辑软件一般都提供一种称为"滤镜"的图像处理工具，实现诸如怀旧、复古、清新等功能。式（5-26）给出了实现怀旧"滤镜"功能的变换公式，图 5-16 给出了怀旧"滤镜"处理效果。

$$\begin{bmatrix} R_{old} \\ G_{old} \\ B_{old} \end{bmatrix} = \begin{bmatrix} 0.393 & 0.769 & 0.189 \\ 0.349 & 0.686 & 0.168 \\ 0.272 & 0.534 & 0.131 \end{bmatrix} \begin{bmatrix} R \\ G \\ B \end{bmatrix} \tag{5-26}$$

图 5-16 彩色图像的"怀旧滤镜"处理
(a) 原彩色照片；(b) 怀旧处理之后的效果

%彩色图像的怀旧滤镜处理

```
close all; clearvars;
%定义怀旧滤镜变换矩阵
Told = [0.393, 0.769, 0.189;
        0.349, 0.686, 0.168;
        0.272, 0.534, 0.131];
Irgb = imread('boats.jpg');            %读取一幅 RGB 彩色图像
[height,width,colors] = size(Irgb);    %获取输入图像的大小
%将 Irgb 三位数组调整为 height * width 行、colors 列的二维数组
Irgbtemp = reshape(Irgb,height * width,colors);
%计算怀旧滤镜处理后的 RGB 分量
IRGBtemp = double(Irgbtemp) * Told';
%将 IRGBtemp 二维数组重新调整为 height 行、width 列、colors 个彩色分量的三维数组
Ioldtime = reshape(IRGBtemp,height,width,colors);
Ioldtime = uint8(Ioldtime);
%显示怀旧处理结果
figure;montage({Irgb, Ioldtime});
title('原图像 boats(左)   |   怀旧滤镜处理结果(右)');
%-----------------------------------------------------------
```

示例 5-10：采用图像直方图匹配改变彩色图像色调

调用直方图匹配函数 imhistmatch 来改变彩色图像色调。如图 5-17。注意观察，匹配

(a)　　　　　　　(b)　　　　　　　(c)

图 5-17 采用图像直方图匹配改变彩色图像色调
(a) 原图像；(b) 直方图匹配结果；(c) 参考图像

结果具有与参考图像相近的色调风格。

%直方图匹配函数 imhistmatch 示例

```
clearvars; close all;
f = imread('old_villa.jpg');      % 读取一幅 RGB 彩色图像
Ref = imread('oldmap.jpg');       % 读入参考图像
g = imhistmatch(f, Ref);          % 直方图匹配
% 显示直方图匹配处理结果
figure; imshow(f); title('原图像');
figure; imshow(g);title('直方图匹配结果');
figure; imshow(Ref); title('参考图像');
figure; montage({f,g,Ref},'Size', [1,3]);
title('原图像(左) ｜ 直方图匹配结果(中)｜ 参考图像(右)');
% ─────────────────────────────────────────────
```

5.6　彩色图像的滤波处理

如同灰度图像的空域滤波，彩色图像滤波在确定输出图像每个像素的颜色分量时，其邻域像素将起重要作用。第 3 章介绍的灰度图像空域滤波方法、第 4 章介绍的图像频域滤波方法，大多可以用于彩色图像的增强处理。

彩色图像的空域滤波多在 RGB 颜色空间中实施。将 RGB 真彩色图像的每个分量视为一幅灰度图像，然后用同样的滤波模板，使用灰度图像的空域滤波方法单独处理 R、G、B 分量图像，再把处理后的三个颜色分量组合起来，就完成了彩色图像的空域滤波处理。

对于索引图像，不能直接应用为灰度图像空间域滤波方法。应先将索引图像转换为 RGB 真彩色图像，按照上述方法处理完之后再将其转换为索引图像。

5.6.1　彩色图像的平滑与降噪

不同于灰度图像，除了亮度外，彩色图像中颜色的色调差异也同样会形成边缘和轮廓，因此，对彩色图像平滑时，需用同样的滤波模板，分别对 R、G、B 分量平面进行平滑或降噪，这样可以减少对图像色调的影响。当然，当滤波模板尺度较大时，图像边缘处的色调会发生不同程度的改变。

示例 5-11：用均值空域滤波器平滑彩色图像

图 5-18（a）是大眼猴的 RGB 真彩色图像，调用函数 imfilter，用 7×7 均值滤波器对其 R、G、B 分量图像分别进行平滑，组合后得到平滑的彩色图像如图 5-18（b）所示，注意观察动物毛发的细节变化。

%用均值滤波器空域滤波平滑彩色图像

```
close all; clearvars;
Irgb = imread('bigeyemonkey.jpg');% 读取一幅 RGB 彩色图像
```

（a）　　　　　　　　　　　（b）

图 5-18　彩色图像的空域滤波平滑

（a）RGB 彩色图像；（b）用 7×7 均值滤波器平滑结果

```
h = fspecial('average',7);%构造均值滤波器
%用同一滤波器,对图像的 R,G,B 分量平滑滤波
Ismoothed = imfilter(Irgb, h, 'replicate');
%显示平滑处理结果
figure;montage({Irgb, Ismoothed});
title('原图像 bigeyemonkey(左)  │  均值滤波器平滑结果(右)');
%————————————————————————————————————————
```

示例 5-12：用高斯低通滤波器频域滤波平滑彩色图像

图 5-19（a）是大眼猴的 RGB 真彩色图像，用高斯低通滤波器在频域滤波对大眼猴彩色图像的 R、G、B 分量图像分别进行平滑，得到平滑后的彩色图像，如图 5-19（b）所示。

（a）　　　　　　　　　　（b）　　　　　　　　　　（c）

图 5-19　彩色图像的频域高斯低通滤波平滑

（a）RGB 彩色图像；（b）高斯低通滤波器频域滤波平滑；（c）裁剪前的频域滤波输出

%用高斯低通滤波器频域滤波平滑 RGB 彩色图像

```
closeall; clearvars;
f = imread('bigeyemonkey. jpg');  %读取一幅 RGB 彩色图像
[M,N,C] = size(f);      %获取图像的大小尺寸
P = 2*M; Q = 2*N;  %确定计算线性卷积所需扩展尺寸 P,Q
```

```
fp = padarray(f,[M,N],'replicate','post'); %采用'replicate'复制边界方式扩展图像
Fp = fft2(fp);           % 计算彩色图像的 DFT
Fp = fftshift(Fp);       % 对图像频谱作中心化处理
% 计算高斯低通滤波器频域传递函数 HGlpf
D0 = 50; % 初始化高斯低通滤波器的截至频率 D0
u = 0:P-1; v = 0:Q-1;
[Va,Ua] = meshgrid(v,u);
Da2 = (Ua-P/2).^2 + (Va-Q/2).^2;
HGlpf = exp(-Da2./(2*D0.^2));
% 把滤波器串接成一个 P*Q*3 的三维数组
HGlpf3 = cat(3,HGlpf,HGlpf,HGlpf);
Gp = Fp.*HGlpf3;         % 计算图像DFT与高斯低通滤波器频域传递函数的点积
Gp = ifftshift(Gp);      % 去中心化
gp = real(ifft2(Gp)); % 计算滤波结果的 DFT 反变换,并取实部
g = gp(1:M,1:N,:);       % 截取 gp 左上角 M*N 的区域作为输出
g = im2uint8(mat2gray(g)); % 把输出图像的数据格式转换为 uint8
% 显示处理结果
figure; montage({f, g});
title('原图像 bigeyemonkey(左)  │  高斯低通频域滤波结果(右)');
% 显示滤波后未裁剪图像
figure; imshow(mat2gray(gp));title('高斯低通频域滤波结果(未裁剪)');
%————————————————————————————————————
```

示例 5-13：用中值滤波器去除彩色图像中的脉冲噪声

先调用函数 imnoise 向图 5-20 (a) 大眼猴图像中添加 "椒盐" 噪声，结果如图 5-20 (b) 所示。然后调用中值滤波函数 medfilt2，用 3×3 的中值滤波器对其 R、G、B 分量图像分别滤波降噪，组合滤波后的三个分量图像，最终得到中值降噪后的彩色图像，如图 5-20 (c) 所示。

(a)　　　　　　　　　(b)　　　　　　　　　(c)

图 5-20　彩色图像去噪

(a) 原图像；(b) 添加 "椒盐" 噪声后的彩色图像；(c) 用 3×3 中值滤波器滤波

%用中值滤波器去除 RGB 彩色图像中的脉冲噪声

```
close all;clearvars;
Irgb = imread('bigeyemonkey.jpg');%读取一幅 RGB 彩色图像
Idenoi = Irgb; % 通过赋值创建 3 维数组,保存降噪结果
% 向图像的 R,G,B 分量中添加不同密度的椒盐噪声
Irgb = imnoise(Irgb,'salt & pepper',0.1);
% 用同样大小的中值滤波器,分别对图像的 R,G,B 分量进行去噪
Idenoi(:,:,1) = medfilt2(Irgb(:,:,1));
Idenoi(:,:,2) = medfilt2(Irgb(:,:,2));
Idenoi(:,:,3) = medfilt2(Irgb(:,:,3));


% 显示中值滤波处理结果
figure;montage({Irgb, Idenoi});
title('原图像 bigeyemonkey(左)  |   中值滤波降噪结果(右)');
% ------------------------------------------------------------
```

5.6.2 彩色图像的锐化

第 3 章已详细介绍了灰度图像的锐化原理,对彩色图像的锐化时,将 R、G、B 分量看作灰度图像分别锐化,再组合起来,得到最终锐化结果。

1. 用拉普拉斯算子锐化彩色图像

首先用拉普拉斯算子模板对图像 $f(x, y)$ 的 RGB 分量滤波,得到其拉普拉斯二阶偏导数图像,然后原图像各分量减去用强度因子 α 加权的各分量拉普拉斯二阶偏导数图像,即:

$$g(x, y) = f(x, y) - \alpha \nabla^2 f(x, y) \tag{5-27}$$

式中,强度因子 α 用于控制图像锐化的强度。如果使用的拉普拉斯算子滤波模板中心系数为正,那么,式中的减号"—"就要改为加号"+"。对于 8 位 256 级灰度图像而言,$g(x, y)$ 中某些像素灰度值可能超出 $[0, 255]$ 取值范围,需进行饱和处理,方法是将 $g(x, y)$ 中小于 0 的像素灰度值强制为 0,大于 255 的像素灰度值强制为 255。

示例 5-12:用拉普拉斯算子锐化彩色图像

图 5-21 (a) 显示了一幅彩色图片,图 5-21 (b) 显示了用拉普拉斯滤波模板对该图像

(a)　　　　　　　　　　　　　　　　　(b)

图 5-21　采用拉普拉斯算子的彩色图像锐化

(a) 原图像;(b) 强度因子 $\alpha = 1.5$ 时的锐化结果

锐化的结果。由于增强了图像中颜色边缘即轮廓的对比度，图像中梨子表面上的斑点和轮廓等细节比原始图像更加清晰，同时也较好保留了原图像的背景色调。

％采用拉普拉斯算子对彩色图像进行锐化

```
close all;clearvars;

Irgb = imread('pears.png');        ％读取一幅 RGB 彩色图像
Id = double(Irgb);                 ％将原图像数据转换为 double 型
Ismooth = imgaussfilt(Id ,0.5);    ％采用高斯低通滤波器对原图像滤波,降低噪声
alpha = 1.5;％定义锐化强度因子变量并初始化
h = fspecial('laplacian', 0);％生成拉普拉斯滤波模板
fe = imfilter(Ismooth, h, 'replicate');％计算 RGB 分量的拉普拉斯图像
Isharp = Id - alpha * fe;          ％计算锐化图像
Isharp = uint8(Isharp);            ％将锐化后的图像数据类型转换为 uint8 型


％显示结果
figure;montage({Irgb, Isharp});
title('原图像 ｜ 采用 Laplacian 锐化结果');
％-------------------------------------------------------
```

2. 采用钝化掩膜 USM 方法锐化彩色图像

第 3 章中介绍的灰度图像钝化掩膜 USM（Unsharp Masking）图像锐化技术，在天文图像、数字印刷以及其他许多图像处理领域有着非常广泛的应用。钝化掩膜锐化源于传统摄影中的暗室照片冲印技术，由于其简单和灵活，几乎在所有的图像处理软件中都可以找到，通常称 USM 滤镜（Unsharp Masking filter）。

示例 5-15：钝化掩膜（USM）锐化彩色图像

用钝化掩膜图像锐化技术，对图 5-22（a）中的梨子彩色图片进行锐化处理。图 5-22（b）显示了用钝化掩膜 USM 锐化后结果。注意与图 5-21（b）中采用拉普拉斯算子的图像锐化作对比。由于增强了图像中颜色边缘即轮廓的对比度，图像梨子表面上的斑点和轮廓等细节比原始图像更加清晰，同时也较好保留了原图像的背景色调。

(a)　　　　　　　　　　　　　　　　　(b)

图 5-22　采用钝化掩膜（USM）的彩色图像锐化，高斯低通滤波器标准差 $\sigma = 2$、强度因子 $\alpha = 2$ 时
(a) 原图像；(b) 钝化掩膜（USM）的锐化结果

%钝化掩膜（USM）彩色图像锐化

```
close all; clearvars;
Irgb = imread('pears.png');  %读取一幅 RGB 彩色图像
%调用 USM 锐化函数
Iusm = imsharpen(Irgb, 'Radius', 2, 'Amount',2, 'Threshold', 0.01);
%显示结果
figure; montage({Irgb,Iusm});
title('原始图像(左)  │  采用 USM 锐化结果(右)');
%--------------------------------------------------
```

3. 采用同态滤波器增强光照不均匀彩色图像

同态滤波器能对低频分量进行压制，同时对高频分量进行提升，这样可以减少图像中的光照变化，降低图像的明暗反差，增加暗区域亮度、并突出其边缘或轮廓等细节。第 4 章频域滤波中介绍的、由巴特沃斯高通滤波器构造的同态滤波器传递函数，重写如下：

$$H(u,\ v)=\gamma_{\mathrm{L}}+\frac{\gamma_{\mathrm{H}}-\gamma_{\mathrm{L}}}{1+[D_0/D(u,\ v)]^{2n}} \tag{5-28}$$

式（5-28）定义的同态滤波器有 4 个控制参数，调整有一定难度。通常令巴特沃斯高通滤波器的阶次 $n=2$，截止频率 D_0 应足够大，可取滤波器高、宽最大值或至少一半，即 $D_0>0.5*\max(\mathrm{P,\ Q})$，让足够的图像低频分量被保留，保证图像的整体视觉效果不会被过度改变。参数 γ_{L} 用于衰减滤波后图像中的低频分量，大的 γ_{L} 会过多保留原图像的光照特点，因此不宜太大，通常 $\gamma_{\mathrm{L}}<0.5$。参数 γ_{H} 用于提升滤波后图像中的高频分量，也不宜过大。

示例 5-16：同态滤波器增强光照不均匀彩色图像

采用式（5-28）定义的同态滤波器算法，对一幅光照反差强烈的山谷庙宇彩色图像进行频域增强。图 5-23（a）为原图，图 5-23（b）为增强图像，控制参数取值为：$n=2$，$\gamma_{\mathrm{L}}=0.4$，$\gamma_{\mathrm{H}}=1.5$，$D_0=\max(\mathrm{P,\ Q})$。可见，图片中暗处的庙宇、树木等景物的纹理细节及颜色得到恢复和突出，不均匀光照得到明显改善，图像反差也得到适当调整。

(a)　　　　　　　　　　　　　　　　(b)

图 5-23　同态滤波器（Homomorphic Filter）增强不均匀光照彩色图像

(a) 原图像 temple；(b) 同态滤波增强后的图像

编程时采用函数 rgb2hsv 函数将图像从 RGB 颜色空间转换到 HSV 颜色空间，然后仅对明度分量 V 进行同态滤波，再用函数 hsv2rgb 把图像从 HSV 变换到 RGB 颜色空间。需要注意的是，由于明度 V 的在 [0，1] 之间取值，为了保证对数运算计算精度，先将明度 V 映射到 [0，255] 之间，待同态滤波后，再调用函数 mat2gray 将其变换到 [0，1] 之间。

％同态滤波器（Homomorphic Filter）增强不均匀光照彩色图像

```matlab
clearvars; close all;
frgb = imread('temple.jpg');   % 读取一幅 RGB 彩色图像
fhsv = rgb2hsv(frgb);          % 从 RGB 转换到 HSV 颜色空间

% 明度 V 在[0,1]之间取值,为减少计算误差,将之放大,在把最终结果映射到[0,1]
fd = 255 * fhsv(:,:,3);
[M,N] = size(fd);   % 获取图像的大小尺寸
z = log(fd + 1);    % 图像 fd 取对数,得到 z
P = 2 * M; Q = 2 * N% 确定计算线性卷积所需扩展尺寸 P,Q
Zp = fft2(z,P,Q);   % 计算对数图像 z 的 DFT
Zp = fftshift(Zp);  % 对图像频谱作中心化处理

rL = 0.4;rH = 1.5;          % 初始化同态滤波器参数
n = 2;                      % 巴特沃斯高通滤波器的阶次
D0 = 1.0 * max(P,Q);       % 巴特沃斯高通滤波器的截止频率
% 计算同态滤波器频域传递函数 Hof
u = 0:P-1; v = 0:Q-1;
[Va,Ua] = meshgrid(v,u);
Da2 = (Ua-P/2).^2 + (Va-Q/2).^2;
Hof = rL + (rH - rL)./(1 + (D0 * D0./Da2).^n);

% 计算同态滤波后的频谱
Sp = Zp.* Hof;
Sp = ifftshift(Sp);        % 去中心化
sp = real(ifft2(Sp));      % 计算 Sp 的 DFT 反变换,并取实部
s = sp(1:M,1:N);           % 截取 sp 左上角 M * N 的区域
g = exp(s)-1;              % 取 s 自然指数,结果减 1 补偿
g = mat2gray(g);           % 把输出图像的数据映射到[0,1]
fhsv(:,:,3) = g;
grgb = hsv2rgb(fhsv);      % 将图像从 HSV 转换到 RGB 颜色空间

% 显示处理结果
figure;montage({frgb,grgb});
title('原彩色图像 temple  |  同态滤波增强结果');
%------------------------------------------------
```

5.7　伪彩色图像处理

人类视觉对灰度的微小差别不敏感，而对彩色的微小差别较为敏感。伪彩色图像处理（pesudo color image processing）利用这个特性把灰度图像变换为彩色图像，以增强人对图像细微差别的分辨力，广泛应用于 X 射线安检图像、医学图像、红外图像、遥感图像等领域。常用的伪彩色图像处理方法有灰度分层、灰度变换—合成等。

5.7.1　灰度分层

灰度分层是最简单的伪彩色图像处理方法，其基本思想是把图像的灰度级分成若干个区间，并为每个区间定义一种颜色，然后按照每个像素灰度值所属的区间，赋予该像素对应的颜色值：

假定图像的灰度级为 $[0, L-1]$，令 P 表示对灰度图像编码的颜色数量，$1<P\leqslant L$；选取 $P-1$ 个阈值 T_1、T_2、……，T_{P-1}，把灰度值范围 $[0, L-1]$ 划分为 P 个区间 V_k：$[0, T_1)$、$[T_1, T_2)$、……，$[T_{P-1}, L-1]$，并为每个区间定义一种颜色 $C_k=(r_k, g_k, b_k)$，$k = 0, 1, ……, P-1$，建立颜色表（调色板）。灰度图像到彩色图像的变换规则为：如果某像素的灰度值 $r \in V_k$，那么该像素被赋予颜色 C_k，得到的彩色图像可以用 RGB 彩色格式或索引图像格式保存。

灰度分层的关键是灰度区间的划分和编码颜色的选择。灰度区间的划分可以是等间隔均匀划分，也可以非均匀划分。在确定编码颜色方案时，一般按照简单（Simplicity）、一致（Consistency）、清晰（Clarity）的原则选择颜色，例如，如果用 4 种颜色，一般选择红、黄、绿、蓝四色。确定的编码颜色用该颜色的 R、G、B 分量给出，按照对应区间依次保存到一个 $P\times3$ 的数组中，每行保存一种颜色的 R、G、B 分量，形成类似于索引图像的颜色表。像素灰度值变换为彩色时，先确定像素灰度值所属的区间序号 k，然后通过查表法从颜色表第 k 行获取对应颜色的 R、G、B 分量。

示例 5-16：行李 X 射线安检图像的伪彩色处理

X 射线为高频电磁波，其波长很短、能量较大，能穿透一些物体。安检使用的 X 射线属软 X 射线（波长 10～100nm 范围内），相对于短波长的硬 X 射线，其穿透力弱些。输送带将行李送入 X 射线检查通道，触发 X 射线源发射扇形 X 射线束。X 射线束穿过输送带上的被检物品，最后轰击安装在通道内的双能量半导体探测器的靶面。

因被检物品的材质和密度不同，对 X 射线能量的衰减程度也不同，探测器接收到的 X 射线强弱不同，通过信号处理模块把接收到的 X 射线强弱空间分布，转换为一幅灰度图像的明暗变化，借此来判断行李中是否有违禁物品。图 5-24（a）是包裹通过 X 射线安检时产生的灰度图像。

首先用红、黄、绿、蓝 4 色构建了一个颜色表，灰度级等间隔均匀划分为 4 个区间，计算每个像素灰度值所在区间的序号（0 到 3），然后查找颜色表生成伪彩色 RGB 格式图像，或将像素灰度值所在区间序号数组与颜色表结合，得到索引图像格式的伪彩色图像，结果如图 5-24（b）所示。接下来采用 32 种颜色对该灰度图像进行伪彩色处理，颜色表采用 MATLAB 内建 jet 颜色表，并采用 grayslice 计算每个像素灰度值所在的区间序号，结果如图 5-24（c）所示。

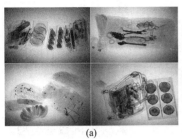 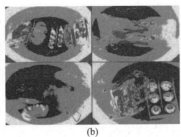 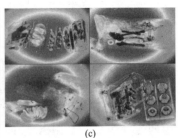

（a）　　　　　　　　　　　　（b）　　　　　　　　　　　　（c）

图 5-24　X-射线安检图像的灰度分层伪彩色处理

（a）X 射线安检包裹灰度图像；（b）自定义 4 色颜色表伪彩色图像；（c）MATLAB 内建 jet32 色伪彩色图像

%灰度分层法伪彩色图像处理

```
close all; clearvars;
Igray = imread('Xraysecuritycheck. jpg');%读取一幅 X 射线灰度图像
[height, width] = size(Igray);%获取图像的尺寸

L = 256;%该图像的灰度级 L = 256
NumColors = 4;%伪彩色图像的颜色数量
%定义一个由红、黄、绿、蓝 4 色组成的颜色表
Cmap = [1.0, 0.0, 0.0; % red
        1.0, 1.0, 0.0; % yellow
        0.0, 1.0, 0.0; % green
        0.0, 0.0, 1.0]; % blue
%计算灰度图像每个像素灰度值所属的区间序号:0～ NumColors-1
%得到索引图像数据数组
Ind = floor(double(Igray) * NumColors/L);
%依据颜色序号,赋予像素相应颜色
Irgb = Cmap(Ind + 1,:) * (L-1);
Irgb = reshape(Irgb, [height, width,3]);
%把索引图像数据数组和 RGB 图像数组数据格式转换为 uint8 型
Ind = uint8(Ind);
Irgb = uint8(Irgb);
%显示处理结果
figure,imshow(Igray); title('原 X 射线灰度图像)');
figure,imshow(Ind,Cmap); title('4 色伪彩色图像(索引图像格式)');
figure,imshow(Irgb); title('4 色伪彩色图像(RGB 图像格式)');
%定义伪彩色图像的颜色数量
```

```
NumColors = 32;
Ind2 = grayslice(Igray,NumColors);%调用多阈值分割函数进行灰度分层
%采用 MATLAB 内建颜色表 jet 为图像创建 32 色颜色表
Cmap2 = jet(NumColors);
figure,imshow(Ind2,Cmap2);title('32 色伪彩色图像(索引图像格式)');
%————————————————————————————————————————
```

1. 将灰度图像转换为索引图像的函数 grayslice

格式：X = grayslice(I, n)

采用多阈值分割方法，将输入灰度图像 I 转换为具有 n 个索引号的索引图像，保存到返回变量 X 中，数组 X 与 I 具有相同维度。如果 n 小于或等于 256，数组 X 的数据类型为 uint8；如果 n 大于 256、小于或等于 65535，则数组 X 的数据类型为 uint16。选择合适的颜色表 map，与数组 X 结合就可以得到对应伪彩色图像。MATLAB 提供了一些内建颜色表，如 jet、spring、summer、winter、autumn、hot 等，关于内建颜色表，可参考 colormap 函数帮助。

2. 标记图像转换为 RGB 彩色图像函数 label2rgb

格式 1：RGB = label2rgb(L)

将标记矩阵 L 转换为 RGB 彩色图像，函数根据矩阵 L 中标记区域的数量选择颜色并为每个连通区域赋色。标记矩阵 L 可为函数 labelmatrix，bwlabel，bwlabeln，watershed 等的返回值，默认将背景 0 赋色为白色。

格式 2：RGB = label2rgb (L, cmap)

依据给定的颜色表 cmap 将标记矩阵 L 转换为 RGB 彩色图像。

格式 3：RGB = label2rgb (L, cmap, zerocolor)

依据给定的颜色表 cmap 和背景 0 的颜色，将标记矩阵 L 转换为 RGB 彩色图像。zerocolor 可以用行向量 [r, g, b] 给出颜色（r, g, b 在 0~1 之间取值），或用颜色的缩写字符，如'b'蓝色 blue、'r'红色 red 等。

5.7.2 灰度变换—合成

灰度变换—合成方法的基本思想是将灰度图像每个像素的灰度值，通过三个不同的变换函数得到三个值，把这三个值看作是该像素颜色的 R、G、B 分量值，合成得到一幅 RGB 彩色图像。即：

$$\begin{cases} R = T_R(r) \\ G = T_G(r) \\ B = T_B(r) \end{cases} \tag{5-29}$$

式中，$T_R(\ )$、$T_G(\ )$、$T_B(\ )$ 分别表示获取 R、G、B 分量的变换函数；r 表示输入灰度图像的灰度值。

灰度变换—合成方法的关键是根据应用选择合适的变换函数。对于上例的 X 射线安检图像，可以选择三个相位不同的正弦函数作为变换函数，即：

$$R = |\sin(2\pi \cdot f \cdot r)|$$
$$G = |\sin(2\pi \cdot f \cdot r + 0.25 \cdot p)| \qquad (5\text{-}30)$$
$$B = |\sin(2\pi \cdot f \cdot r + 0.5 \cdot p)|$$

式中，r 表示输入灰度图像的灰度值；f 为频率；p 为初相位控制参数，取不同的值可以控制得到的伪彩色图像效果。

示例 5-17：行李 X 射线安检图像的灰度变换-合成法伪彩色图像处理

采用式（5-30）给出的一组正弦函数，对上例中的行李 X 射线安检图像进行伪彩色处理，图 5-25（b）给出了控制参数 $f = 0.5$、$p = \pi/4$ 时得到伪彩色图像，图像中硬质物体用区别度较大的颜色显示，提高了物体的区别度。

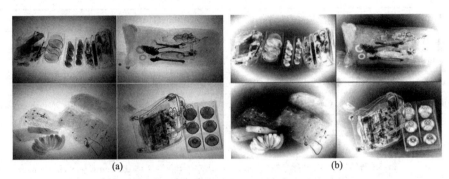

图 5-25　X 射线安检图像的灰度变换-合成伪彩色处理
(a) X 射线安检包裹灰度图像；(b) 灰度变换-合成得到的伪彩色图像

%灰度变换—合成法伪彩色图像处理

```
close all;clearvars;
Igray = imread('Xraysecuritycheck.jpg');%读取一幅 X 射线灰度图像
Igray = im2double(Igray);      %将图像数据格式转换为 double 型
[height, width] = size(Igray); %获取图像的尺寸

%创建三维数组,保存得到的 RGB 格式的伪彩色图像
Irgb = zeros(height,width,3);
%定义变换函数的控制参数
freq = 0.5;        %Frequency
phase = 0.25 * pi; %Phase
%采用相位不同的正弦函数,计算 RGB 分量的变换值
Irgb(:,:,1) = abs(sin(2 * pi * freq * Igray));
Irgb(:,:,2) = abs(sin(2 * pi * freq * Igray + 0.25 * phase));
Irgb(:,:,3) = abs(sin(2 * pi * freq * Igray + 0.5 * phase));
rgb = im2uint8(Irgb);%将图像数据类型转换为 uint8

%显示处理结果
```

```
figure,imshow(Igray);title('原 X 射线灰度图像)');
figure,imshow(Irgb);title('灰度变换—合成法得到的伪彩色图像');
%------------------------------------------------------------------
```

5.8 MATLAB 图像处理工具箱中的彩色图像处理函数简介

下表列出了 MATLAB 工具箱中与彩色图像处理相关的函数及其功能，以便对照学习。

函数名	功能描述
rgb2gray	RGB 彩色图像转换为灰度图像，Convert RGB image or colormap to grayscale
ind2gray	索引图像转换为灰度图像，Convert indexed image to grayscale image
grayslice	灰度图像转换为索引图像，Convert grayscale image to indexed image
ind2rgb	索引图像转换为 RGB 彩色图像，Convert indexed image to RGB image
rgb2ind	RGB 图像转换为索引图像，converts the RGB image to an indexed image X with colormap map
label2rgb	标记矩阵转换为 RGB 彩色图像，Convert label matrix into RGB image
colormap	设置和获取系统当前颜色表，Set and get current colormap
rgb2hsv	RGB 转换为 HSV 颜色空间，converts the RGB image to the equivalent HSV image
hsv2rgb	HSV 转换为 RGB 颜色空间，converts the HSV image to the equivalent RGB image
rgb2ntsc	RGB 转换为 NTSC(YIQ)颜色空间，Convert RGB color values to NTSC color space
ntsc2rgb	NTSC(YIQ)转换为 RGB 颜色空间，Convert NTSC values to RGB color space
rgb2ycbcr	RGB 转换为 YCbCr 颜色空间，Convert RGB color values to YCbCr color space
ycbcr2rgb	YCbCr 转换为 RGB 颜色空间，Convert YCbCr color values to RGB color space
makecform	创建颜色转换结构，Create color transformation structure
applycform	应用设备无关的颜色空间转换，Apply device-independent color space transformation

 习题 ▶▶▶

5.1 三原色是何含义？与颜色的视觉属性有何关系？

5.2 什么是色域？色域大小受哪些因素影响？试举例说明。

5.3 亮度学和色度学的研究内容是什么？

5.4 颜色模型（或颜色空间）有何作用？

5.5 在影视拍摄时常采用"蓝幕"或"绿幕"抠图技术，请解释这样做的原因。

5.6 对彩色图像进行变换和滤波处理时，应遵循哪些原则？

5.7 简述伪彩色图像处理的常用方法。

 上机练习 ▶▶▶

E5.1 编辑本章各示例代码建立 MATLAB 脚本或函数 m 文件，保存运行，注意观察并分析运行结果。也可打开实时脚本文件 Ch5 _ ColorImageProcessing. mlx，逐节运行，熟悉本章给出的示例程序。

E5.2 请利用互联网搜索一幅"森林火险气象等级预报"的伪彩色图像并保存，然后按照图中所给颜色图例将图像转换为灰度图像，再将该灰度图像用不同的颜色表转换为伪彩色图像。注意观察灰度图像和彩色图像信息表示的有效性差异。

E5.3 根据 5.5 节介绍的彩色图像饱和度调整方法，编程实现只对彩色图像中用户选择的兴趣区域 ROI（Region of Interest）进行饱和度调整，譬如一个矩形、圆形区域或移动鼠标绘制的封闭区域，将其转换为灰度图像。参考 MATLAB 帮助文档中有关"ROI-Based Processing"。

图像几何变换

图像几何变换（Image Geometric Transformation）是通过改变像素的位置来改变图像中物体的几何结构和形状，广泛应用于图像配准（Image Register）、计算机图形学（Computer Graphics）、计算机视觉（Computer Vision）、视觉特效（Visual Effects）等领域。

6.1 图像几何变换原理

图像几何变换由空间坐标变换（Coordinate Transformation）和灰度插值（Intensity Interpolation）两个基本步骤组成。

6.1.1 空间坐标变换

1. 前向映射

图像几何变换首先要建立像素坐标变换函数，又称坐标映射函数，以描述源图像（输入图像）与目标图像（输出图像）各像素坐标之间的对应关系，然后利用该坐标变换函数将源图像像素坐标 $(x，y)$，映射到目标图像中的一个新位置 $(x'，y')$。

从源图像到目标图像的坐标变换，称**前向映射**（Forward Mapping），坐标变换函数可表示为：

$$\begin{cases} x' = T_x(x，y) \\ y' = T_y(x，y) \end{cases} \tag{6-1}$$

式中，源图像像素坐标 $(x，y)$ 为整数值，但变换结果 $(x'，y')$ 不一定是整数值。如果 $(x'，y')$ 的值是整数，那么，将源像素 $(x，y)$ 的灰度值或颜色值直接赋给目标像素 $(x'，y')$ 即可。如果 $(x'，y')$ 为小数，则表明其位于几个像素中间，如图 6-1 所示，源图像像素 $(x，y)$，通过坐标变换函数 T 得到相应的目标位置 $(x'，y')$。目标位置 $(x'，y')$ 一般不会正好落在离散栅格点上，而是位于几个像素之间。此时就不能简单地对目标像素直接赋值。

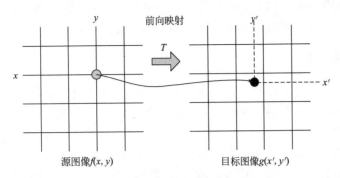

图 6-1　前向映射示意（由源图像到目标图像）

前向映射的另一个问题是，目标图像中的一些像素可能根本没有被赋值，从而产生一些空洞。另外，还可能出现目标像素和多个源像素对应的情况。鉴于这些复杂情况，图像几何变换一般不采用前向映射方法。

2. 后向映射

从目标图像到源图像的坐标变换，称**后向映射**（backward mapping），它将目标图像像素的离散坐标 (x', y') 经式（6-1）的逆函数，映射为源图像像素坐标 (x, y)，即：

$$\begin{cases} x = T_x^{-1}(x', y') \\ y = T_y^{-1}(x', y') \end{cases} \qquad (6-2)$$

式中，目标像素坐标 (x', y') 为整数值，但变换结果 (x, y) 的值不一定是整数。如果 (x, y) 是整数值坐标，那么只需简单地把源图像 (x, y) 处的像素灰度值或颜色值赋给目标像素 (x', y')；如果坐标 (x, y) 不是整数值，那就意味着没有一个确定的源像素与之对应，而是位于几个像素之间，如图 6-2 所示，目标图像各像素坐标 (x', y')，经逆变换函数 T^{-1} 计算得到其在源图像中的对应位置 (x, y)。因此，需要利用坐标 (x, y) 周围相邻像素信息，估计 (x, y) 处的灰度值或颜色值，然后把该估计值赋给目标像素 (x', y')。这样，就必须利用 (x, y) 周围像素信息，来估计 (x, y) 处的灰度值或颜色值，然后把该估计值赋给目标像素 (x', y')，这个过程称为**灰度插值**。当由逆变换函数得到的坐标 (x, y) 不在源图像范围内，一般将目标像素 (x', y') 的灰度值或颜色值设为常数（如 0，255 或其他值）。

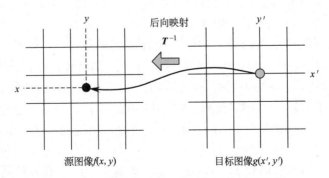

图 6-2　后向映射示意（由目标图像到源图像）

后向映射主要优点是，对目标图像中每一像素都进行一次坐标变换计算和赋值，不会产生空洞和重叠。因此，后向映射被广泛应用于图像几何变换。

6.1.2　灰度插值

数字图像像素坐标是离散整数值，而坐标变换函数及其逆变换函数一般是连续函数，计算得到的坐标不一定是整数。如何给目标像素赋值，是影响图像几何变换计算速度和输出图像质量的关键。

插值是根据给定的离散数据样本，拟合出一个连续函数，然后利用该函数估计其他位置自变量的近似函数值。图像灰度插值利用源图像坐标 (x, y) 周围像素的信息，估计 (x, y) 处的灰度值或颜色值，然后把该估计值赋给目标像素 (x', y')。

灰度插值也是常用的图像重采样方法，用于增加或减少数字图像像素的数量。例如，数码相机常用灰度插值方法创造出比传感器实际像素更多的图像，或对图像局部放大实现数码变焦。灰度插值应尽可能保留图像细节，避免产生视觉上的人工痕迹，如振铃或者莫尔条纹现象。

常用的灰度插值方法有：最近邻插值（Nearest Neighborhood Interpolation）、双线性插值（Bilinear Interpolation）、双三次插值（Bicubic Interpolation）等。

6.2　灰度插值

插值是从离散样本集合重建原始连续函数的方法。在图像几何变换中，由后向映射得到的坐标 (x, y) 若不是整数，则点 (x, y) 位于几个像素之间，不与源图像中某一像素相对应，这就需要利用坐标 (x, y) 周围邻域像素，通过插值方法，估计坐标 (x, y) 处的灰度值或颜色值，然后赋值给目标像素 (x', y')。

6.2.1　一维插值

为了说明图像灰度插值原理，首先介绍一维插值方法。一维插值问题可以描述为：

假定 $f(x)$ 是定义在区间 $[a, b]$ 上的未知实函数，已知其在区间 $[a, b]$ 内 n 个不同点 $x_0, x_1, x_2, \cdots\cdots, x_{n-1}$ 的函数值 $f(x_0), f(x_1), f(x_2), \cdots\cdots, f(x_{n-1})$，要求估计区间 $[a, b]$ 内任意一点 x^* 的函数值 $f(x^*)$。

求解一维插值问题的基本思路是构造一个连续实函数 $\hat{f}(x)$ 逼近 $f(x)$，满足条件 $\hat{f}(x_j)=f(x_j)$，$j=0, 1, 2, \cdots\cdots, n-1$。此处，$x_j$ 称为插值节点，即样本点，$\hat{f}(x)$ 称为插值函数，$\hat{f}(x_j)=f(x_j)$ 称为插值条件。利用插值条件求出插值函数 $\hat{f}(x)$ 的参数，然后就可以利用该插值函数 $\hat{f}(x)$ 估计插值点 x^* 的函数值 $\hat{f}(x^*)$。当插值点 x^* 位于包含 $x_0, x_1, x_2, \cdots\cdots, x_{n-1}$ 的最小闭区间 $[a, b]$ 内时，相应的插值称为内插，否则称为外插。

图 6-3（a）为一维连续函数 $f(x)$，图 6-3（b）是对 $f(x)$ 采样得到的离散序列。图 6-3（c）为对图（b）的最近邻插值结果，它选择离插值点 x^* 最近的节点 x_j 的函数值 $f(x_j)$ 作为 x^* 函数值的估计 $\hat{f}(x^*)$。图 6-3（d）为对图（b）的线性插值结果，它用连

接相邻样本值 $f(x_j)$ 和 $f(x_{j+1})$ 的一个分段线性函数作为插值函数。显然，线性插值要比最近邻插值更接近图（a）中的连续函数 $f(x)$。

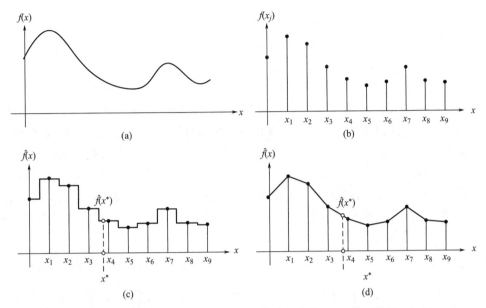

图 6-3　一维离散函数插值示意，目的是估计任意位置 x^* 的函数值 $f(x^*)$

（a）连续函数；（b）离散序列；（c）最近邻插值结果；（d）线性插值结果

1. 最近邻插值

最近邻插值（Nearest Neighborhood Interpolation）是最简单的插值方法，它把离插值点 x^* 最近的节点 x_j 的函数值 $f(x_j)$ 作为插值函数 $\hat{f}(x^*)$ 的估计值，即：

$$\hat{f}(x^*) = f(x_j) \tag{6-3}$$

其中，x_j 是对插值点 x^* 四舍五入取整的结果，或写成：

$$x_j = \lfloor x^* + 0.5 \rfloor \tag{6-4}$$

式中，符号 $\lfloor x \rfloor$ 的功能是"向下取整"，即取不大于 x 的最大整数（向下取整是取数轴上最接近 x 的左边的整数值）。

2. 线性插值

线性插值（linear interpolation）函数 $\hat{f}(x)$ 可表示为：

$$\hat{f}(x) = a_1 + a_2 x \tag{6-5}$$

式中，a_1、a_2 为系数。找到距插值点 x^* 最近的两个节点 $[x_j, f(x_j)]$ 和 $[x_{j+1}, f(x_{j+1})]$，其中 $x_j = \lfloor x^* \rfloor$，代入上式，得到两个方程：

$$\begin{cases} \hat{f}(x_j) = a_1 + a_2 x_j \\ \hat{f}(x_{j+1}) = a_1 + a_2 x_{j+1} \end{cases} \tag{6-6}$$

联立解得：

$$a_1 = \frac{x_{j+1} \cdot f(x_j) - x_j \cdot f(x_{j+1})}{x_{j+1} - x_j}, \quad a_2 = \frac{f(x_j) - f(x_{j+1})}{x_{j+1} - x_j} \tag{6-7}$$

代入式（6-5），得到一维线性插值函数 $\hat{f}(x)$：

$$\hat{f}(x) = \frac{x_{j+1} \cdot f(x_j) - x_j \cdot f(x_{j+1})}{x_{j+1} - x_j} + \frac{f(x_{j+1}) - f(x_j)}{x_{j+1} - x_j} \cdot x \tag{6-8}$$

$$= \frac{x_{j+1} - x}{x_{j+1} - x_j} \cdot f(x_j) + \frac{x - x_j}{x_{j+1} - x_j} \cdot f(x_{j+1})$$

也可利用直线方程的两点式，得到上述结果。如果采样间隔为 1（节点间距为 1），即 $x_{j+1} = x_j + 1$，上式可简化为：

$$\hat{f}(x) = (x_j + 1 - x) \cdot f(x_j) + (x - x_j) \cdot f(x_j + 1) \tag{6-9}$$

可见，点 x^* 的线性插值是距其最近的两个节点样本值 $f(x_j)$ 和 $f(x_{j+1})$ 的加权和，样本节点的权重与其到插值点 x^* 的距离相关，距离越近，权值越大。线性插值的本质，是用连接两个节点 $[x_j, f(x_j)]$ 和 $[x_{j+1}, f(x_{j+1})]$ 的直线段来近似函数 $f(x)$。

3. 三次插值

三次插值因采用**三次多项式**作为插值核函数而得名，又称立方插值（cubic interpolation）。离散序列 $f(x)$ 的插值函数 $\hat{f}(x)$，可表示为离散序列 $f(x)$ 与一个连续插值核函数 $w(x)$ 的线性卷积，即：

$$\hat{f}(x) = w(x) * f(x) = \sum_{m=-\infty}^{\infty} w(x-m) f(m) \tag{6-10}$$

式中，插值核函数 $w(x)$ 相当于一个权值函数，$(x-m)$ 为插值点 x 到样本节点 m 的距离。因此，三次插值本质上也是将节点样本值的加权和，作为插值点 x^* 函数值的估计。

常用的三次插值核函数 $w(x)$ 是对 Sinc 函数的截短近似，定义为一个分段三次多项式：

$$w(x) = \begin{cases} (a+2)|x|^3 - (a+3)|x|^2 + 1, & \text{当} |x| < 1 \\ a|x|^3 - 5a|x|^2 + 8a|x| - 4a, & \text{当} 1 \leqslant |x| < 2 \\ 0, & \text{其他} \end{cases} \tag{6-11}$$

式中，参数 a 用于控制 $w(x)$ 的陡峭程度，影响插值函数在信号变化处的"过冲"，进而影响插值信号边缘变化的锐度，一般取 $a = -0.5$、-0.75 或 -1，如图 6-4 所示。注意，当 $x = 0$ 时，$w(0) = 1$；当 x 为其他非 0 整数时，$w(x) = 0$。这样就保证了采用式（6-10）得到的插值函数满足插值条件 $\hat{f}(x_j) = f(x_j)$。

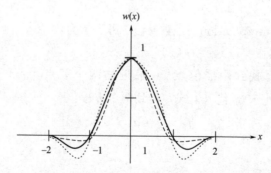

控制参数 $a = -0.25$（短划线），$a = -1$（实线），$a = -1.75$（点虚线）。

图 6-4　一维三次插值核函数 $w(x)$

三次插值核函数 $w(x)$ 的延展范围较小，当 $|x|\geqslant 2$ 时，$w(x)=0$，所以对任意位置 x^* 插值时，式（6-10）的运算只需要四个离散值：

$$f(x_0-1),\ f(x_0),\ f(x_0+1),\ f(x_0+2)；\ 其中：x_0=\lfloor x^*\rfloor$$

这样，就可以把式（6-10）的三次插值函数可简化为：

$$\hat{f}(x^*)=\sum_{u=x_0-1}^{x_0+2}w(x^*-u)\cdot f(u) \tag{6-12}$$

6.2.2 二维插值

数字图像是二维离散信号，图像的灰度插值和一维插值方法很相似，可以分解为多次一维插值来实现，如双线性插值、双三次插值等。

1. 最近邻插值

如图 6-5 所示，最近邻插值把离插值点 (x,y) 最近的像素 (x_n,y_n) 的灰度值或颜色值 $f(x_n,y_n)$，作为插值点 (x,y) 的灰度或颜色估计值，即：

$$\hat{f}(x,y)=f(x_n,y_n)，\qquad 其中：x_n=\lfloor x+0.5\rfloor，y_n=\lfloor y+0.5\rfloor \tag{6-13}$$

式中，符号 $\lfloor x\rfloor$ 的功能是"向下取整"，即取不大于 x 的最大整数。最近邻插值计算量小，但插值后的图像有很强的块状效应，锯齿波现象明显。

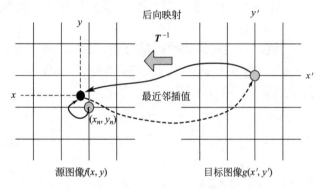

图 6-5　最近邻插值

2. 双线性插值

双线性插值（bilinear interpolation）把二维线性插值分解为两个维度上的一维线性插值。给定插值点 (x,y)，首先从源图像 f 中找到离 (x,y) 最近的四个像素 p_1、p_2、p_3、p_4，如图 6-6 所示，给定插值点 (x,y)，利用其周围最近的四个像素 p_1、p_2、p_3、p_4 通过两步一维线性插值得到其灰度值的估计值。首先，沿 x 方向上分别利用 p_1、p_3 和 p_2、p_4 进行一维线性插值，得到点 (x,y_0)、(x,y_0+1) 的插值。然后，沿 y 方向上利用上述两点对 (x,y) 进行插值，得到最后结果。这四个像素的坐标由下式给出：

$$p_1=(x_0,y_0)，\quad p_2=(x_0,y_0+1)，\quad p_3=(x_0+1,y_0)，\quad p_4=(x_0+1,y_0+1)$$

$$\tag{6-14}$$

其中，(x_0,y_0) 是插值点坐标值 (x,y) "向下取整"的结果，即：$x_0=\lfloor x\rfloor$，$y_0=\lfloor y\rfloor$

为简单起见，分别用 f_{00}、f_{01}、f_{10}、f_{11} 表示像素 p_1、p_2、p_3、p_4 的灰度值。首先沿 x 方向进行插值，利用 p_1、p_3 这两个像素，得到点 (x,y_0) 的插值 $\hat{f}(x,y_0)$；利

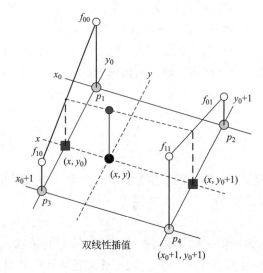

图 6-6　双线性插值原理

用 p_2、p_4 这两个像素，得到点 (x, y_0+1) 的插值 $\hat{f}(x, y_0+1)$。然后，再利用 (x, y_0) 和 (x, y_0+1) 这两点，沿 y 方向插值，最终得到插值点 (x, y) 的估计值。由于插值过程分解为沿 x、y 坐标轴方向的两步一维线性插值，因此称为双线性插值。

步骤如下：

（1）沿 x 方向进行插值，采用一维线性插值公式（6-9），利用像素 p_1、p_3 计算点 (x, y_0) 的插值 $\hat{f}(x, y_0)$，用 p_2、p_4 计算点 (x, y_0+1) 的插值 $\hat{f}(x, y_0+1)$，即：

$$\hat{f}(x, y_0) = (x_0+1-x) \cdot f_{00} + (x-x_0) \cdot f_{10}$$
$$\hat{f}(x, y_0+1) = (x_0+1-x) \cdot f_{01} + (x-x_0) \cdot f_{11} \tag{6-15}$$

（2）利用上述 (x, y_0)、(x, y_0+1) 两点，沿 y 方向作一维线性插值，最终得到 (x, y) 的估计值：

$$\begin{aligned}\hat{f}(x, y) &= (y_0+1-y) \cdot \hat{f}(x, y_0) + (y-y_0) \cdot \hat{f}(x, y_0+1) \\ &= (x_0+1-x)(y_0+1-y) \cdot f_{00} + (x-x_0)(y_0+1-y) \cdot f_{10} \\ &\quad + (x_0+1-x)(y-y_0) \cdot f_{01} + (x-x_0)(y-y_0) \cdot f_{11}\end{aligned}$$
$$\tag{6-16}$$

由式（6-16）可见，点 (x, y) 的双线性插值，是距其最近的周围四个像素灰度值的加权和，节点像素离插值点 (x, y) 距离越近，其权值就越大。双线性插值对变换后的输出图像具有平滑作用，可能导致图像细节产生模糊，这种现象在进行图像放大时尤其明显。

3. 双三次插值

又称双立方插值（bicubic interpolation），它把二维三次插值过程分解为分别沿 x 方向和 y 方向的一维三次插值，用到了插值点 (x, y) 周围最接近的 $4×4$ 邻域中的 16 个像素，如图 6-7 所示。

二维三次插值的卷积核定义为两个一维三次插值卷积核的乘积：

$$w_{\text{bic}}(x, y) = w(x) \cdot w(y) \tag{6-17}$$

由于 x 和 y 不相关，因此，双三次插值函数可表示为：

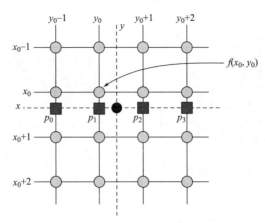

源图像像素位置用淡灰色圆表示，插值点（x，y）用黑色圆表示，中间点用矩形表示。

图 6-7　双三次插值的计算步骤

$$\hat{f}(x，y)=\sum_{n=y_0-1}^{y_0+2}\Big[\sum_{m=x_0-1}^{x_0+2}\big[w_{\mathrm{bic}}(x-m，y-n)f(m，n)\big]\Big]$$

$$，\text{其中：}x_0=\lfloor x\rfloor，\quad y_0=\lfloor y\rfloor$$

$$=\sum_{n=y_0-1}^{y_0+2}\Big[w(y-n)\sum_{m=x_0-1}^{x_0+2}\big[w(x-m)f(m，n)\big]\Big]$$

(6-18)

插值点（x，y）的双三次插值，本质上是其周围最近的 16 个像素灰度值的加权平均。因此，双三次插值是一种更加复杂的插值方式，它能产生比最近邻插值和双线性插值更平滑的图像边缘，同时所需计算量也大。

双三次插值的计算步骤如下：

（1）沿 x 方向用第 j 列的四个像素进行一维三次插值得到的中间结果 p_j，共处理四列，得到四个中间点 p_0，p_1，p_2，p_3。

（2）再利用这四个中间点 p_0，p_1，p_2，p_3，沿 y 方向进行一维三次插值，得到插值点（x，y）的最终结果 $\hat{f}(x，y)$。

6.3　图像的基本几何变换

图像的基本几何变换包括平移变换、比例变换、旋转变换和剪切变换等。为叙述方便，本书约定图像左上角为坐标系的原点，x 轴垂直向下、y 轴水平向右。编程时则采用 MATLAB 图像坐标系，即图像左上角为原点，x 轴水平向右、y 轴垂直向下。

6.3.1　平移变换

图像平移变换（translation transformation）把图像沿 x 方向或/和 y 方向，移动给定的偏移量 Δx、Δy，如图 6-8（a）所示。其坐标变换函数定义为：

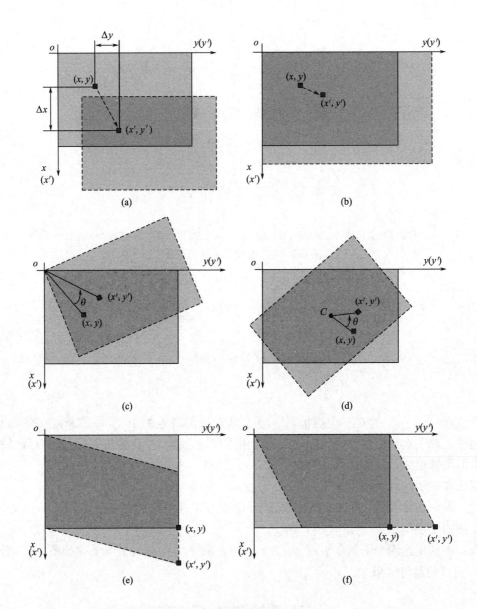

给出了典型像素之间的坐标映射关系，原图用实线表示，变换后的图像边界用虚线表示。

图 6-8　基本空间坐标变换

（a）平移变换；（b）缩放变换；（c）旋转变换（绕图像左上角坐标系原点）；（d）旋转变换（绕图像中心 C 旋转）；
（e）剪切变换（沿 x 方向，$bx = 0.25$）；（f）剪切变换（沿 y 方向，$by = 0.25$）

$$\begin{cases} x' = x + \Delta x \\ y' = y + \Delta y \end{cases} \tag{6-19}$$

或写成向量形式：

$$\begin{bmatrix} x' \\ y' \end{bmatrix} = \begin{bmatrix} 1 & 0 \\ 0 & 1 \end{bmatrix} \begin{bmatrix} x \\ y \end{bmatrix} + \begin{bmatrix} \Delta x \\ \Delta y \end{bmatrix} \tag{6-20}$$

6.3.2　缩放变换

图像缩放变换（scale transformation）将图像沿 x 方向或/和 y 方向分别缩小或放大 s_x 和 s_y 倍，如图 6-8（b）。其坐标变换函数定义为：

$$\begin{cases} x' = s_x \cdot x \\ y' = s_y \cdot y \end{cases} \tag{6-21}$$

或写成向量形式：

$$\begin{bmatrix} x' \\ y' \end{bmatrix} = \begin{bmatrix} s_x & 0 \\ 0 & s_y \end{bmatrix} \begin{bmatrix} x \\ y \end{bmatrix} \tag{6-22}$$

例如，把一幅宽×高为 300×200 像素的图像缩放为 600×100，那么，x 方向（高度）的比例因子 $s_x = 100/200 = 0.5$，y 方向（宽度）的比例因子 $s_y = 600/300 = 2$。这意味着原图像中位于 $(x, y) = (100, 100)$ 处的像素，被映射到输出图像中的一个新位置 $(x', y') = (100 \times 0.5, 100 \times 2) = (50, 200)$。

6.3.3　旋转变换

图像旋转变换（rotation transformation），将图像绕坐标原点旋转角度 θ，如图 6-8（c）所示。逆时针方向旋转时 θ 取正值；顺时针方向旋转时 θ 取负值。其坐标变换函数定义为：

$$\begin{cases} x' = x \cdot \cos\theta - y \cdot \sin\theta \\ y' = x \cdot \sin\theta + y \cdot \cos\theta \end{cases} \tag{6-23}$$

或写成向量形式：

$$\begin{bmatrix} x' \\ y' \end{bmatrix} = \begin{bmatrix} \cos\theta & -\sin\theta \\ \sin\theta & \cos\theta \end{bmatrix} \begin{bmatrix} x \\ y \end{bmatrix} \tag{6-24}$$

如果将图像绕图像中心旋转角度 θ，如图 6-8（d）所示，并假定原图像的高、宽分别为 H、W，相应的坐标变换函数为：

$$\begin{cases} x' = (x - \dfrac{H}{2}) \cdot \cos\theta - (y - \dfrac{W}{2}) \cdot \sin\theta + \dfrac{H}{2} \\ y' = (x - \dfrac{H}{2}) \cdot \sin\theta + (y - \dfrac{W}{2}) \cdot \cos\theta + \dfrac{W}{2} \end{cases} \tag{6-25}$$

6.3.4　剪切变换

图像剪切变换（shear transformation）又称"错切变换"，将图像像素沿 x 方向或 y 方向产生不等量移动而引起的图像变形，如图 6-8（e）、（f）所示。位移量分别用因子 b_x 和 b_y 给出。注意：剪切变换每次只能在一个坐标方向上进行，需将另一个方向的因子设为零，变换函数定义为：

$$\begin{cases} x' = x + b_x \cdot y \\ y' = y + b_y \cdot x \end{cases} \tag{6-26}$$

或写成向量形式：

$$\begin{bmatrix} x' \\ y' \end{bmatrix} = \begin{bmatrix} 1 & b_x \\ b_y & 1 \end{bmatrix} \begin{bmatrix} x \\ y \end{bmatrix} \tag{6-27}$$

6.3.5 齐次坐标与几何变换矩阵

齐次坐标（Homogeneous coordinates）提供了一种用矩阵运算把二维、三维甚至高维空间中的点，从一个坐标系变换到另一个坐标系的有效运算方法。齐次坐标在笛卡尔直角坐标向量的基础上额外增加一个分量 h，用 $n+1$ 个分量来描述笛卡尔直角坐标系中的 n 维坐标向量。例如，当 $h \neq 0$ 时，二维平面上的点 (x, y)、三维空间中的点 (x, y, z) 对应的齐次坐标为：

$$\begin{bmatrix} x \\ y \end{bmatrix} \underset{\text{笛卡尔坐标}}{\overset{\text{齐次坐标}}{\rightleftharpoons}} \begin{bmatrix} h \cdot x \\ h \cdot y \\ h \end{bmatrix}, \qquad \begin{bmatrix} x \\ y \\ z \end{bmatrix} \underset{\text{笛卡尔坐标}}{\overset{\text{齐次坐标}}{\rightleftharpoons}} \begin{bmatrix} h \cdot x \\ h \cdot y \\ h \cdot z \\ h \end{bmatrix} \tag{6-28}$$

由式（6-28）可以看出，一个笛卡尔坐标向量的齐次坐标不是唯一的，当 h 取不同值时表示的都是笛卡尔坐标系中同一个点。例如，笛卡尔坐标 $(1, 2)$，对应的齐次坐标可以是 $(1, 2, 1)$ 或 $(2, 4, 2)$。如果已知点的齐次坐标向量 (x, y, h)，相应的笛卡尔坐标可以用齐次坐标前 n 个分量除以最后一个分量来获得，即 $(x/h, y/h)$。当 h 取 1 时，称规范化齐次坐标：

$$\begin{bmatrix} x \\ y \end{bmatrix} \underset{\text{笛卡尔坐标}}{\overset{\text{规范化齐次坐标}}{\rightleftharpoons}} \begin{bmatrix} x \\ y \\ 1 \end{bmatrix}, \qquad \begin{bmatrix} x \\ y \\ z \end{bmatrix} \underset{\text{笛卡尔坐标}}{\overset{\text{规范化齐次坐标}}{\rightleftharpoons}} \begin{bmatrix} x \\ y \\ z \\ 1 \end{bmatrix} \tag{6-29}$$

特别地，齐次坐标向量 $(x, y, 0)$ 或 $(x, y, z, 0)$，则表示了笛卡尔坐标系中无穷远处的一个点。

采用规范化齐次坐标，就可以将平移、旋转、缩放和剪切等坐标变换函数，统一为矩阵和向量相乘的简洁表达式：

（1）平移变换：

$$\begin{bmatrix} x' \\ y' \\ 1 \end{bmatrix} = \begin{bmatrix} 1 & 0 & \Delta x \\ 0 & 1 & \Delta y \\ 0 & 0 & 1 \end{bmatrix} \begin{bmatrix} x \\ y \\ 1 \end{bmatrix} \tag{6-30}$$

（2）缩放变换：

$$\begin{bmatrix} x' \\ y' \\ 1 \end{bmatrix} = \begin{bmatrix} s_x & 0 & 0 \\ 0 & s_y & 0 \\ 0 & 0 & 1 \end{bmatrix} \begin{bmatrix} x \\ y \\ 1 \end{bmatrix} \tag{6-31}$$

（3）旋转变换：

$$\begin{bmatrix} x' \\ y' \\ 1 \end{bmatrix} = \begin{bmatrix} \cos\theta & -\sin\theta & 0 \\ \sin\theta & \cos\theta & 0 \\ 0 & 0 & 1 \end{bmatrix} \begin{bmatrix} x \\ y \\ 1 \end{bmatrix} \quad \text{（绕图像原点）} \tag{6-32}$$

$$\begin{bmatrix} x' \\ y' \\ 1 \end{bmatrix} = \begin{bmatrix} 1 & 0 & \dfrac{H}{2} \\ 0 & 1 & \dfrac{W}{2} \\ 0 & 0 & 1 \end{bmatrix} \begin{bmatrix} \cos\theta & -\sin\theta & 0 \\ \sin\theta & \cos\theta & 0 \\ 0 & 0 & 1 \end{bmatrix} \begin{bmatrix} 1 & 0 & -\dfrac{H}{2} \\ 0 & 1 & -\dfrac{W}{2} \\ 0 & 0 & 1 \end{bmatrix} \begin{bmatrix} x \\ y \\ 1 \end{bmatrix} \quad (绕图像中心) \quad (6\text{-}33)$$

（4）剪切变换：

$$\begin{bmatrix} x' \\ y' \\ 1 \end{bmatrix} = \begin{bmatrix} 1 & b_x & 0 \\ b_y & 1 & 0 \\ 0 & 0 & 1 \end{bmatrix} \begin{bmatrix} x \\ y \\ 1 \end{bmatrix} \tag{6-34}$$

（5）组合变换

图像的组合变换，是对给定的图像连续施行若干次平移、比例、旋转或剪切等基本变换所形成的级联变换。假设对图像依次进行基本变换 F_1，F_2，……，F_n，相应坐标变换矩阵分别为 T_1，T_2，……，T_n，那么对图像实施的组合变换矩阵 T，等于各基本变换矩阵按顺序依次左乘的结果，即：

$$T = T_n \cdot T_{n-1} \cdots T_2 \cdot T_1 \tag{6-35}$$

绕图像中心的旋转，实际上可以看作是对图像实施的组合变换，即先做一次平移变换，将图像中心平移到坐标原点，再进行绕图像原点的旋转变换，最后把旋转后的图像再平移变换回去。

示例 6-1：图像的旋转变换

调用函数 imrotate 旋转图像。将图 6-9（a）cameraman 绕图像中心逆时针旋转 30°，采用最近邻插值'nearest'，输出图像与原图像大小相等，如图 6-9（b）所示。然后把图像 cameraman 绕中心顺时针旋转 30°，采用双立方插值'bicubic'，输出图像扩大以容纳整个旋转后的图像，如图 6-9（c）所示，为了版面整齐，排版时调整了图 6-9（c）的大小，注意观察图中包含了完整的原图像画面。

(a)　　　　　　　　　　　(b)　　　　　　　　　　　(c)

图 6-9　图像的旋转变换示例

（a）原图像；（b）逆时针旋转 30°；（c）顺时针旋转 30°

%用函数 imrotate 旋转图像

```
clearvars;close all;
f = imread('cameraman.tif');%读取一幅图像
%将图像绕图像中心逆时针旋转30°,最近邻插值,结果与输入图像大小相同
```

```
g1 = imrotate(f,30,'nearest','crop');
%将图像绕图像中心顺时针旋转30°,双立方插值,结果为扩大后的图像
g2 = imrotate(f,-30,'bicubic','loose');
%显示结果
figure; imshow(f); title('原图像');
figure; imshow(g1); title('逆时针旋转30°,最近邻插值,crop 同大小');
figure; imshow(g2); title('顺时针旋转30°,双立方插值,loose 扩大');
%--------------------------------------------------------------
```

1. 图像旋转变换函数 imrotate

函数 imrotate 将图像绕中心点旋转一定角度,调用语法格式为:

格式 1:J = imrotate (I, angle)

把输入图像 I 绕图像中心点旋转 angle 度。若 angle > 0,逆时针旋转图像;若 angle<0,顺时针旋转图像。输出图像 J 为扩大的图像,以容纳整个旋转后的图像。默认采用最近邻插值,图像外区域用 0 填充。

格式 2:J = imrotate (I, angle, method)

采用输入字符串变量 method 指定的插值方法,将输入图像 I 绕图像中心点旋转 angle 度。参数 method 可选项为:'nearest'、'bilinear'、'bicubic',即最近邻、双线性和双立方。

格式 3:J = imrotate (I, angle, method, bbox)

采用输入字符串变量 method 指定的插值方法,把输入图像 I 绕图像中心点旋转 angle 度,按照字符串变量 bbox 指定的大小返回旋转后的图像 J。参数 bbox 有'crop'和'loose'两个选项,'crop'使输出图像 J 与输入图像 I 大小相等,'loose'(默认值)扩大输出图像 J,以容纳整个旋转后的图像,图像外的区域用 0 填充。

2. 图像缩放变换函数 imresize

函数 imresize 用于改变图像尺寸的大小,常用格式如下:

格式 1:J = imresize (I, scale)

将输入图像 I 缩放 scale 倍,默认采用双三次插值(bicubic)。若 0< scale <1,输出图像 B 变小;若 scale >1,输出图像 J 变大。输入图像 I 可以是灰度图像、RGB 彩色图像或二值图像。

格式 2:J = imresize (I, [numrows numcols])

对输入图像 I 进行缩放,输出图像 J 的尺寸大小由参数向量 [numrows numcols] 中的 [行数,列数] 指定。若参数向量 outputSize 为仅给出行数或列数,另一个参数用 NaN 代替,如 [64,NaN],函数将自动计算所需的列数,以保持输出图像 J 的高宽比(纵横比,aspect ratio)不变。

格式 3:[Y, newmap] = imresize (X, map, _____)

对输入参数 X 及 map 定义的索引图像进行缩放,其他参数选项同上。默认返回一个与输出 Y 相匹配的新颜色表 newmap,若使用原图颜色表 map,请使用参数'Colormap'并指定其值为'original'。

格式 4:_____ = imresize (_____, method)

在上述用法基础上,依据输入字符串变量 method 指定的插值方法对图像 I 进行缩放,

method 可为'nearest'、'bilinear'、'bicubic'三个选项之一。

3. 图像平移变换函数 imtranslate

函数 imtranslate 用于图像平移变换，常用格式如下：

格式 1：B = imtranslate(A, translation)

按照向量 translation 指定的平移参数，对输入图像 A 做平移变换，结果保存为输出图像 B。向量 translation 的格式为 [水平移动量，垂直移动量]，注意 MATLAB 坐标系与本书的差异。

格式 2：_____ = imtranslate(_____, method)

在上述用法基础上，依据输入字符串变量 method 指定的插值方法对图像 A 进行平移。

格式 3：_____ = imtranslate(_____, Name, Value)

按照 Name-Value 参数对指定的方式对图像 A 进行平移变换，Name-Value 参数对的使用详见 MATLAB 文档。

示例 6-2：图像平移（图 6-10）

```
%采用函数 imtranslate 平移图像
close all;clearvars;
I = imread('pout.tif');
J = imtranslate(I,[25,10],'FillValues',255);
K = imtranslate(I,[25,10],'FillValues',0,'OutputView','full');
% 显示结果
figure;
subplot(1,3,1), imshow(I), title('原图像)');
subplot(1,3,2), imshow(J), title('25 列,10 行平移后的 same 图像');
subplot(1,3,3), imshow(K), title('25 列,10 行平移后的 full 图像');
%-------------------------------------------
```

图 6-10　图像平移变换示例，注意观察不同参数的平移效果

4. 图像变形函数 imwarp

函数 imwarp 是一个用于实施各种图像几何变换的通用函数，常用格式为：

格式 1：B = imwarp(A, tform)

按照输入参数 tform 指定的几何变换方式，对输入图像 A 进行几何变换，结果保存到输出变量 B 中。参数 tform 是一个几何变换对象结构体（object structure），可调用 affine2d、affine3d、imregtform、projective2d、fitgeotrans 等函数创建，详见 MATLAB 文档。

格式 2：B = imwarp(_____,interp)

按照输入参数 interp 指定的灰度插值方法，对输入图像进行几何变化。其他参数使用同上。

格式 3：[B,RB] = imwarp(_____,Name,Value)

除上述说明的参数使用外，按照 Name-Value 参数对指定的方式对图像 A 进行几何变换，Name-Value 参数对的使用详见 MATLAB 帮助文档。

示例 6-3：图像剪切变换

按式（6-34）的剪切变换公式，调用函数 affine2d 创建 tform，分别对图像进行水平和垂直剪切变换，结果如图 6-11 所示。

(a)　　　　　　　　　　(b)　　　　　　　　　　(c)

图 6-11　图像剪切变换示例

（a）原图；（b）水平剪切变换；（c）垂直剪切变换

％使用函数 imwarp 对图像进行剪切 Shear 变换

```
clearvars;close all;
I = imread('cameraman.tif');　　％读入一幅灰度图像
％创建一个剪切变换对象结构 tform(水平剪切 bx = 0,by＞0;垂直剪切 bx＞0,by = 0)
bx = 0;by = 0.5;
tform = affine2d([1, bx, 0;by, 1, 0; 0, 0, 1]);
J = imwarp(I,tform);％对图像应用剪切变换
％显示结果
figure;
subplot(1,2,1); imshow(I);title('源图像');
subplot(1,2,2); imshow(J);title('水平剪切变换结果');
　％-------------------------------------------------
```

6.4　图像的非线性几何变换

图像的非线性几何变换将图像扭曲，以达到某种特殊效果。对于非线性变换，通常很难获取从源图像到目标图像的前向映射变换函数，一般采用后向映射，直接给出从目标图像到源图像的坐标变换函数。

6.4.1　涡旋变换

涡旋变换（swirl transformation），围绕一个中心点 $p_c = (x_c, y_c)$，以一个随位置变化的角度 θ 旋转图像，使得输出图像呈现漩涡效果，如图 6-12 所示。角度 θ 在接近中心点 p_c 处有一个最大值 α，称为涡旋强度，并且 θ 随着像素离中心点 p_c 距离的增大而变小。同时，在限定半径 r_{max} 之外，图像保持不变。实现涡旋变换的坐标后向映射函数定义为：

$$x = \begin{cases} x_c + r \cdot \cos\theta, & r \leqslant r_{max} \\ x', & r > r_{max} \end{cases}$$

$$y = \begin{cases} y_c + r \cdot \sin\theta, & r \leqslant r_{max} \\ y', & r > r_{max} \end{cases} \tag{6-36a}$$

其中：

$$r = \sqrt{d_x^2 + d_y^2}, \ \theta = \tan^{-1}\left(\frac{d_y}{d_x}\right) + \alpha \cdot \left(\frac{r_{max} - r}{r_{max}}\right)$$

$$d_x = x' - x_c, \ d_y = y' - y_c$$

式中，角度 θ 和 α 均采用弧度。或采用以下表达式，让涡旋变换强度约以 1/1000 速率衰减：

$$x = x_c + r \cdot \cos\theta$$
$$y = y_c + r \cdot \sin\theta \tag{6-36b}$$

其中：

$$r = \sqrt{d_x^2 + d_y^2}, \quad \theta = \tan^{-1}\left(\frac{d_y}{d_x}\right) + \alpha \cdot \exp\left(\frac{-r}{r_a}\right)$$

$$r_a = \ln2 \cdot r_{max}/5$$

$$d_x = x' - x_c, \quad d_y = y' - y_c$$

示例 6-4：涡旋变换的编程实现

首先给出实现涡旋变换的自定义函数 IMswirl，然后调用该函数对图像进行涡旋变换。图 6-12（a）、（b）为源图像，图 6-12（c）、（d）分别给出了最大旋转角 $\alpha = 10$（弧度）和 -15（弧度）、限制半径 $r_{max} = 150$ 和 350 对两幅图像进行涡旋变换的结果，其中心点 p_c 位于图像的中心。

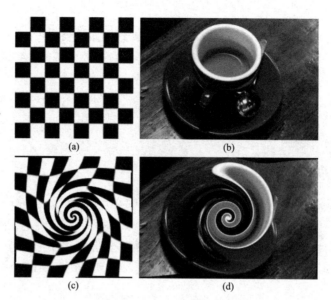

图 6-12　涡旋变换

（a）源图像 checkerboard；（b）源图像 coffee；（c）$\alpha=10$（弧度），$r_{max}=150$；（d）$\alpha=-15$（弧度），$r_{max}=350$

％涡旋变换自定义函数 IMswirl 的代码如下：

```
function  g = IMswirl( f,alpha, rmax, method, padval)
% IMswirl 涡旋变换(Swirl Transformation)
%将图像绕图像中心点以一个随空间位置变化的角度进行旋转
%输入参数：
%          f 源图像,数据类型为 uint8
%          alpha 最大旋转角度,单位:度
%          rmax 限定半径 rmax
%          method 插值方式,字符串,'nearest'- 最近邻(nearest);
%                               'linear' -线性(bilinear);
%                               'cubic  '-三次(cubic).
%          padval 填充值,在[0, 255]之间取值
%返回参数：
%          g 涡旋变换结果
% ***************************************************
%将图像数据格式转换 double 型,避免运算过程中损失计算精度
fd = double(f);
%获取源图像 f 的高 height,宽 width 和颜色平面数 cplanes
[height,width,cplanes] = size(f);
%后向映射,计算目标图像像素在源图像 f 中的对应位置坐标(x,y)
%图像中心点坐标
xc = floor(width/2)-1; yc = floor(height/2)-1;
[xt,yt] = meshgrid(0:width-1,0:height-1);
```

```
dx = xt - xc;  dy = yt - yc;
r = sqrt(dx. * dx + dy. * dy);
%确保在涡旋效应在影响半径内以大约 1/1000 速度衰减
ra = log(2). * rmax. /5;
%获取像素的角度
theta = alpha. * exp(-r. /ra) + atan2(dy,dx + eps);
%计算坐标变换结果
x = xc + r. * cos(theta);
y = yc + r. * sin(theta);


%调用插值函数 interp2,对(x,y)进行插值处理
g = f;
for i = 1:cplanes
    g(:,:,i) = uint8(interp2(xt,yt,fd(:,:,i),x,y,method,padval));
end
end %函数结束
%------------------------------------------------
```

%调用自定义函数 IMswirl 实现图像涡旋变换

```
clearvars; close all;
f1 = imread('checkerboard. png'); %读入灰度图像
f2 = imread('coffee. png'); %读入彩色图像


%涡旋变换,alpha 等于 10(弧度)和 - 15(弧度),限定半径 = 150 和 350,method
%线性插值,padval = 0
g1 = IMswirl( f1, 10, 150, 'linear', 0);
g2 = IMswirl( f2,-15, 350, 'linear', 0);


%显示结果
figure;
subplot(2,2,1), imshow(f1), title('源图像 checkerboard');
subplot(2,2,2), imshow(g1), title('目标图像 alpha = 10,rmax = 150');
subplot(2,2,3), imshow(f2), title('源图像 coffee');
subplot(2,2,4), imshow(g2), title('目标图像 alpha = -15,rmax = 350');
%------------------------------------------------
```

6.4.2　球面变换

球面变换（Spherical Transformation）模拟通过一个透明的半球看图像或者在图像上放置一个凸透镜时的效果，如图 6-13 所示。该变换的参数包括透镜中心位置 $p_c = (x_c, y_c)$，透镜半径 r_{max} 和透镜折射率 n。相应的后向映射函数定义如式（6-37）：

$$x = \begin{cases} x' - t \cdot \tan\alpha_x, & r \leqslant r_{max} \\ x', & r > r_{max} \end{cases}$$

$$y = \begin{cases} y' - t \cdot \tan\alpha_y, & r \leqslant r_{max} \\ y', & r > r_{max} \end{cases} \qquad (6\text{-}37)$$

式中：

$$r = \sqrt{d_x^2 + d_y^2}, \quad t = \sqrt{r_{max}^2 + r^2}$$

$$\alpha_x = \left(1 - \frac{1}{n}\right) \cdot \sin^{-1}\left(\frac{d_x}{\sqrt{d_x^2 + t^2}}\right), \qquad \alpha_y = \left(1 - \frac{1}{n}\right) \cdot \sin^{-1}\left(\frac{d_y}{\sqrt{d_y^2 + t^2}}\right)$$

$$d_x = x' - x_c, \quad d_y = y' - y_c$$

示例 6-5：球面变换的编程实现

首先给出实现球面变换的自定义函数 IMsphere，然后调用该函数对图像进行球面变换。图 6-13 (a) 为源图像，图 6-13 (b) 给出了透镜半径 $r_{max} = 150$、折射率 $n = 2.8$ 时的变换效果。透镜中心 p_c 位于图像人偶脸部（rowc = 179，colc = 298）。

(a)   (b)

图 6-13 球面变换
(a) 源图像；(b) $r_{max} = 150$，$n = 2.8$

%球面变换自定义函数 IMsphere

```
function g = IMsphere(f, rowc, colc, rmax, n, method, padval)
% IMSPERE,球面变换(Spherical Transformation),v1.0,date202008
%模拟通过一个透明的半球看图像或者在图像上放置一个凸透镜时的效果。
%输入参数：
%       f 源图像,数据类型 uint8
%       rowc, colc,透镜中心的行、列位置
%       rmax,透镜半径
%       n ,透镜折射率
%       method,插值方式,字符串,
%               'nearest'-最近邻
%               'linear' -线性
%               'cubic'-三次
```

```
%            padval，填充值，在[0，255]之间取值
% 返回参数：g，球面变换结果
% ***********************************************
% 获取源图像 f 的高 height，宽 width 和色平面数 cplanes
[height,width,cplanes] = size(f);
% 将图像数据格式转换 double 型
fd = double(f);


% 采用后向映射，计算目标图像中每一像素在源图像 f 中的对应位置坐标(x,y)
[xt,yt] = meshgrid(0:width-1,0:height-1);
dx = xt - colc; dy = yt - rowc;
rsq = dx. * dx + dy. * dy;
r = sqrt(rsq);
% 计算透镜半径范围内的像素坐标变换结果
pixsel = r<rmax;
t = zeros(height,width);
alphax = zeros(height,width);
alphay = zeros(height,width);
x = xt; y = yt;
t(pixsel) = sqrt(rmax * rmax - rsq(pixsel));
alphax(pixsel) = (1-1/n). * asin(dx(pixsel)./sqrt(rmax * rmax - dy(pixsel). *
dy(pixsel)));
alphay(pixsel) = (1-1/n). * asin(dy(pixsel)./sqrt(rmax * rmax - dx(pixsel). *
dx(pixsel)));


x(pixsel)   = xt(pixsel) - t(pixsel). * tan(alphax(pixsel));
y(pixsel)   = yt(pixsel) - t(pixsel). * tan(alphay(pixsel));


% 调用插值函数 interp2，对(x,y)进行插值处理
g = f;
for i = 1:cplanes
    g(:,:,i) = uint8(interp2(xt,yt,fd(:,:,i),x,y,method,padval));
end
end   % 函数定义结束
% -----------------------------------
```

% 调用自定义函数 IMsphere 实现图像球面变换

```
clearvars; close all;
f = imread('Bridewedding. png'); % 读入彩色图像
% 球面变换，rowc = 179,colc = 298,rmax = 150,n = 2. 8,method = 'linear',padval = 0
```

```
g = IMsphere(f,179,298,150,2.8,'linear',0 );
%显示结果
figure;montage({f,g}); title('源图像(左) | 目标图像-球面变换结果(右)');
%------------------------------------------------------------
```

6.5　采用图像控制点的几何变换

图像控制点（image control point），又称约束点，是在图像上选取的用于建立图像几何变换关系的参考点。也就是在源图像平面上选取一组点，并确定它们在目标图像平面上的对应点，又称为**控制点对**。

图像控制点是图像几何校正、图像配准和图像变形等几何变换中常用的方法，它可以通过手动交互式，或自动方式在源图像和目标图像上选择一定数量的控制点对，用于估计图像所实施的几何变换函数。

采用图像控制点建立的几何变换函数可以是**全局函数**，应用于整幅图像中所有像素（见图 6-14、图 6-15）。也可以是**局部函数**，对图像实施局部变换或者分段变换，由控制点为顶点构成控制点网格，将图像划分为很多不连续的小块，每一小块都应用各自的变换函数进行独立的变换。实际应用中，通常将图像分成很多三角形或者四边形网格（见图 6-18）。

描述控制点对之间映射关系的坐标变换函数，可以采用**仿射变换、投影变换、多项式拟合**等方法来建立和估计。

6.5.1　仿射变换

利用齐次坐标，可将二维平面上的平移、比例、旋转和剪切变换函数表示为变换矩阵与齐次坐标向量的乘积：

$$\begin{bmatrix} x' \\ y' \\ 1 \end{bmatrix} = \begin{bmatrix} a_{11} & a_{12} & a_{13} \\ a_{21} & a_{22} & a_{23} \\ 0 & 0 & 1 \end{bmatrix} \begin{bmatrix} x \\ y \\ 1 \end{bmatrix}，或者　\mathbf{P}' = \mathbf{T} \cdot \mathbf{P} \tag{6-38}$$

上述变换矩阵共有六个参数，其中的 a_{13}、a_{23} 确定了平移变换的偏移量（相当于 Δx、Δy），另外四个参数 a_{11}、a_{12}、a_{21}、a_{22} 合起来共同确定比例、旋转和剪切关系。

式（6-38）描述的二维坐标变换称为"仿射变换"（Affine Transformation），或"仿射映射"（Affine Mapping）。经仿射变换，图像中的直线仍为直线、三角形仍为三角形，矩形则被变换为平行四边形。仿射变换不改变直线上点与点之间距离的比例，能保持直线的平行性，但是会改变两直线间的夹角，如图 6-14 所示。一个二维仿射变换可由三组非共线控制点对 (p_1, p_1')、(p_2, p_2') 和 (p_3, p_3') 唯一确定，图中虚线矩形经全局仿射变换为平行四边形。

1. 仿射变换矩阵的确定

仿射变换矩阵共有六个参数，需要三组非共线**控制点对**来确定。设 $p_1 = (x_1, y_1)$、$p_2 = (x_2, y_2)$、$p_3 = (x_3, y_3)$ 是位于源图像上三个非共线像素的坐标，它们各自位于目标图像上的对应点为 $p_1' = (x_1', y_1')$、$p_2' = (x_2', y_2')$、$p_3' = (x_3', y_3')$。将这三组控

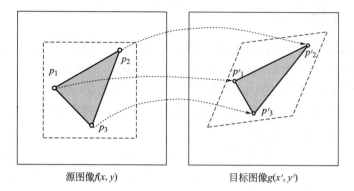

源图像 $f(x, y)$　　　　　　目标图像 $g(x', y')$

图 6-14　仿射变换

制点对的坐标值代入式（6-38），得到以下方程组：

$$\begin{cases} a_{11} \cdot x_1 + a_{12} \cdot y_1 + a_{13} = x'_1 \\ a_{11} \cdot x_2 + a_{12} \cdot y_2 + a_{13} = x'_2 \\ a_{11} \cdot x_3 + a_{12} \cdot y_3 + a_{13} = x'_3 \\ a_{21} \cdot x_1 + a_{22} \cdot y_1 + a_{23} = y'_1 \\ a_{21} \cdot x_2 + a_{22} \cdot y_2 + a_{23} = y'_2 \\ a_{21} \cdot x_3 + a_{22} \cdot y_3 + a_{23} = y'_3 \end{cases} \tag{6-39}$$

写成矩阵形式：

$$\begin{bmatrix} x_1 & y_1 & 1 & 0 & 0 & 0 \\ x_2 & y_2 & 1 & 0 & 0 & 0 \\ x_3 & y_3 & 1 & 0 & 0 & 0 \\ 0 & 0 & 0 & x_1 & y_1 & 1 \\ 0 & 0 & 0 & x_2 & y_2 & 1 \\ 0 & 0 & 0 & x_3 & y_3 & 1 \end{bmatrix} \begin{bmatrix} a_{11} \\ a_{12} \\ a_{13} \\ a_{21} \\ a_{22} \\ a_{23} \end{bmatrix} = \begin{bmatrix} x'_1 \\ x'_2 \\ x'_3 \\ y'_1 \\ y'_2 \\ y'_3 \end{bmatrix}, \quad 或 \quad \boldsymbol{Ma} = \boldsymbol{x} \tag{6-40}$$

式中，$\boldsymbol{M}$ 称系数矩阵；$\boldsymbol{x}$ 为常数向量；$\boldsymbol{a}$ 表示未知参数向量。采用标准的数值计算方法求得数值解：

$$\boldsymbol{a} = \boldsymbol{M}^{-1}\boldsymbol{x} \tag{6-41}$$

如果控制点对多于 3 对，那么代入方程式（6-38）后，得到的方程个数将大于未知参数个数 6，为超定方程组，就是说给定的约束条件过于严格，导致解不存在，通常采用最小二乘法估计出一个最接近的解：

$$\boldsymbol{a} = (\boldsymbol{M}^T\boldsymbol{M})^{-1}\boldsymbol{M}^T\boldsymbol{x} \tag{6-42}$$

式中，$\boldsymbol{M}^T$ 是 $\boldsymbol{M}$ 的转置矩阵。

2. 仿射变换的逆变换

对式（6-38）中的变换矩阵求逆，可得到用于后向映射的逆变换函数：

$$\begin{bmatrix} x \\ y \\ 1 \end{bmatrix} = \begin{bmatrix} a_{11} & a_{12} & a_{13} \\ a_{21} & a_{22} & a_{23} \\ 0 & 0 & 1 \end{bmatrix}^{-1} \begin{bmatrix} x' \\ y' \\ 1 \end{bmatrix} \tag{6-43}$$

6.5.2 投影变换

投影变换（Projective Transformation），又称透视变换（Perspective Transformation），是将图像投影到一个新的视平面（Viewing Plane）的几何变换方法。

与仿射变换类似，投影变换也可以用齐次坐标表示为变换矩阵与齐次坐标向量的乘积，只是变换矩阵比仿射变换多了两个参数 a_{31}，a_{32}，所以仿射变换可以看作是透视变换的特殊形式。投影变换函数定义为：

$$\begin{bmatrix} h\cdot x' \\ h\cdot y' \\ h \end{bmatrix} = \begin{bmatrix} a_{11} & a_{12} & a_{13} \\ a_{21} & a_{22} & a_{23} \\ a_{31} & a_{32} & 1 \end{bmatrix} \begin{bmatrix} x \\ y \\ 1 \end{bmatrix} \tag{6-44}$$

式中 $h\neq1$，不是规范化齐次坐标。

在投影变换的作用下直线还是直线，圆和椭圆总是会被变换为另一个二次曲线（即圆锥曲线，不保证仍是圆或椭圆）。然而，与仿射变换不同的是，投影变换一般不会保持直线的平行性，也不会保持直线上点之间的距离比例。因此，图像中的矩形经投影变换后，一般不再是一个平行四边形，如图 6-15 所示，投影变换将直线变换为直线，三角形变换为三角形，矩形变换为四边形。一般情况下，不会保持两直线间的平行关系和距离比。一个二维投影变换可由 4 组非共线控制点对唯一确定，如图中的 (p_1, p_1')、(p_2, p_2')、(p_3, p_3') 和 (p_4, p_4')。

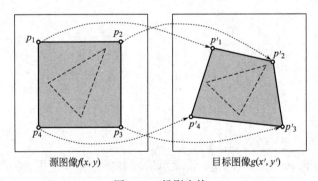

图 6-15 投影变换

1. 投影变换矩阵的确定

投影变换矩阵共有 8 个参数，需要 4 组非共线控制点对来确定。设 $p_i=(x_i, y_i)$ 为位于源图像上的像素点（$i=1\sim4$），这 4 个非共线的点构成了一个任意四边形，它们位于目标图像上的对应点为 $p_i'=(x_i', y_i')$。将每一对控制点的坐标代入式（6-44），得到两个线性方程：

$$x_i'=a_{11}x_i+a_{12}y_i+a_{13}-a_{31}x_ix_i'-a_{32}y_ix_i' \\ y_i'=a_{21}x_i+a_{22}y_i+a_{23}-a_{31}x_iy_i'-a_{32}y_iy_i' \tag{6-45}$$

4 组控制点对可以得到 8 个方程，将这 8 个方程联立表示为以下矩阵形式：

$$\begin{bmatrix} x_1 & y_1 & 1 & 0 & 0 & 0 & -x_1 x'_1 & -y_1 x'_1 \\ x_2 & y_2 & 1 & 0 & 0 & 0 & -x_2 x'_2 & -y_2 x'_2 \\ x_3 & y_3 & 1 & 0 & 0 & 0 & -x_3 x'_3 & -y_3 x'_3 \\ x_4 & y_4 & 1 & 0 & 0 & 0 & -x_4 x'_4 & -y_4 x'_4 \\ 0 & 0 & 0 & x_1 & y_1 & 1 & -x_1 y'_1 & -y_1 y'_1 \\ 0 & 0 & 0 & x_2 & y_2 & 1 & -x_2 y'_2 & -y_2 y'_2 \\ 0 & 0 & 0 & x_3 & y_3 & 1 & -x_3 y'_3 & -y_3 y'_3 \\ 0 & 0 & 0 & x_4 & y_4 & 1 & -x_4 y'_4 & -y_4 y'_4 \end{bmatrix} \begin{bmatrix} a_{11} \\ a_{12} \\ a_{13} \\ a_{21} \\ a_{22} \\ a_{23} \\ a_{31} \\ a_{32} \end{bmatrix} = \begin{bmatrix} x'_1 \\ x'_2 \\ x'_3 \\ x'_4 \\ y'_1 \\ y'_2 \\ y'_3 \\ y'_4 \end{bmatrix} \qquad 或 \quad \boldsymbol{Ma = x} \qquad (6\text{-}46)$$

式中，$\boldsymbol{M}$ 称系数矩阵；$\boldsymbol{x}$ 为常数向量；$\boldsymbol{a}$ 表示未知参数向量。采用标准的数值计算方法求得数值解：

$$\boldsymbol{a = M}^{-1} \boldsymbol{x} \qquad (6\text{-}47)$$

同仿射变换一样，如果控制点对多于 4 组，将所有控制点对代入方程式（6-44），得到的方程个数大于未知量个数 8，也为超定方程组，采用最小二乘法估计变换矩阵的一个最优近似解。

2. 投影变换的逆变换

式（6-44）中目标像素的齐次坐标不是规范化齐次坐标，不能像仿射变换一样直接通过矩阵求逆来得到后向映射逆变换函数。式（6-44）等号两边同时乘以变换矩阵的逆矩阵得到：

$$\begin{aligned} \begin{bmatrix} x \\ y \\ 1 \end{bmatrix} &= \begin{bmatrix} a_{11} & a_{12} & a_{13} \\ a_{21} & a_{22} & a_{23} \\ a_{31} & a_{32} & 1 \end{bmatrix}^{-1} \begin{bmatrix} h \cdot x' \\ h \cdot y' \\ h \end{bmatrix} = \begin{bmatrix} b_{11} & b_{12} & b_{13} \\ b_{21} & b_{22} & b_{23} \\ b_{31} & b_{32} & b_{33} \end{bmatrix} \begin{bmatrix} h \cdot x' \\ h \cdot y' \\ h \end{bmatrix} \\ &= \begin{bmatrix} h(b_{11} x' + b_{12} y' + b_{13}) \\ h(b_{21} x' + b_{22} y' + b_{23}) \\ h(b_{31} x' + b_{32} y' + b_{33}) \end{bmatrix} \end{aligned} \qquad (6\text{-}48)$$

其中 $h = 1/(b_{31} x' + b_{32} y' + b_{33})$，消去因子 h，得到投影变换的逆变换函数：

$$\begin{cases} x = \dfrac{1}{h}(b_{11} x' + b_{12} y' + b_{13}) = \dfrac{b_{11} x' + b_{12} y' + b_{13}}{b_{31} x' + b_{32} y' + b_{33}} \\ y = \dfrac{1}{h}(b_{21} x' + b_{22} y' + b_{23}) = \dfrac{b_{21} x' + b_{22} y' + b_{23}}{b_{31} x' + b_{32} y' + b_{33}} \end{cases} \qquad (6\text{-}49)$$

式中：

$$\begin{bmatrix} b_{11} & b_{12} & b_{13} \\ b_{21} & b_{22} & b_{23} \\ b_{31} & b_{32} & b_{33} \end{bmatrix} = \begin{bmatrix} a_{11} & a_{12} & a_{13} \\ a_{21} & a_{22} & a_{23} \\ a_{31} & a_{32} & 1 \end{bmatrix}^{-1}$$

示例 6-6：采用控制点的图像几何变换

采用图像控制点方法，分别使用仿射变换、投影变换对一个合成图案进行几何变换。图 6-16（a）为源图像，图 6-16（b）为采用仿射变换所需的 3 个对应点的位置；图 6-16（c）为采用投影变换所需的 4 个对应点的位置；图 6-16（d）是采用图 6-16（b）中 1-1′，2-2′，

3-3′三组控制点对得到的仿射变换结果，注意，顶点 4 已被映射到目标图像外部；图 6-16（e）是采用图 6-16（c）中 1-1′，2-2′，3-3′，4-4′四组控制点对得到的投影变换结果。为方便观察变换前后图像内容的变化，采用灰色填充。

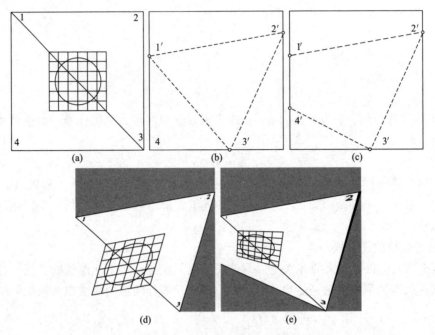

图 6-16　采用图像控制点方法
(a) 源图像；(b) 仿射变换 3 个对应点位置；(c) 投影变换 4 个对应点位置
(d) 仿射变换结果；(e) 投影变换结果

%采用控制点的图像几何变换

```
clearvars; close all;
f = imread('square_circle.bmp');        %读入源图像
[height, width, cplanes] = size(f);     % 获取源图像的高,宽和色平面数


%注意:Matlab 中水平(列)为 X,垂直(行)为 Y
%仿射变换的控制点对,采用 3 组控制点对的坐标向量
%定义源图像中的 1,2,3 顶点坐标及其在目标图像中的对应位置
movingPoints1 = [0,0; width-1,0; width-1,height-1];   %源图像
fixedPoints1 = [0,160; width-1,80; 360,height-1];       % 目标图像


%投影变换的控制点对,采用 4 组控制点对的坐标向量,
%定义源图像中的 1,2,3,4 顶点坐标及其在目标图像中的对应位置
movingPoints2 = [0,0; width-1,0; width-1,height-1; 0,height-1];   % 源图像
fixedPoints2 = [0,160; width-1,80; 360,height-1; 0,320];          % 目标图像


%根据控制点对估计仿射变换矩阵对象结构体
```

```
tform1 = fitgeotrans(movingPoints1,fixedPoints1,'affine');
% 对源图像进行仿射变换
g1 = imwarp(f,tform1,'FillValues',125,'OutputView',imref2d(size(f)),'SmoothEdg-
es',true);

% 根据控制点对估计投影变换矩阵对象结构体
tform2 = fitgeotrans(movingPoints2,fixedPoints2,'projective');
% 对源图像进投影变换
g2 = imwarp(f,tform2,'cubic','FillValues',125,'OutputView',imref2d(size(f)));

% 显示变换结果
subplot(1,3,1); imshow(f); title('源图像');
subplot(1,3,2); imshow(g1); title('仿射变换—目标图像');
subplot(1,3,3); imshow(g2); title('投影变换—目标图像');
% ---------------------------------------------------
```

示例 6-7：采用投影变换矫正图像畸变（图 6-17）
假设我们要识别照片上的字母，但它不是从正面拍摄的，而是以一定角度拍摄，字母产生了投影扭曲变形，识别非常困难。解决这个问题的一种方法是选择一组对应点，对图像进行投影变换以便消除失真。图 6-17 第 1 行是原图像，叠加上的 4 个"＋"中心是选择的控制点，第 2 行图像是对选中区域矫正后的结果，对应点为输出图像的 4 个顶点。

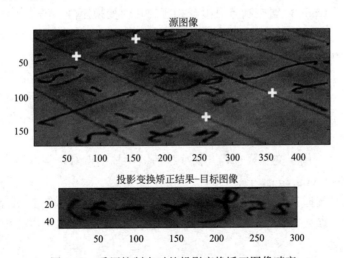

图 6-17　采用控制点对的投影变换矫正图像畸变

％采用控制点矫正图像的投影畸变
```
clearvars; close all;
img_text = imread('text.png'); % 读入源图像
% 投影变换的控制点对,4 组控制点对坐标向量
```

```
% 输入图像中 4 个标"+"像素的坐标
movingPoints = [155, 15; 65, 40; 260, 130; 360, 95];
% 设定与输入图像中 4 个标"+"像素在目标图像中的对应坐标
fixedPoints = [0, 0; 0, 50; 300, 50; 300, 0];

% 估计投影变换的后向映射矩阵对象结构体
tform = fitgeotrans(movingPoints,fixedPoints,'projective'); % 'NonreflectiveS-
imilarity')
% 对图像施加上述投影变换
img_warped = imwarp(img_text,tform,'OutputView',imref2d([50,300]));

% 显示矫正结果
figure;imshow(img_text);  title('源图像');
% 以红色"+"叠加显示 4 对控制点
hold on;
plot(movingPoints(:,1),movingPoints(:,2), '+r','LineWidth',3,'MarkerSize',10);
axis on;
figure;imshow(img_warped); title('投影变换矫正结果-目标图像');
axis on;
% ————————————————————————————————————————
```

3. 控制点对变换矩阵拟合函数 fitgeotrans

• 函数 fitgeotrans 根据控制点对拟合相应的几何变换矩阵，基本语法格式为：

格式：tform = fitgeotrans（movingPoints，fixedPoints，transformationType）

按照参数 transformationType 指定的几何变换类型，根据源图像控制点数组 moving-Points 及其目标图像中对应点数组 fixedPoints，计算出相应的几何变换对象结构 tform。输入参数 transformationType 为字符串变量，可以是'affine'、'projective'或其他合法值；movingPoints 和 fixedPoints 是大小为 m×2 的 double 型数组，即 m 个控制点对的坐标。

4. 控制点对选择函数 cpselect

• 函数 cpselect 用于交互式选择几何变换所需的控制点对，基本语法格式为：

格式：cpselect（moving，fixed）

启动控制点对选择工具，通过图形用户界面，从两个相关图像 moving 和 fixed 中用鼠标选择控制点对。参数 moving 和 fixed 可以是图像数组变量，也可以是相应图像文件名字符串。

6.5.3 图像分片局部坐标变换

前面讨论的所有的几何变换都是全局的，即相同的映射函数应用于给定图像中的所有像素。也可以用控制点为顶点构成控制点网格，将图像划分为很多分段线性区域块（piecewise-linear regions），每一小块都应用各自的变换函数进行独立的变换，对图像实施局部变换或者分段变换。实际应用中，通常将图像分成很多错综复杂的三角形或者四边形网格，如图 6-18 所示。

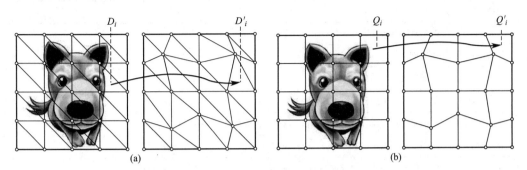

图 6-18　控制点网格分割
(a) 局部仿射变换；(b) 局部投影变换

对于一个三角形网格分割，如图 6-18 (a)，每一对三角形之间的变换 $D_i \to D'_i$，可以采用仿射变换分别完成，当然对于每一对三角形，需要分别计算其仿射变换矩阵参数。类似地，每一对四边形之间的变换 $Q_i \to Q'_i$，可以采用投影变换来完成，如图 6-18 (b)。由于仿射变换和投影变换都能够保证将直线映射为直线，所以，不会有空洞或者重叠现象，并且图像形变在相邻的网格之间保持连续。

将图像分割成不重叠的三角形网格 D_i、D'_i，如图 6-18 (a) 所示，或者四边形网格 Q_i、Q'_i，如图 6-18 (b) 所示，然后应用局部变换实现图像的变形。每一个网格的变换函数都可以采用仿射变换、投影变换或多边形变换，其参数分别由对应的三角形或四边形顶点作为控制点对来得到。

图像几何局部变换应用广泛，比如航空和卫星图像的配准，或者校正扭曲图像以进行全景拼接。在计算机图形学中，也应用类似的技术，如在绘制 2D 图像中将纹理图像映射到多边形 3D 表面。这项技术的另一个广泛的应用是"渐变动画"(morphing)，即从一幅图像到另一幅图像逐步进行几何变换，与此同时调节其亮度（或者颜色）值。

6.6　MATLAB 图像处理工具箱中的几何变换函数简介

下表列出了 MATLAB 图像处理工具箱中与图像几何变换相关的主要函数及其功能，以便对照学习。这些函数属于"几何变换，空间参照和图像配准"功能类（Geometric Transformation，Spatial Referencing，and Image Registration）。

要注意的是，MATLAB 定义图像坐标系的原点位于图像左上角，x 轴正方向水平向右、y 轴正方向垂直向下。用齐次坐标表示变换函数时，像素坐标向量为行向量，因此变换矩阵的形式与本书略有不同。以式（6-30）平移变换为例，MATLAB 中应表示为：

$$[x' \ y' \ 1] = [x \ y \ 1] \begin{bmatrix} 1 & 0 & 0 \\ 0 & 1 & 0 \\ \Delta x & \Delta y & 1 \end{bmatrix}$$

函数名	功能描述
imcrop	图像裁剪（Crop image）
imresize	图像缩放（Resize image）
imrotate	图像旋转（Rotate image）
imtranslate	图像平移（Translate image）
impyramid	图像金字塔式缩小和放大（Image pyramid reduction and expansion）
imwarp	对图像施加几何变换（Apply geometric transformation to image）
fitgeotrans	根据控制点对拟合变换矩阵（Fit geometric transformation to control point pairs）
findbounds	确定空间坐标变换输出范围（Find output bounds for spatial transformation）
fliptform	颠倒 TFORM 结构的映射方向（Flip input and output roles of TFORM structure）
maketform	创建空间变换结构 TFORM（Create spatial transformation structure （TFORM））
tformfwd	对点施加前向映射（Apply forward spatial transformation）
tforminv	对点施加后向映射（逆变换）（Apply inverse spatial transformation）
cpselect	交互式选择图像控制点对（Control Point Selection Tool）

 习题 ▶▶▶

6.1 简述图像几何变换的基本原理。

6.2 一幅图像中 4 个像素的坐标及其灰度值为：$f(10，10)=120$，$f(10，11)=150$，$f(11，10)=200$，$f(11，11)=180$。若采用后向映射将目标图像 g 像素坐标 $(100，100)$ 映射到源图像 f 的坐标为 $(10.3，10.8)$，请分别采用最近邻、双线性，计算目标图像 g 中坐标 $(100，100)$ 处像素的灰度值。

6.3 请解释前向映射和后向映射的机理。

6.4 说明仿射变换与投影变换的特点。

 上机练习 ▶▶▶

E6.1 编辑本章各示例程序代码建立 MATLAB 脚本或函数 m 文件，保存运行，注意观察并分析运行结果。也可打开实时脚本文件 Ch6_ImageGeometricTransformation.mlx，逐节运行，熟悉本章给出的示例程序。

E6.2 如何实现绕图像中任意点的图像旋转变换？给出实现程序代码。

E6.3 二维码移动支付已得到广泛应用。在识别二维码时，一般不是从正面拍摄，而是以一定角度拍摄，导致二维码图像产生扭曲变形，通常需对图像进行投影变换以便消除失真。请用手机从倾斜角度拍摄一张二维码图像，使用投影变换编程对图像进行几何校正。

E6.4 编写一个具有图形用户界面的程序，通过按钮选择能读入一幅图像，设计球面变换的参数，然后在图像上拖动鼠标时，能以鼠标指针位置为中心对图像实施球面变换并显示。

E6.5　请选择一幅图片，编程对其进行几何变换，然后完美地贴到图 E6-5 中的广告牌上。

图 E6-5　广告牌 billboard.jpg

第
7
章
图像复原

成像过程中，可能因传感器噪声、相机镜头失焦、相机与目标之间的相对运动、航空拍摄时大气湍流的随机扰动、水下拍摄时水流的干扰、雾霾等原因导致图像模糊，称为图像退化（Image degradation）。图像退化将影响后继处理过程，增加图像计算、分析、特征提取及目标识别的难度，降低图像数据的应用价值。

根据图像退化过程的先验知识，建立图像退化过程的数学模型，对退化图像进行修复或者重建，称为图像复原（Image restoration），如图 7-1 所示。

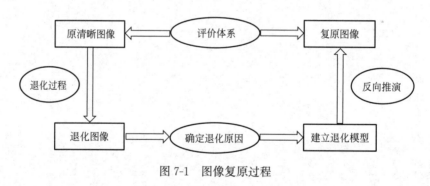

图 7-1　图像复原过程

7.1　图像退化过程及其模型化方法

7.1.1　图像退化模型

图像质量是图像采集过程中多种因素共同作用的结果。相机通常配备光学防抖（OIS，Optical Image Stabilization）与自动对焦技术（Auto Focus），一定程度上能够缓解相机抖动与对焦不准带来的图像退化问题。但当相机出现较大幅度的抖动、成像场景中的物体运动以及其他各种模糊因素叠加时，仍会导致图像模糊。

精确的图像退化模型是图像复原的关键。为有效复原图像，必须先将建立图像退化过程的数学模型，然后反向推演执行其逆过程。假设图像 $f(x, y)$ 经退化过程及加性噪声 $n(x, y)$ 的共同作用，产生退化图像 $g(x, y)$，如图 7-2 所示。

$$f(x, y)$$ 退化前原图像　退化函数 $h(x, y)$　$+$　退化图像 $g(x, y)$

$$n(x, y)$$ 加性噪声

图 7-2　图像退化过程

假定这个退化过程是一个线性移不变系统（Linear Shift-invariant System），其退化函数可以用二维系统的单位冲激响应 $h(x, y)$ 来表征，那么 $f(x, y)$ 的退化过程可表示为以下线性卷积形式：

$$g(x, y) = h(x, y) * f(x, y) + n(x, y) \tag{7-1}$$

光学中的单位冲激函数是一个光点，通过光学系统后会扩散为一个模糊光斑，其模糊程度由光学部件的质量决定，通常把光学系统的单位冲激响应 $h(x, y)$ 称为点扩散函数（PSF，Point Spread Function）。依据第 4 章频域滤波中讨论的卷积定理，得到图像退化过程的频域表示：

$$G(u, v) = H(u, v)F(u, v) + N(u, v) \tag{7-2}$$

式中，$G(u, v)$ 为退化图像的傅里叶变换；$F(u, v)$ 为理想图像的傅里叶变换；$H(u, v)$ 是退化过程点扩散函数 $h(x, y)$ 的傅里叶变换，即退化过程的传递函数；$N(u, v)$ 是加性噪声的傅里叶变换。

在上述假定的基础上，如果已知退化过程的点扩散函数 $h(x, y)$、加性噪声 $n(x, y)$ 或它们的傅里叶变换等有关图像退化过程的先验知识，那么就可以解决图像的复原问题。事实上，许多图像退化过程为非线性过程，或其点扩散函数 PSF 未知，使得图像复原变得异常困难。

由式（7-1）可知，图像退化过程是理想图像与退化函数的卷积（convolution），因此，图像复原又常被称为去卷积、解卷积、反卷积（deconvolution）。

7.1.2　图像退化过程的机理建模

在图像复原中，通常用图像观察法、实验法和机理建模法来估计退化过程的点扩散函数 $h(x, y)$ 或者其傅里叶变换 $H(u, v)$。所谓机理建模，就是根据对象、退化过程的内部机理或者物质流及能量流的传递机理，建立退化过程的数学模型。

1. 大气湍流图像模糊退化模型

大气作为光学成像过程中光的传输介质，受外界诸多因素影响，如太阳辐射不均下的气温差异、热岛效应下的大气对流、地表风速、湿度及磁场变化等，这些因素会使大气分布不均、密度改变，进而导致对光的折射率发生变化。当光线通过不均匀传输介质时会发生折射或衍射，由光线聚合而成的像点将发生偏移，导致图像模糊，这种模糊退化对航空遥感、天文观测、太空探索等成像系统产生较大影响。Hufnagel 等人根据大气湍流的物理特性与成像质量之间的关系，提出了大气湍流图像模糊退化模型，其点扩散函数 PSF

的傅里叶变换为：

$$H(u,\ v) = \mathrm{e}^{-k(u^2+v^2)^{5/6}} \tag{7-3}$$

式中，k 为大气湍流常数，用于控制模糊退化程度，k 越大大气湍流越剧烈，导致图像越模糊。

示例 7-1：模拟大气湍流的图像模糊退化过程

采用式（7-3）定义的大气湍流图像模糊退化模型，对一幅航拍图像进行模拟退化。图 7-3（a）为一幅航拍原图像，图 7-3（b）为 $k=0.0025$ 湍流较剧烈时对其进行模拟退化的结果；图 7-3（c）为 $k=0.001$ 中等湍流时对其进行模拟退化的结果。下面先给出模拟大气湍流图像模糊退化自定义函数 IMturbulence 的程序代码，然后调用该自定义函数对图 7-3（a）中的航拍图像进行模拟退化。

```
function[g, Ht] = IMturbulence(f, k)
%模拟大气湍流图像模糊退化 IMturbulence
%输入参数：
%          f 原图像，灰度图像或 RGB 彩色图像
%          k 大气湍流模型的系数
%输出：  g 大气湍流影响的退化图像
%          Ht 大气湍流模糊退化函数
% ********************************
[rows, cols, Cplane] = size(f);%获取图像大小
fp = padarray(f,[rows,cols],'replicate','post');%扩展图像
Fp = fft2(fp);%计算图像的 DFT
Fp = fftshift(Fp);%对图像频谱作中心化处理
%生成大气湍流模糊退化函数 Ht
u = -rows:rows-1; v = -cols:cols-1;
[Va,Ua] = meshgrid(v,u);
Da2 = Ua.^2 + Va.^2;
Ht = exp((-k). * ( Da2.^(5/6)));
%如果输入图像为 RGB 彩色图像,把 H 串接成一个三维数组
H = Ht;
if(Cplane = = 3)
    H = cat(3, Ht, Ht, Ht);
end
%计算图像 DFT 与大气湍流模糊退化函数的点积
Gp = Fp. * H;
Gp = ifftshift(Gp);%去中心化
gp = real(ifft2(Gp));%计算滤波结果的 DFT 反变换,并取实部
g = gp(1:rows,1:cols);%截取 gp 左上角 rows * cols 的区域作为输出
g = im2uint8(mat2gray(g));%把输出图像的数据格式转换为 uint8
```

```
end
% ―――――――――――――――――――――――――――――――
```

调用上述大气湍流图像模糊退化函数 IMturbulence，对一幅航拍图像进行退化处理：

%采用自定义函数 IMturbulence 模拟大气湍流模糊退化

```
close all; clearvars;
f = imread('aerial_view.tif');%读入一幅航拍图像
[g1, H1] = IMturbulence(f, 0.0025);%令 k = 0.0025,模拟大气湍流模糊退化
[g2, H2] = IMturbulence(f, 0.001);%令 k = 0.001,模拟大气湍流模糊退化
%显示退化结果
figure;
subplot(1,3,1), imshow(f);title('原图像');
subplot(1,3,2), imshow(g1);title('k = 0.0025 的退化图像');
subplot(1,3,3), imshow(g2);title('k = 0.001 的退化图像');
% ――――――――――――――――――――――――――――
```

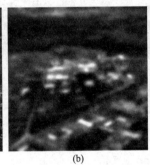

（a）　　　　　　　　　　　（b）　　　　　　　　　　　（c）

图 7-3　利用大气湍流模型模拟图像退化过程

（a）原图像；（b）剧烈湍流，$k=0.0025$；（c）中等湍流，$k=0.001$

2. 运动模糊图像退化模型

采集图像时，因曝光时间内成像设备与被摄物体或场景间发生相对运动，使物体像点在图像传感器靶面上发生移位进而导致图像模糊，称为图像运动模糊。根据图像运动模糊的生成机理将其划分为局部运动模糊、全局运动模糊和混合运动模糊三类：

（1）局部运动模糊，即成像目标运动、成像设备静止，相对运动使采集到的图像背景清晰、目标模糊，如高速公路监控视频中的车辆、运动物体抓拍等。

（2）全局运动模糊，即成像目标静止、成像设备运动或光照条件影响致使曝光时间延长，相对运动使采集到的图像中背景与目标都模糊，如拍照持握相机不稳产生的抖动、无人机拍摄地面静止目标等。

（3）混合运动模糊，即成像目标与成像设备同时运动，相对运动使采集的图像出现多种图像模糊效果叠加。如无人机拍摄地面运动目标、车载或船载成像设备拍摄运动目标等。

假设场景在传感器靶面上沿水平和垂直方向做匀速直线运动，成像设备的曝光时间用 T 表示，在曝光时间 T 内像点在水平和垂直方向上的移动量分别用 a 和 b 表示，那么该情况下的运动模糊退化点扩散函数 PSF 的傅里叶变换为：

$$H(u, v) = \frac{T\sin[\pi(ua + vb)]}{\pi(ua + vb)} e^{-j\pi(ua+vb)}$$ (7-4)

上式仅是一种简单的运动模糊退化过程模型，实际成像过程中发生的运动要复杂得多。

示例 7-2：匀速直线运动引起的图像模糊

采用式（7-4）的匀速直线运动模糊图像退化模型，对一幅图像进行模拟退化。图 7-4（a）为原图像，图 7-4（b）为常数 $a=b=0.02$ 和 $T=1$ 时模拟退化结果，图 7-4（c）为匀速直线运动模糊退化函数的幅度谱，图 7-4（d）为从实际运动模糊图像中估计出的运动模糊退化函数的幅度谱，可见实际运动模糊图像退化过程的复杂性。下面给出了模拟匀速直线运动图像模糊退化自定义函数 IMmotionblur 的程序代码，也可采用 MATLAB 函数 imfilter 模拟图像运动模糊退化。

(a)   (b)   (c)   (d)

图 7-4　模拟匀速直线运动图像模糊退化过程

（a）原图像；（b）匀速直线运动模糊退化结果，$T=1$，$a=b=0.02$；（c）匀速直线运动模糊退化函数的幅度谱；
（d）从实际运动模糊图像中估计出的运动模糊退化函数的幅度谱

```
function[g, Hm] = IMmotionblur(f, T, ha, vb)
```
%模拟 x,y 方向匀速直线运动模糊退化
```
% 输入参数:f - 原图像,灰度图像或 RGB 彩色图像
%          T - 成像设备曝光时间
%          ha,vb-在曝光时间 T 内像点在水平和垂直方向上的移动量
% 输出参数:g- 模拟运动模糊退化图像
%          Hm-匀速直线运动模糊退化函数
% ********************************************
[rows,cols,Cplane] = size(f);%获取图像大小
fp = padarray(f,[rows, cols],'circular','post');%扩展图像
Fp = fft2(fp);%计算图像的 DFT
Fp = fftshift(Fp);%对图像频谱作中心化处理

%生成运动模糊退化函数 Hm
Hm = T. * ones(2 * rows,2 * cols);
u = -rows:rows-1; v = -cols:cols-1;
[Va,Ua] = meshgrid(v,u);
```

```
temp = pi. * (Ua. * vb + Va. * ha);
indx = find(temp);
Hm(indx) = T. * exp(-1i. * temp(indx)). * sin(temp(indx))./temp(indx);
```

```
%如果输入图像为 RGB 彩色图像,把 H 串接成一个三维数组
H = Hm;
if (Cplane = = 3)
    H = cat(3,Hm,Hm,Hm);
end
%计算图像 DFT 与运动模糊退化函数的点积
Gp = Fp. * H;
Gp = ifftshift(Gp);%去中心化
gp = real(ifft2(Gp));%计算滤波结果的 DFT 反变换,并取实部
g = gp(1:rows,1:cols);%截取 gp 左上角 rows * cols 的区域作为输出
g = im2uint8(mat2gray(g));%把输出图像的数据格式转换为 uint8
end
%———————————————————————————————————————————————
```

%采用自定义函数 IMmotionblur 模拟匀速直线运动图像模糊退化

```
close all;clearvars;
f = imread('cameraman. tif');%读入一幅图像
T = 1;
a = 0.02; b = 0.02;
[g, Hm] = IMmotionblur(f,T,a,b);%模拟运动模糊退化
```

```
%显示运动模糊退化函数的幅度谱
figure; imshow(log(abs(Hm) + 1), []);
%显示退化结果
figure; imshowpair(f,g,'montage');
title('原图像(左) | T = 1;a = b = 0.05 的运动模糊退化图像(右)');
%———————————————————————————————————————————————
```

%采用 MATLAB 函数 imfilter 模拟运动模糊退化

```
close all; clearvars;
I = imread('cameraman. tif');%读入一幅图片
LEN = 25; %运动位移量
THETA = -45; %运动方向
PSF = fspecial('motion', LEN, THETA);%构造运动模糊滤波器系数数组
Iblurred = imfilter(I, PSF, 'conv', 'circular');%空域滤波
%显示模拟运动模糊退化结果
figure; imshow(Iblurred); title('采用函数 imfilter 模拟运动模糊退化');
```

%————————————————————————————

3. 相机防抖三剑客 OIS、EIS 和 AIS

（1）OIS（Optical Image Stabilization）光学防抖，又称光学稳像，通过在镜片组中增加一个使用磁力悬浮的镜片，配合陀螺仪工作，当机身发生振动时，能检测到轻微的抖动，从而控制镜片浮动对抖动进行一定的位移补偿，避免了光路发生抖动，实现光学防抖。目前旗舰机型都采用 OIS 光学防抖。

（2）EIS（Electronic Image Stabilization）电子防抖，又称电子稳像，利用检测到机身抖动的程度来动态调整 ISO、快门或软件来做模糊修正。EIS 的优点是不需额外增加硬件，成本较低且适合微型化设计，但通常牺牲影像的解析度，防抖效果取决于算法的设计与效率。EIS 实质上就是图像复原。

（3）AIS（AI Image Stabilization）智能防抖就是 OIS 光学防抖的升级。所谓 AIS 智能防抖，实际上就是人工智能防抖，AIS 技术集成 OIS 以及 EIS 的优点，通过人工智能算法来实现图像防抖的功能，在 CMOS 数据读写速度保证的条件下，效果更为明显。

7.1.3 噪声模型

噪声在图像上常表现为引起较强视觉效果的孤立像素点、像素块或纹理，扰乱图像的可观测信息，降低了图像的清晰度，使得图像模糊，甚至淹没图像特征，给分析带来困难。当图像仅因噪声污染而导致的退化，其复原方法请参照"第 3 章 空域滤波"和"第 4 章 频域滤波"中讨论的方法。

1. 图像噪声的成因

噪声主要来源于两个方面，一是图像的获取过程，图像传感器 CCD 和 CMOS 采集图像过程中，由于受传感器材料属性、工作环境、电子元器件和电路结构等影响，会引入各种噪声，如电阻引起的热噪声、场效应管的沟道热噪声、光子噪声、暗电流噪声、光响应非均匀性噪声。二是图像的传输过程，由于传输介质和记录设备等的不完善，数字图像在其传输过程中往往会受到多种噪声的污染。另外，在图像处理的某些环节也会引入噪声。

2. 图像噪声的特征

图像噪声一般具有以下特点：

（1）噪声在图像中的分布和大小不规则，即具有随机性。

（2）噪声与图像之间一般具有相关性，例如，图像黑暗部分噪声大，明亮部分噪声小，又如，数字图像中的量化噪声与图像相位相关，图像内容接近平坦时，量化噪声呈现伪轮廓，但图像中的随机噪声会因为颤噪效应反而使量化噪声变得不很明显。

（3）噪声具有叠加性。在串联图像传输系统中，各部分窜入噪声若是同类噪声可以进行功率相加，依次信噪比要下降。

3. 图像噪声的分类

（1）加性噪声与乘性噪声

按噪声和信号之间的关系，图像噪声可分为加性噪声和乘性噪声。为了分析处理方便，往往将乘性噪声近似认为是加性噪声，而且总是假定信号和噪声是互相独立的。

假定信号为 $S(t)$，噪声为 $n(t)$，如果混合叠加波形是 $S(t)+n(t)$ 的形式，则称其为加性噪声。加性噪声和图像信号强度是不相关的，如图像在传输过程中引进的"信道噪声"、电视摄像机扫描图像的噪声等。

如果叠加波形为 $S(t)\left[1+n(t)\right]$ 的形式，则称其为乘性噪声。乘性噪声则与信号强度有关，往往随图像信号的变化而变化，如电视扫描光栅、胶片颗粒造成等。

（2）外部噪声与内部噪声

按照产生原因，图像噪声可分为外部噪声和内部噪声。外部噪声，即指系统外部干扰以电磁波或经电源窜进系统内部而引起的噪声。如外部电气设备产生的电磁波干扰、天体放电产生的脉冲干扰等。由系统电气设备内部引起的噪声为内部噪声，如内部电路的相互干扰。

（3）平稳噪声与非平稳噪声

按照统计特性，图像噪声可分为平稳噪声和非平稳噪声。统计特性不随时间变化的噪声称为平稳噪声。统计特性随时间变化的噪声称为非平稳噪声。

4. 图像的噪声模型

实际图像中的噪声，看作是可用概率密度函数 PDF（Probability Density Function）或频谱表征的随机变量，根据其噪声分量灰度值的统计特性，用高斯噪声、高斯白噪声、瑞利噪声、伽马噪声、指数噪声、均匀噪声、脉冲噪声（"椒盐"噪声）、周期噪声等统计模型来描述。

7.2　逆滤波图像复原

7.2.1　直接逆滤波

已知图像退化过程的传递函数 $H(u, v)$、退化图像的傅里叶变换 $G(u, v)$，不考虑噪声因素，依据式（7-2）所表达的图像退化过程，按下式简单得到复原图像的傅里叶变换：

$$\hat{F}(u, v)=\frac{G(u, v)}{H(u, v)} \tag{7-5}$$

然后再对 $\hat{F}(u, v)$ 进行傅里叶拟变换，得到复原图像 $f(x, y)$。由于上述过程是式（7-2）所表达的卷积退化过程的逆过程，称式（7-5）为逆滤波图像复原。

考虑退化过程实际存在噪声，进一步将复原图像的傅里叶变换 $\hat{F}(u, v)$ 表示为：

$$\hat{F}(u, v)=\frac{G(u, v)}{H(u, v)}-\frac{N(u, v)}{H(u, v)} \tag{7-6}$$

通常，图像噪声的傅里叶变换 $N(u, v)$ 很难准确估计，即使已知退化函数 $H(u, v)$，也不能简单按式（7-5）或式（7-6）准确地复原图像。更糟糕的是，当退化函数 $H(u, v)$ =0 或者值非常小时，由 $N(u, v)/H(u, v)$ 确定的噪声项将被极度放大，导致图像复原失败。

7.2.2　加窗逆滤波

许多情况下，$H(u, v)$ 会从零频点 $H(0, 0)$ 开始快速递减，而噪声 $N(u, v)$ 几乎总是常数。为避免使用式（7-5）或式（7-6）时引起噪声的扩大，一般不直接将因子 $1/H(u, v)$ 作为滤波器，而是先将其加窗处理，在 $H(u, v)$ 变得太小或者达到第一个零值前，就将其在某一个频率 D_0 处截断：

$$\hat{F}(u, v) = \begin{cases} \dfrac{G(u, v)}{H(u, v)}, & u^2 + v^2 \leqslant D_0^2 \\ G(u, v), & u^2 + v^2 > D_0^2 \end{cases} \tag{7-7}$$

式中，D_0 为截止频率，选择 D_0 使得 $H(u, v)$ 不包括零值点。当然也可以不采用上述矩形窗函数，而用其他窗函数，比如高阶巴特沃斯低通滤波器，使得 $1/H(u, v)$ 在 D_0 处有个平滑的过渡。

示例 7-3：逆滤波图像复原

首先采用式（7-3）定义的大气湍流图像退化模型，对一幅航拍图像进行模拟退化。图 7-5（a）为原图像，图 7-5（b）为 $k = 0.001$ 时的大气湍流模拟退化结果。然后采用同样的退化函数，按式（7-5）对图 7-5（b）中的退化图像进行直接逆滤波复原（不加窗），结果如图 7-5（c）所示，完全失败。接下来采用式（7-7）给出的加窗逆滤波方法，再对上述退化图像进行加窗逆滤波复原，图 7-5（d）、图 7-5（e）为截止频率 D_0 分别为 150、200 时的复原结果。当 $D_0 = 150$ 时，复原图像的视觉效果最好；当 $D_0 = 200$ 时，复原近乎失败。

如果在退化图像中加入均值为 0、方差为 0.001 的轻微高斯噪声，再进行加窗逆滤波复原，图 7-5（f）给出了截止频率 D_0 为 150 时的复原结果。显然，尽管加窗逆滤波复原一定程度上能抑制噪声影响，但直接逆滤波很难得到高质量复原图像。

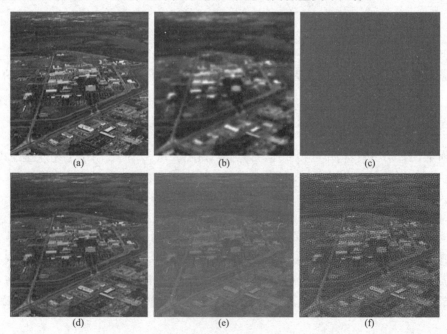

图 7-5　模拟大气湍流图像退化及其逆滤波复原

（a）原图像；（b）退化图像，$k = 0.001$；（c）直接逆滤波复原；（d）无噪加窗 $D_0 = 150$；

（e）无噪加窗 $D_0 = 200$；（f）加噪加窗 $D_0 = 150$

%模拟大气湍流图像退化及逆滤波复原

```
close all; clearvars;
f = imread('aerial_view.tif'); %读入一幅航拍图像

[g, Ht] = IMturbulence(f, 0.001); %令 k = 0.0025,模拟大气湍流模糊退化
%向退化图像中添加高斯噪声
g = imnoise(g,'gaussian', 0, 0.001);
[rows, cols, Cplane] = size(g); %获取退化图像大小

gp = padarray(g,[rows, cols],'symmetric','post'); %扩展图像
Gp = fft2(gp); %计算图像的 DFT
Gp = fftshift(Gp); %对图像频谱作中心化处理
%如果输入图像为 RGB 彩色图像,把 H 串接成一个三维数组
H = Ht;
if (Cplane = = 3)
    H = cat(3, Ht, Ht, Ht);
end

%直接全逆滤波
Frd = Gp. /(H + eps);
Frd = ifftshift(Frd);      %去中心化
fr = real(ifft2(Frd));      %计算直接逆滤波结果的 DFT 反变换,并取实部
fr = fr(1:rows,1:cols);      %截取 fr 左上角 rows * cols 的区域作为输出
fr = im2uint8(mat2gray(fr));     %把输出图像的数据格式转换为 uint8
%加窗逆滤波,矩形窗函数,截止频率 D0
D0 = 150;
Frw = Gp;
u = -rows:rows-1; v = -cols:cols-1;
[Va,Ua] = meshgrid(v,u);
Da2 = Ua.^2 + Va.^2;
indx = Da2 < D0 * D0;
Frw(indx) = Gp(indx)./(H(indx) + eps);
Frw = ifftshift(Frw); %去中心化
frw = real(ifft2(Frw)); %计算加窗逆滤波结果的 DFT 反变换,并取实部
frw = frw(1:rows,1:cols); %截取 gp 左上角 rows * cols 的区域作为输出
frw = im2uint8(mat2gray(frw)); %把输出图像的数据格式转换为 uint8
%显示退化结果
figure;
subplot(2,2,1); imshow(f);title('原图像');
```

```
subplot(2,2,2); imshow(g);title('k = 0.001 的退化图像');
subplot(2,2,3); imshow(fr);title('直接逆滤波复原图像');
subplot(2,2,4); imshow(frw);title(strcat('D0 = ',int2str(D0),'的加窗逆滤波复原
图像'));
    %-----------------------------------------------------------------------
```

7.3　维纳滤波图像复原

　　逆滤波的主要局限在于对噪声敏感性，维纳滤波（Wiener filtering）能对存在噪声的退化图像进行复原。维纳滤波假定图像和噪声都是随机变量，目标是对于给定的退化图像 $g(x, y)$，找到其退化前原图像 $f(x, y)$ 的一个估计 $\hat{f}(x, y)$，使得二者之间的均方误差最小：

$$e^2 = E\{[f(x, y) - \hat{f}(x, y)]^2\} \tag{7-8}$$

式中，$E\{\cdot\}$ 表示随机变量的期望值，即条件均值。假定图像退化过程可用一个含加性噪声的线性移不变系统来描述，即：

$$g(x, y) = h(x, y) * f(x, y) + n(x, y) \tag{7-9}$$

其中，噪声 $n(x, y)$ 是一个与原图像 $f(x, y)$ 无关的平稳噪声序列，且要求 $n(x, y)$ 与 $g(x, y)$ 为零均值。基于上述条件，使式（7-8）均方误差最小的复原图像 $\hat{f}(x, y)$ 的频域表达为：

$$\hat{F}(u, v) = \left[\frac{H^*(u, v)}{|H(u, v)|^2 + S_n(u, v)/S_f(u, v)}\right] G(u, v) \tag{7-10}$$

其中，$H(u, v)$ 为退化函数，$H^*(u, v)$ 为 $H(u, v)$ 的复共轭；$|H(u, v)|^2$ 为退化函数的功率谱（幅度谱的平方）；$S_n(u, v) = |N(u, v)|^2$ 为噪声 $n(x, y)$ 的功率谱；$S_f(u, v) = |F(u, v)|^2$ 为退化前图像 $f(x, y)$ 的功率谱。

　　当无噪声时，即 $S_n(u, v) = 0$，式（7-10）变成：

$$\hat{F}(u, v) = \frac{G(u, v)}{H(u, v)}$$

这就是前面讨论过的直接逆滤波形式，因此，直接逆滤波可以看作是维纳滤波的一种特殊情况。式（7-10）分母中的 $S_n(u, v)/S_f(u, v)$ 项是存在噪声时，统计意义上对退化函数进行修正。

　　除了退化函数外，计算式（7-10）还要知道噪声 $n(x, y)$ 以及退化前图像 $f(x, y)$ 的功率谱 $S_n(u, v)$、$S_f(u, v)$。通常对随机噪声统计特性的了解非常困难，一般假设为白噪声，其功率谱 $S_n(u, v)$ 为常数。而退化前图像的功率谱 $S_f(u, v)$ 一般无法获知。在 $S_n(u, v)$、$S_f(u, v)$ 未知或无法估计时，维纳滤波图像复原可近似为：

$$\hat{F}(u, v) = \left[\frac{H^*(u, v)}{|H(u, v)|^2 + NSR}\right] G(u, v) \tag{7-11}$$

式中，NSR 为图像信噪比（noise-to-signal power ratio），一个待定常数，可通过交互方式试探找到最好视觉效果的 NSR 值。在一定意义上，图像噪声越严重，NSR 值就要取大些。

示例 7-4：维纳滤波复原图像

首先采用式（7-3）定义的大气湍流图像退化模型，常数 $k = 0.001$，对一幅航拍图像进行模拟退化。然后采用同样的退化函数，按式（7-11）对上述退化图像进行维纳滤波复原。图 7-6（a）为原图像，图 7-6（b）为 $k = 0.001$ 模拟退化结果，图 7-6（c）为加入均值为 0、方差为 0.001 轻微高斯噪声的结果。图 7-6（d）是对无噪退化图像的复原结果，$NSR = 0.0001$。图 7-6（e）、图 7-6（f）分别给出了 $NSR = 0.02$、$NSR = 0.002$ 时对加噪退化图像的维纳滤波复原结果。与直接逆滤波相比，维纳滤波复原质量更高。

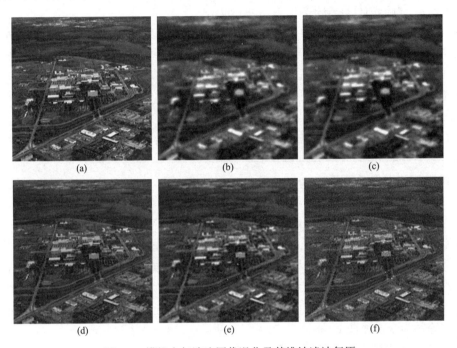

图 7-6　模拟大气湍流图像退化及其维纳滤波复原

（a）原图像；（b）模拟退化图像；（c）加噪图像均值为 0，方差为 0.001；（d）无噪声，$NSR = 0.0001$；
（e）加噪，$NSR = 0.02$；（f）加噪，$NSR = 0.002$

%采用维纳滤波复原图像 Deblur image using Wiener filter

```
close all; clearvars;
f = imread('aerial_view.tif');        %读入一幅航拍图像
[g, H] = IMturbulence(f,0.001);       %令 k = 0.001,模拟大气湍流模糊退化
[rows, cols, Cplane] = size(g);       %获取退化图像大小
%如果输入图像为 RGB 彩色图像,把 H 串接成一个三维数组
if (Cplane == 3)
    H = cat(3,H,H,H);
end
%往退化图像中添加高斯噪声
noise_var = 0.001;
```

```
g = imnoise(g,'gaussian',0,noise_var);
gp = padarray(g,[rows, cols],'symmetric','post');  %扩展图像

Gp = fft2(gp);      %计算图像的 DFT
Gp = fftshift(Gp)    ;%对图像频谱作中心化处理
%计算维纳滤波复原图像的频谱
NSR = 0.002;
Frwnr = Gp.* conj(H)./(abs(H).^2 + NSR + eps);
Frwnr = ifftshift(Frwnr);  %去中心化
fr = real(ifft2(Frwnr));  %计算维纳滤波滤波结果的 DFT 反变换,并取实部
fr = fr(1:rows,1:cols);  %截取 gp 左上角 rows * cols 的区域作为输出
fr = im2uint8(mat2gray(fr));%把输出图像的数据格式转换为 uint8
%显示复原结果
figure; montage({f,g,fr},'Size',[1,3]);
title('原图像(左)  |  退化加噪图像(中)  |  维纳滤波复原图像(右)');
%------------------------------------------------------------
```

1. 维纳滤波图像复原函数 deconvwnr

(1) 函数 deconvwnr 采用维纳滤波器复原图像,基本语法格式为:

格式:J = deconvwnr (I, psf, nsr)

采用维纳滤波器算法(Wiener filter algorithm)对输入退化图像 I 进行反卷积复原,输出变量 J 为复原结果图像。输入图像 I 可以式灰度图像或彩色图像的多维数组;psf 为退化过程的空域点扩散函数;nsr 为加性噪声与图像信号的功率比,可以是标量常数,相当于式(7-10)中的常数 NSR,也可以是一个与输入图像 I 大小相同的频域数组,当 nsr=0 时,函数等效为全逆滤波。

2. 点扩散函数的空域与频域之间的变换 otf2psf 和 psf2otf

(2) 函数 otf2psf 将频域退化函数 $H(u, v)$ 变换为空域点扩散函数 $h(x, y)$,基本语法格式为:

格式 1:PSF = otf2psf (OTF)

计算输入退化函数 OTF(Optical Transfer Function)的快速傅里叶反变换,得到其空域点扩散函数 PSF,数组大小与 OTF 相同。注意:如果输入参数已做中心化处理,在调用函数 otf2psf 前需用函数 ifftshift 对 OTF 去中心化,并对返回的 PSF 取其实部。

格式 2:PSF = otf2psf (OTF, sz)

PSF 数组大小由输入参数 sz 向量指定。

(3) 函数 psf2otf 将空域点扩散函数 $h(x, y)$ 变换为频域退化函数 $H(u, v)$,基本语法格式为:

格式 1:OTF = psf2otf (PSF)

计算输入退化过程空域点扩散函数 PSF 的快速傅里叶变换函数 OTF,数组大小与 PSF 相同。

格式 2：OTF = psf2otf（PSF，OUTSIZE）

计算输入退化过程空域点扩散函数 PSF 的快速傅里叶变换函数，得到其频域退化函数 OTF，数组大小由输入参数向量 OUTSIZE 指定。

示例 7-5：调用 MATLAB 维纳滤波函数 deconvwnr 对大气湍流退化图像进行复原

首先用自定义的大气湍流图像退化模型，常数 $k=0.001$，对图 7-7（a）航拍图像进行模拟退化，结果如图 7-7（b）所示。由于维纳滤波图像复原函数 deconvwnr 中的 PSF 为空域点扩散函数，如果图像退化用频域退化函数 $H(u, v)$ 表示，在调用 deconvwnr 时，可用函数 otf2psf 把 $H(u, v)$ 变换为空域点扩散函数 PSF。图 7-7（c）是不加噪时对退化图像的复原，图 7-7（d）是向退化图像中加入均值为 0、方差为 0.001 高斯噪声时的复原结果。

(a)　　　　　　　(b)　　　　　　　(c)　　　　　　　(d)

图 7-7　模拟大气湍流图像退化及其维纳滤波复原

(a) 原图像；(b) 退化图像，$k=0.001$；(c) 无噪，$NSR = 0.0001$；(d) 加噪，$NSR = 0.02$

%调用 MATLAB 维纳滤波反卷积函数 deconvwnr 复原图像

```
close all;clearvars;
f = imread('aerial_view. tif');         % 读入一幅航拍图像
[g, H] = IMturbulence(f, 0.001);        % 令 k = 0.001 模拟大气湍流模糊退化
[rows, cols, Cplane] = size(g);         % 获取退化图像大小
% 向退化图像中添加高斯噪声
noise_var = 0.001;
gn = imnoise(g,'gaussian', 0, noise_var);
% 将大气湍流模糊退化频域传递函数,转换为空域点扩散函数 PSF
PSF = real( otf2psf(ifftshift(H),[rows, cols]));
% 对无噪图像复原
NSR = 0.0001;    % 设定常数 NSR
fr1 = deconvwnr(g, PSF, NSR);     % 维纳滤波反卷积复原
fr1 = im2uint8(fr1);              % 转换为无符号 8 位整数
% 对加噪图像复原
NSR = 0.02;    % 设定常数 NSR
fr2 = deconvwnr(gn, PSF, NSR);    % 维纳滤波反卷积复原
fr2 = im2uint8(fr2);    % 转换为无符号 8 位整数
```

```
% 显示复原结果
figure;
subplot(2,2,1); imshow(f); title('原图像');
subplot(2,2,2); imshow(g); title('k = 0.001 的退化图像');
subplot(2,2,3); imshow(fr1); title('无噪图像维纳滤波复原结果');
subplot(2,2,4); imshow(fr2); title('加噪图像维纳滤波复原结果');
% ————————————————————————————————————————————————
```

示例 7-6：调用 MATLAB 函数 deconvwnr 对运动模糊退化图像进行复原

先用函数 fspecial 构造运动模糊点扩散函数 psf，再调用函数 imfilter 对图 7-8（a）cameraman 进行匀速直线运动模糊图像退化，取运动位移量 LEN = 20，运动方向 THETA = −45，结果如图 7-8（b）所示。然后调用维纳滤波函数 deconvwnr 对退化图像进行复原，图 7-8（c）是退化图像无添加噪声的复原结果，图 7-8（d）是向退化图像中添加 0 均值、方差为 0.001 高斯噪声的复原结果。

（a）　　　　　　　　　（b）　　　　　　　　　（c）　　　　　　　　　（d）

图 7-8　调用 MATLAB 函数 deconvwnr 对运动模糊退化图像进行复原
（a）原图像；（b）退化图像；（c）无噪，$NSR = 0.0001$；（d）加噪，$NSR = 0.02$

％调用 MATLAB 维纳滤波函数 deconvwnr 对运动模糊退化图像进行复原

```
close all; clearvars;
f = imread('cameraman.tif'); % 读入一幅图像

LEN = 20;      % 运动位移量
THETA = -45; % 运动方向
% 构造运动模糊点扩散函数 PSF 的滤波器系数数组
psf = fspecial('motion', LEN, THETA);
% 空域滤波模拟运动模糊退化
g = imfilter(f,psf, 'conv', 'circular');
% 向退化图像中添加高斯噪声
noise_var = 0.001;
gn = imnoise(g,'gaussian',0,noise_var);
```

```
% 无噪退化图像复原
fr1 = deconvwnr(g, psf,0.0001);
fr1 = im2uint8(fr1);% 转换为无符号 8 位整数
% 加噪退化图像复原
fr2 = deconvwnr(gn, psf,0.02);
fr2 = im2uint8(fr2);% 转换为无符号 8 位整数
% 显示复原结果
figure;
subplot(2,2,1); imshow(f);title('原图像');
subplot(2,2,2); imshow(g); title('采用 Matlab 函数 imfilter 模拟运动模糊退化');
subplot(2,2,3); imshow(fr1);title('无噪退化图像维纳滤波复原');
subplot(2,2,4); imshow(fr2);title('加噪退化图像维纳滤波复原');
% ------------------------------------------------------------
```

7.4　约束最小二乘滤波图像复原

考虑式（7-1）给出的线性移不变图像退化模型，约束最小二乘滤波对退化前图像 $f(x, y)$ 的复原估计 $\hat{f}(x, y)$，是最小化以下准则函数 J 的结果：

$$J \equiv \| p(x, y) * \hat{f}(x, y) \|^2 \tag{7-12}$$

约束条件为：

$$\| g(x, y) - h(x, y) * \hat{f}(x, y) \|^2 \leqslant \varepsilon^2, \text{ 其中 } \varepsilon^2 \geqslant 0 \tag{7-13}$$

其中符号 $\| \mathbf{w} \|^2 = \mathbf{w}^T \mathbf{w}$ 表示向量 $\mathbf{w}$ 的 L-2 范数的平方，即向量 $\mathbf{w}$ 的内积。

式（7-12）中，$p(x, y)$ 是一个度量 $\hat{f}(x, y)$ 粗糙度的空域算子，例如，若 $p(x, y)$ 为一个高通滤波器算子，最小化 J 意味着对高频或粗糙边缘进行平滑。$p(x, y)$ 为通常选择拉普拉斯算子：

$$p(x, y) = \begin{bmatrix} 0 & 1 & 0 \\ 1 & -4 & 1 \\ 0 & 1 & 0 \end{bmatrix} \tag{7-14}$$

采用 Lagrange 乘子法，得到上述约束最小二乘优化问题的频域解：

$$\hat{F}(u, v) = \left[\frac{H^*(u, v)}{|H(u, v)|^2 + \gamma |P(u, v)|^2} \right] G(u, v) \tag{7-15}$$

式中，γ 是 Lagrange 乘子，一个待定参数，其选择应满足式（7-13），可根据复原效果交互试探选择，也可通过迭代计算。$P(u, v)$ 是拉普拉斯算子 $p(x, y)$ 的傅里叶变换。

◢ 约束最小二乘滤波图像复原函数 deconvreg

• 函数 deconvreg 采用约束最小二乘滤波复原图像，基本语法格式为：

格式：J = deconvreg (I, psf, np, lrange)

采用约束最小二乘滤波对输入退化图像 I 进行反卷积复原，输出变量 J 为复原图像。

输入图像 I 可以式灰度图像或彩色图像的多维数组。参数 psf 为退化过程的空域点扩散函数。np 是退化图像中的加性噪声功率，缺省值为 0。参数 lrange 可以是二元向量，用于指定 Lagrange 乘子 γ 的优化搜索范围，缺省值为 [1e-9，1e9]；参数 lrange 也可以是标量，此时算法按照该指定值作为 γ 值来复原图像。

示例 7-7：约束最小二乘滤波复原图像

先用函数 fspecial 构造运动模糊点扩散函数 psf，再调用函数 imfilter 对图 7-9（a）进行匀速直线运动模糊图像退化，取运动位移量 LEN = 100，运动方向 THETA＝－45，结果如图 7-9（b）所示。然后向退化图像中添加 0 均值、方差为 0.01 的高斯噪声，如图 7-9（c）所示。

图 7-9（d）是维纳滤波对无噪退化图像的复原结果，$NSR＝0.0001$。图 7-9（e）是约束最小二乘滤波对无噪退化图像的复原结果，$\gamma＝0.005$。图 7-9（f）是维纳滤波对加噪退化图像的复原结果，$NSR＝0.01$。图 7-9（g）是约束最小二乘滤波对加噪退化图像的复原结果，$\gamma＝0.02$。

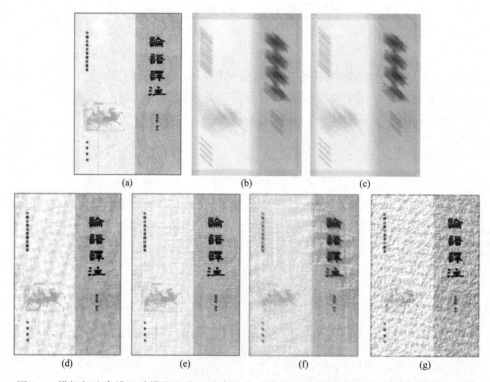

图 7-9　模拟匀速直线运动模糊退化，约束最小二乘滤波图像复原与维纳滤波图像复原对比
（a）原图像；（b）运动模糊图像；（c）加噪运动模糊图像；（d）无噪，维纳；（e）无噪，约束最小二乘；
（f）加噪，维纳；（g）加噪，约束最小二乘

%约束最小二乘滤波图像复原与维纳滤波图像复原对比

```
close all; clearvars;
f = imread('book_lunyu.jpg');% 读入一幅图像
```

```
LEN = 100;      %运动位移量
THETA = -45；%运动方向
%构造运动模糊点扩散函数 PSF 的滤波器系数数组
psf = fspecial('motion', LEN, THETA);
%空域滤波模拟运动模糊
g = imfilter(f,psf, 'conv', 'circular');
%向退化图像中添加高斯噪声
gn = imnoise(g,'gaussian',0,0.001);
%无噪退化图像维纳滤波复原
NSR = 0.005;
fr1 = deconvwnr(g,psf, NSR);
%无噪退化图像约束最小二乘滤波复原
gamma = 0.0001;
fr2 = deconvreg(g,psf,0,gamma);
%加噪退化图像维纳滤波复原
NSR = 0.01;
fr3 = deconvwnr(gn, psf, NSR);
%加噪退化图像约束最小二乘滤波复原
gamma = 0.02;
fr4 = deconvreg(gn,psf,0,gamma);
%显示退化结果
figure;
subplot(3,2,1), imshow(f);title('原图像');
subplot(3,2,2), imshow(g);title('运动模糊退化图像');
subplot(3,2,3), imshow(fr1);title('无噪退化图像维纳滤波复原');
subplot(3,2,4), imshow(fr2);title('无噪退化图像约束最小二乘滤波复原');
subplot(3,2,5), imshow(fr3);title('加噪退化图像维纳滤波复原');
subplot(3,2,6), imshow(fr4);title('加噪退化图像约束最小二乘滤波复原');
%---------------------------------------------------------------
```

7.5　图像修复

图像修复（Image Inpainting）是对图像中各类瑕疵失真的恢复，包括块状遮挡、文本遮挡、噪声、目标遮挡、划痕等。图像修复算法大致可分成三类：基于序列的方法、基于卷积神经网络 CNN（Convolutional Neural Network）的方法、基于生成对抗网络 GAN（Generative Adversarial Networks）的方法。

基于序列的方法包括基于图像块（patch）的方法和基于扩散（diffusion）的方法。基于图像块的方法基本思想是在原图上寻找相似图像块，将其填充到要修补的位置。基于扩散的方法是修补位置边缘的像素按照与正常图像区域的性质向内生长，扩散填充整个待修补区域。MATLAB 提供的 inpaintExemplar 函数，采用基于序列的方法修复图像中指定区域的划痕。

示例 7-8：调用函数 inpaintExemplar 修复图像划痕

图 7-10（a）是一幅山水风景照片，照片中有人工涂抹划痕。图 7-10（b）是提取的划痕区域掩膜，图 7-10（c）是调用函数 inpaintExemplart 及默认参数的修复结果，图 7-10（d）为采用指定参数'FillOrder', 'tensor', 'PatchSize'，10 的修复结果。

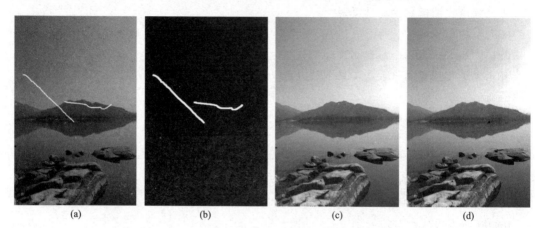

图 7-10　调用函数 inpaintExemplar 修复图像中的划痕瑕疵
(a) 原图像；(b) 划痕区域掩膜；(c) 默认参数修复结果；(d) 指定参数修复结果

%调用图像修复函数 inpaintExemplar 修复图像中的划痕瑕疵

```
I = imread('lake_crack.png');   % 读入划痕瑕疵图像
mask = imread('lake_crack_mask.png');% 读入划痕区域掩膜图像
% 采用默认参数修复图像
J1 = inpaintExemplar(I,mask);
% 指定参数修复图像
J2 = inpaintExemplar(I,mask,'FillOrder','tensor','PatchSize', 10);
% 显示原图像及掩膜图像
figure;montage({I,mask});
title('Image to Be Inpainted|Mask for Inpainting');
% 显示两种方法的修复结果
figure;montage({J1,J2});
title('Inpainted Image-gradient(default)|Inpainted Image-tensor');
% ----------------------------------------------------------------
```

示例 7-9：采用图像修复方法移除图像中的目标区域

目的是去除图 7-11（a）中右上角的小飞机区域。首先画一椭圆选择该区域以生成其掩膜图像，如图 7-11（b）所示。然后调用函数 inpaintExemplar 采用图像修复技术，去除掩膜区域对应的图像目标，结果如图 7-11（c）所示。

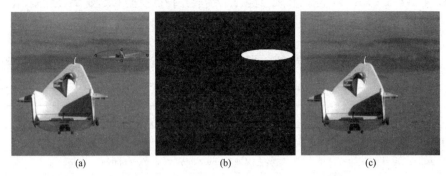

图 7-11　调用图像修复函数 inpaintExemplar 移除图像中的目标区域

（a）原图像及要去除区域；（b）要去除区域掩膜；（c）处理结果

%调用图像修复函数 inpaintExemplar 移除图像中的目标区域

I = imread('liftingbody.png');%读入一幅图像

figure; imshow(I);%显示图像

%使用画椭圆函数选择要去除的区域范围

h = drawellipse('Center',[410 155],'SemiAxes',[95 20]);

%调用函数 createMask 生成所选兴趣区域 ROI 的掩膜图像

mask = createMask(h);

%采用图像修复方法去除掩膜区域对应的图像目标

J = inpaintExemplar(I,mask);

%显示原图像及生成的掩膜图像

figure; montage({I,mask});

title('Image to Be Inpainted|Mask for Inpainting');

%显示原图像及目标区域处理结果

figure; montage({I,J});

title('Image to Be Inpainted | Inpainted Image');

%--

◢ 图像修复函数 inpaintExemplar

- 函数 inpaintExemplar 修复掩膜指定的图像区域，基本语法格式为：

格式 1：J = inpaintExemplar（I, mask）

采用基于样本的图像修复技术填充输入图像 I 中的指定区域，参数 mask 是一个 logical 型掩膜图像，用取值为 1 的区域指定输入图像中要修复的目标区域位置。默认填充方法'FillOrder'为'gradient'、块大小'PatchSize'为［9，9］。

格式 2：J = inpaintExemplar（I, mask，Name，Value）

按照 Name，Values 指定的参数对修复图像。

7.6 MATLAB 图像处理工具箱中的图像复原函数简介

下表列出了 MATLAB 图像处理工具箱中与图像复原相关的主要函数及其功能，以便对照学习。这些函数属于"Image Enhancement->Deconvolution for deblurring"功能类。

函数名	功能描述
deconvwnr	维纳滤波器对图像去模糊(复原图像)，Deblur image using Wiener filter
deconvreg	正则化约束最小二乘滤波器去模糊，Deblur image using regularized filter
deconvblind	盲去卷积去模糊，Deblur image using blind deconvolution
deconvlucy	Lucy-Richardson 方法去模糊，Deblur image using Lucy-Richardson method
otf2psf	将光传递函数转换为点扩散函数，Convert optical transfer function to point-spread function
psf2otf	将点扩散函数转换为光传递函数，Convert point-spread function to optical transfer function
edgetaper	细化图像边缘的不连续处，弱化振铃效应，Taper discontinuities along image edges
inpaintExemplar	修复掩膜指定的图像区域，Restore specific image regions using exemplar-based image inpainting

 习题 ▶▶▶

7.1 简述图像退化的各种因素及其退化图像的视觉表现，进一步说明针对这些退化因素，目前的成像设备采用哪些技术方案来降低它们对图像质量的影响。

7.2 说明逆滤波为何一般难以得到令人满意的图像复原结果。

7.3 本章介绍了图像复原经典方法，近年来出现了大量基于深度学习的图像复原方案，如基于生成式对抗网络 GAN（Generative Adversarial Network）、基于卷积神经网络 CNN（Convolutional Neural Network）等，请查阅文献，简要介绍几种基于深度学习的图像复原方案的基本思想。

7.4 除了图像退化过程的数学机理建模外，还有哪些方法能估计图像退化过程的退化函数？

7.5 如何在频域设计退化函数，模拟手持相机拍照时的随机"抖动"图像模糊退化？

 上机练习 ▶▶▶

E7.1 编辑本章各示例程序代码建立 MATLAB 脚本或函数 m 文件，保存运行，注意观察并分析运行结果。也可打开实时脚本文件 Ch7_ImageRestoration.mlx，逐节运行，熟悉本章给出的示例程序。

E7.2 编程实现式（7-15）给出的约束最小二乘滤波图像复原（不使用函数 deconvreg）。

E7.3 请查阅相关文献，了解图像去雾算法原理，并编程实现，给出程序代码及实验结果。

第8章 形态学图像处理

形态学是研究物体形状和结构，以及物体各部分之间排列及其相互关系的学科，最早应用于语言学及生物学研究领域。数学形态学（Mathematical morphology），又称数字形态学（Digital morphology），是描述和分析数字化对象形状的一种方法，如数字图像中的物体形态。数学形态学与数字计算机相伴而生，是建立在集合论和拓扑学基础之上的日益重要的图像分析工具。

数字图像由像素组成，属性相同的像素汇聚成具有特定形状的像素集合，数学形态学常用于增强这些像素集合的某些形状特征，以便对其进行计数或识别。数学形态学的基本运算包括腐蚀、膨胀、开运算、闭运算等。本章首先以二值图像为处理对象，建立形态学图像处理的基本概念，然后推广到灰度图像。

8.1 形态学图像处理基础

二值图像像素只能取两个离散值之一，一个代表"黑"，另一个代表"白"，MAT-LAB 中这两个离散值分别取 0 和 1，数据类型为逻辑型（logical）。其他语言中，二值图像常用 0 和 255 这两个值来代表"黑"和"白"，如图 8-1 所示。图像分析时，通常称值 1 像素为前景、值 0 像素为背景。汇聚在一起的前景像素，形成具有特定形状的区域，它们的形状结构及其相互位置关系，对图像目标的识别和理解至关重要。

集合是由具有某种特定性质的、具体的或抽象的对象汇总而成的集体，集合中的每一个对象称为元素。因前景像素取值为 1，像素之间也满足某种位置关系约束，常用"集合"来描述图像中前景像素汇聚而成的区域，用"元素"来描述汇聚区域中的像素。为此，在介绍形态学图像处理之前，再回顾下有关像素之间位置关系、区域和边界等概念的定义。

注意：硬件显示时将取值为 1 的像素显示为"白色"、0 显示为"黑色"，而印刷时常相反。取值为 1 的像素用白色或黑色显示，取决于事先的约定。

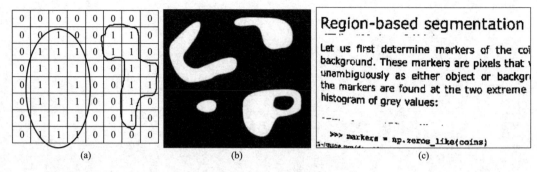

(a)　　　　　　　　　(b)　　　　　　　　　(c)

图 8-1　二值图像示例

8.1.1　连通性与区域

1. 邻域

设像素 p 的坐标为 (x, y)，其邻域是指以坐标 (x, y) 为中心的一组相邻像素构成的集合。如：像素 p 的 **4-邻域**（4-neighbors），指的是其上、下、左、右四个相邻像素；像素 p 的 **4-对角邻域**，指的是其左上、右上、左下、右下四个相邻像素；像素 p 的 **8-邻域**（8-neighbors），指的是其周围 8 个相邻像素（图 8-2）。

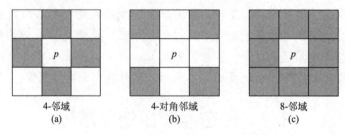

4-邻域　　　　　　　　4-对角邻域　　　　　　　　8-邻域
(a)　　　　　　　　　(b)　　　　　　　　　(c)

图 8-2　像素 p 的邻域（标为灰色的像素）

2. 连通性、连通域

对二值图像而言，连通性（connectivities）用于描述取值为 1 的邻接像素之间的位置关系。

4-邻接和 4-连通：假定像素 p 和 q 的值均为 1，如果 q 是 p 的 4-邻域像素之一，那么称像素 p 和 q 彼此为 4-邻接（4-adjacency），且两者是相互连通的，其连通性称为 4-连通（4-connected）。

8-邻接和 8-连通：假定像素 p 和 q 的值均为 1，如果 q 是 p 的 8-邻域像素之一，那么称像素 p 和 q 彼此为 8-邻接（8-adjacency），且两者是相互连通的，其连通性称为 8-连通（8-connected）。

通路：假定像素 p 的坐标为 (x, y)，像素 q 的坐标为 (s, t)，若两者之间存在一个像素序列：

$$(x, y), (x_1, y_2), \cdots\cdots, (x_n, y_n), (s, t)$$

序列中相邻两个像素彼此之间是连通的（4-连通或 8-连通），则称像素 p 和 q 之间存在一个通路，如图 8-3 所示。如果 p 和 q 是同一个像素，则称通路是闭合通路。

3. 连通分量、连通集

如图 8-3 所示，令 S 是图像中取值为 1 的像素子集，如果 S 中任意两个像素 p 和 q 之间存在一个通路，则称像素 p 和 q 是连通的；与像素 p 相连通的所有像素构成的集合，称为 S 的一个连通分量（connected component）；如果 S 仅存在一个连通分量，则称 S 为**连通集**（connected set）。

用灰色表示取值为 1 的前景像素。像素 p 和 q 之间、m 和 n 之间存在通路，但 p（或 q），与 m（或 n）之间不存在通路。图中前景像素形成了两个连通域或连通分量。

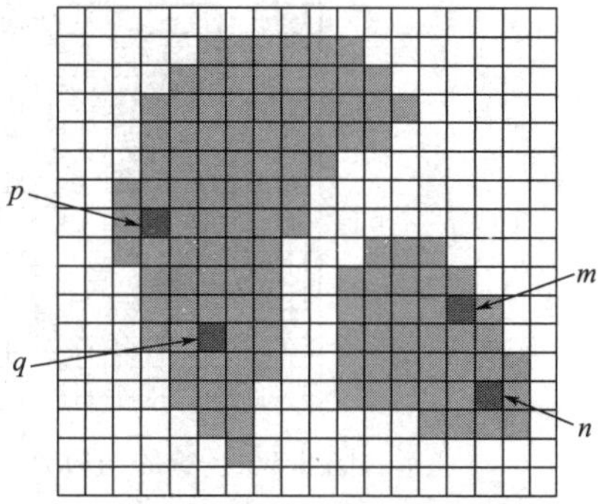

4. 区域

令 R 是图像中取值为 1 的前景像素的一个子集，如果 R 是**连通集**，则称 R 为一个连通区域

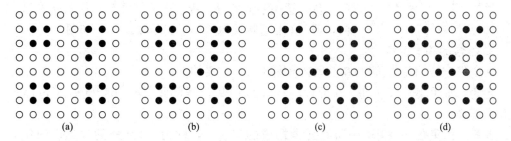

图 8-3　通路、连通分量、连通域示意

（connected region），简称**连通域、区域**（region）。可见，二值图像中的每个区域，实际上就是一个连通分量、连通域，后续章节将涉及连通域的提取问题。

如果像素之间的连通性为 4-连通，由此形成的连通域称 **4-连通域**（4-connected region）。如果像素之间的连通性为 8-连通，由此形成的连通域称 **8-连通域**（8-connected region）。

一幅二值图像中可能存在多个连通域，相邻的两个连通域之间是否连通，取决于所采用的连通性类型，例如，用 4-连通性定义的两个独立的 4-连通域，按 8-连通性定义则可能融合为一个 8-连通域，如图 8-4 所示，图 8-4（a）中的前景像素形成了 4 个 4-连通域；图 8-4（b）中的前景像素形成了 5 个 4-连通域或 3 个 8-连通域；图 8-4（c）中的前景像素形成了 5 个 4-连通域或 3 个 8-连通域；图 8-4（d）中如果将图中灰色点改为前景像素，则融合为 1 个 8-连通域。

图 8-4　采用不同连通性定义的连通域，用黑点表示取值为 1 的前景像素

5. 区域的边界

区域 R 的边界，也称边缘或轮廓，是区域 R 中某些像素的集合，构成边界的像素至少有一个邻域点不在区域 R 中。注意，采用 4-邻域或 8-邻域得到的边界一般不相同。上述定义的边界点因位于区域内部，故称**内边界**，如图 8-5 所示。

区域 R 的外边界，是区域 R 周边取值为 0 的某些背景像素的集合，构成外边界的背景像素至少有一个邻域点位于区域 R 中。同样，采用 4-邻域或 8-邻域得到的外边界一般

也不相同。

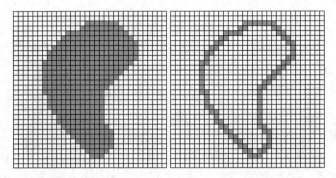

图 8-5 区域的内边界（8-邻域），用灰色表示取值为 1 的前景像素

8.1.2 集合运算

集合论（Set theory）是形态学图像处理的数学基础。用"集合"描述图像中的连通分量或连通域中像素的全体，用"元素"描述连通域中的像素，每个元素都是一个二维坐标向量 (x, y)。这样就可以把图像中所有取值为 1 的前景像素看成全集，每个区域视为一个子集，常用大写字母 A，B，S 等表示，用小写字母 a，b，p，q 等表示其中的元素（像素）。

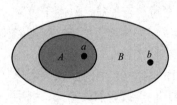

图 8-6 元素、集合与像素、区域之间的对应关系

1. 元素与集合

令 A 为二值图像中的一个集合，如果像素 $a = (x_1, y_1)$ 是集合 A 的一个元素，则称 a 属于 A，记为 $a \in A$；若像素 $b = (x_2, y_2)$ 不是集合 A 的元素，则称 b 不属于 A，记为 $b \notin A$。如果一个集合没有元素，则称其为空集，用符号 $\varnothing$ 表示。

从位置关系上来看，若 $a \in A$ 则意味着像素 a 在区域 A 内，若 $b \notin A$ 意味着像素 b 不在区域 A 内，如图 8-6 所示。

2. 集合的基本运算

两个集合 A 和 B 之间的基本运算（图 8-7），定义如下：

包含：如果集合 A 的每一个元素 $a \in A$，又是集合 B 的元素 $a \in B$，则称 A 包含于 B，记作 $A \subseteq B$。

并集：由集合 A 和 B 中所有元素构成的集合 C，称为 A 和 B 的并集，记作 $C = A \cup B$，即：

$$A \cup B = \{a \mid a \in A \text{ 或 } a \in B\}$$

交集：由集合 A 和 B 中相同元素构成的集合 C，称为 A 和 B 的交集，记作 $C = A \cap B$，即：

$$A \cap B = \{a \mid a \in A \text{ 且 } a \in B\}$$

补集：由不属于集合 A 的所有元素构成的集合称为 A 的补集，记作 A^C，即：

$$A^C = \{b \mid b \notin A\}$$

差集：由属于集合 A 且不属于 B 的元素构成的集合 C，称为 A 和 B 的差集，记作 C

$=A-B$，即：

$$A-B=\{a \mid a\in A \text{ 且 } a\notin B\}=A\bigcap B^{C}$$

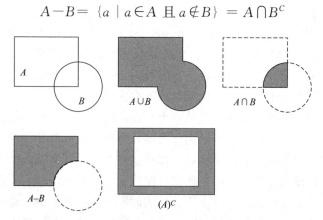

图 8-7　集合的并集、交集、补集、差集运算示意，灰色区域为运算结果

除了上述介绍的集合基本运算之外，数学形态学又引入了两个新的集合运算。

集合的反射：集合 B 的反射表示为 $\hat{B}$，定义为

$$\hat{B}=\{w \mid w=-b, b\in B\}$$

如果集合 B 描述的是一个区域，其中任一像素 b 的坐标为 $(x，y)$，则集合 $\hat{B}$ 是由坐标为 $(-x，-y)$ 的像素构成的一个区域，可见集合 B 与其反射 $\hat{B}$ 关于 B 的坐标系原点对称，如图 8-8（a）所示。

集合的平移：将集合 B 平移到点 $p=(x_0，y_0)$，记作 $(B)_p$，定义为

$$(B)_p=\{a \mid a=p+b, b\in B\}$$

若集合 B 描述的是一个区域，其中任一像素 b 的坐标为 $(x，y)$，则集合 $(B)_p$ 是由坐标为 $(x+x_0，y+y_0)$ 的像素构成的一个区域，可见，平移是移动集合 B 并将其原点（参考点）与点 p "对中"，如图 8-8（b）所示。

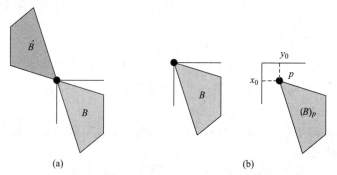

图 8-8　集合的反射与平移，图中黑点表示集合 B 的原点（参考点）
（a）集合的反射；（b）集合的平移

8.1.3　结构元素

形态学图像处理也是一种邻域处理，它用一个称为结构元素（structuring element）的集合或子图块，以某种方式作用于每个像素，从而改变图像中的区域形状及其之间关

系，达到分析图像区域特征的目的。

结构元素由取值为 0 和 1 的点构成，所有取值为 1 的点形成一个特定的形状，这类结构元素又称为平坦结构元素（flat structuring element），如图 8-9 所示。为便于显示，图 8-9 中灰色方格代表取值为 1 的点，白色方格代表取值为 0 的点。第 1 行自左至右，结构元素的类型依次为：十字形（cross）、方形（square）、线形（line）、菱形（diamond）。第 2 行自左向右，依次给出了对应结构元素的数组表示。

在构造一个结构元素时，要规定其尺寸大小，并通过指定 0 和 1 的位置分布得到特定形状，同时还要指定一个原点，作为结构元素参与形态学运算的参考点，结构元素中各成员的坐标就是依据该原点所建立的坐标系来确定。图 8-9 中标有黑点的方格位置，就是该结构元素的原点。在没有特殊说明时，通常以结构元素的对称中心为原点。

结构元素的尺寸和形状选择，取决于具体的问题，但一般来说，矩形结构元素倾向于保留锐利的目标区域棱角，而圆盘形结构元素倾向于使围绕目标区域棱角变圆滑。

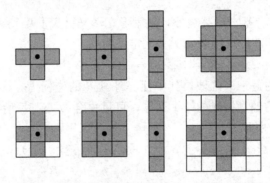

图 8-9 典型结构元素的形状及其二维数组表示法

◢ 结构元素创建函数 strel

• 函数 strel 用于创建指定尺寸、形状的结构元素，返回值是 MATLAB 定义的一个类（class），常用语法为：

格式 1：SE = strel ('square', w)

创建一个边长为 w 个像素的方形结构元素。输出变量 SE 是 MATLAB 定义的一个类（class），其属性 SE. Neighborhood 是一个二维数组，保存了结构元素成员 1 和 0 的分布。

格式 2：SE = strel ('line', len, deg)

创建一个线形结构元素，输入参数 len 为直线长度，参数 deg 指定直线与水平方向的夹角（度），逆时针为正。

格式 3：SE = strel ('diamond', r)

创建一个菱形结构元素，输入参数 r 指定了菱形端点到结构元素原点（对称中心）的距离。

格式 4：SE = strel ('disk', r, n)

创建一个圆盘形结构元素，输入参数 r 指定圆盘的半径，参数 n 指定用于近似圆盘形状所用线形结构元素的数量，默认为 4。

格式 5：SE = strel ('rectangle', [m, n])

创建一个矩形结构元素，输入参数 [m，n] 为一个二元向量，用于指定矩形的高、宽。

格式 6：SE = strel ('arbitrary', nhood)，或 SE = strel（nhood）

创建一个结构元素，尺寸和形状由输入二维数组 nhood 及其 0、1 分布确定。

示例 8-1：用函数 strel 创建图 8-9 中的四种结构元素

```
% 用函数 strel 创建 cross,square,line,diamond 四种结构元素
close all;clearvars;
nhoodse = [0,1,0;1,1,1;0,1,0];   % 创建 3×3 十字形结构元素
se1 = strel(nhoodse) % 显示其成员数组
se1. Neighborhood
se2 = strel('square',3) % 创建 3×3 方形结构元素
se2. Neighborhood      % 显示其成员数组
se3 = strel('line',5,90) % 创建长度为 5,角度为 90°的线形结构元素
se3. Neighborhood       % 显示其成员数组
se4 = strel('diamond',2) % 创建距离为 2 的菱形结构元素
se4. Neighborhood       % 显示其成员数组
% --------------------------------------------------
```

8.2　腐蚀与膨胀

8.2.1　腐蚀

设 A 是二值图像中的集合，S 为结构元素。用 S 对 A 进行腐蚀（Erosion），或 A 被 S 腐蚀，记作 $A \ominus S$，定义为：

$$A \ominus S = \{z \mid (S)_z \subseteq A \} \tag{8-1}$$

式（8-1）表明，A 被 S 腐蚀的结果，是由结构元素 S 平移到像素 z 后、S 仍包含在 A 中的所有 z 构成的集合。也可以简单地解释如下：平移结构元素 S，使其原点与图像中某像素 z 重合，如果此时结构元素 S 完全包含于集合 A 中，那么像素 z 就是集合 $A \ominus S$ 的一个元素，如图 8-10 所示。

示例 8-2：形态学腐蚀运算

顾名思义，形态学腐蚀运算能让图像中被腐蚀集合对应的区域收缩变小，甚至消失。图 8-11（a）为一幅二值图像，图 8-11（b）是用 3×3 方形结构元素对图像腐蚀的结果，可以看到图像中尺寸小于结构元素的白色区域消失，尺寸大于结构元素的区域收缩变小或变窄。图 8-11（c）是用半径为 7 的圆盘形结构元素对图像腐蚀的结果，同样可以看到图像中大部分区域消失，只有尺寸大于结构元素的区域收缩变小，得以保留。对二值图像进行腐蚀时，可以把图像看作一个集合，图中的每个区域视为其子集。

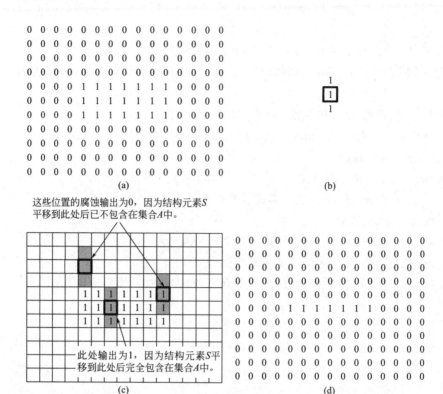

图 8-10　腐蚀运算

（a）集合 A；（b）线形结构元素 S；（c）结构元素 S 平移到的几个位置及其输出；（d）集合 A 被 S 腐蚀的结果

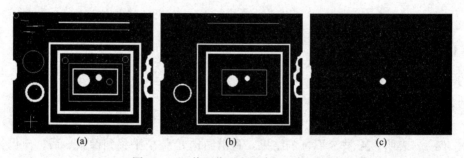

图 8-11　二值图像形态学腐蚀运算示例

（a）原二值图像；（b）用 3×3 方形结构元素腐蚀；（c）用半径为 7 圆盘形结构元素腐蚀

%形态学腐蚀运算示例

```
clearvars; close all;
f = imread('blobs.png');          % 读入一幅二值图像
se1 = strel('square',3);          % 创建3×3方形结构元素
g1 = imerode(f,se1);              % 对图像进行腐蚀运算
se2 = strel('disk',7);            % 创建半径为7个像素的圆盘结构元素
g2 = imerode(f,se2);              % 对图像进行腐蚀运算
% 显示结果
figure;
```

```
subplot(2,2,[1,2]); imshow(f);title('原图像');
subplot(2,2,3); imshow(g1);title('用 3×3 方形结构元素腐蚀结果');
subplot(2,2,4); imshow(g2);title('用半径为 7 的圆盘形结构元素腐蚀结果');
%--------------------------------------------------------------------------
```

形态学腐蚀函数 imerode

- 函数 imerode 用指定结构元素对图像进行腐蚀运算，其常用语法格式为：

格式 1：J = imerode（I，SE）

用指定的结构元素 SE 对二值图像或灰度图像 I 进行腐蚀，结果保存到返回变量 J 中。输入参数 SE 为用函数 strel 或 offsetstrel 创建的单个结构元素或多个结构元素构成的数组。如果输入图像 I 为二值图像，结构元素 SE 必须为平坦型（flat），函数执行二值图像腐蚀，否则执行灰度图像腐蚀。如果 SE 为多个结构元素构成的数组，函数将顺次使用数组中的结构元素，对图像 I 进行多次腐蚀。

格式 2：J = imerode（I，nhood））

用包含 0、1 结构元素成员的二维数组 nhood，对输入图像 I 进行腐蚀。

8.2.2　膨胀

设 A 是二值图像中的集合，S 为结构元素。用 S 对 A 进行膨胀（dilation），或 A 被 S 膨胀，记作 $A \oplus S$，定义为：

$$A \oplus S = \{z \mid (\hat{S})_z \cap A \neq \varnothing\} \tag{8-2}$$

式（8-2）表明，A 被 S 膨胀的结果，是先对结构元素 S 反射，然后平移到像素 z 后，$\hat{S}$ 与 A 至少有一个元素重叠的所有位置 z 构成的集合。也可以简单地解释如下：将结构元素 S 做反射运算，然后平移并将原点放在二值图像中某位置 z 上，如果这时结构元素 $\hat{S}$ 与集合 A 至少有一个元素重叠，那么像素 z 就是集合 $A \oplus S$ 的一个元素，如图 8-12 所示。

示例 8-3：二值图像形态学膨胀运算

二值图像形态学膨胀运算，能让图像中被膨胀集合对应的区域变大。图 8-13（a）为一幅二值图像，图 8-13（b）是用长为 7、角度为 90°的线形结构元素（垂直线）对图像膨胀的结果，可以看到图像中所有白色区域在垂直方向都有所扩展。图 8-13（c）是用半径为 3 的圆盘形结构元素对图像膨胀的结果，由于结构元素各向同性，可以看到图像中所有白色区域往各个方向均匀扩张。可见结构元素的形状和尺寸对膨胀结果影响很大。

```
%形态学膨胀运算 imdilate 示例
clearvars; close all;
f = imread('blobs.png');%读入一幅二值图像
se1 = strel('line',7,90);%创建长为 7、角度为 90°的线形结构元素
g1 = imdilate(f,se1);%对图像进行膨胀
se2 = strel('disk',3);%创建半径为 3 个像素的圆盘结构元素
g2 = imdilate(f,se2);%对图像进行膨胀
%显示结果
```

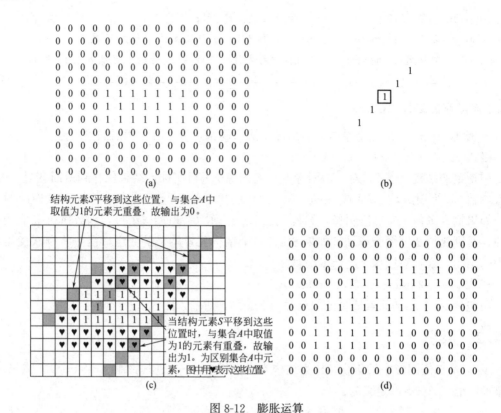

图 8-12　膨胀运算

(a) 集合 A；(b) 线形结构元素 S，原点对称，故有 $\hat{S}=S$；

(c) 结构元素 S 平移到的几个位置及其输出；(d) 集合 A 被 S 膨胀的结果

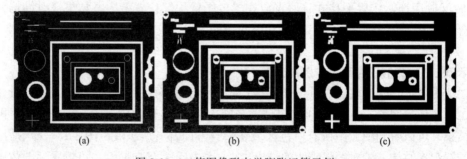

图 8-13　二值图像形态学膨胀运算示例

(a) 原二值图像；(b) 用线形结构元素膨胀；(c) 用半径为 3 圆盘形结构元素膨胀

```
figure;
subplot(2,2,[1,2]); imshow(f);title('原图像');
subplot(2,2,3); imshow(g1);title('用长为 7、角度为 90°的线形结构元素膨胀结果');
subplot(2,2,4); imshow(g2);title('用半径为 3 的圆盘形结构元素膨胀结果');
% -------------------------------------------------------------------
```

形态学膨胀函数 imdilate

• 函数 imdilate 用指定结构元素对图像进行膨胀运算，其语法格式为：

格式 1：J＝imdilate（I, SE）

用指定的结构元素 SE 对二值图像或灰度图像 I 进行膨胀，结果保存到返回变量 J 中。输入参数 SE 为用函数 strel 或 offsetstrel 创建的单个结构元素或多个结构元素构成的数组。如果输入图像 I 为二值图像，结构元素 SE 必须为平坦型（flat），函数执行二值图像膨胀；否则执行灰度图像膨胀。如果 SE 为多个结构元素构成的数组，函数将顺次使用数组中的结构元素，对图像 I 进行多次膨胀。

格式 2：J＝imdilate（IM, nhood）

用包含 0、1 结构元素成员的数组 nhood，对输入图像 I 进行膨胀。

8.3　开运算与闭运算

由于腐蚀和膨胀运算的对偶性，常把它们串联起来执行形成复合运算，先腐蚀再膨胀称为开运算（Opening），先膨胀再腐蚀称为闭运算（Closing），两者是图像处理应用最多的形态学运算，又称为形态学滤波。

8.3.1　开运算

设 A 是二值图像中的集合，S 为结构元素。用 S 对 A 进行开运算，记作 $A \circ S$，定义为：

$$A \circ S = (A \ominus S) \oplus S \tag{8-3}$$

即，用同一个结构元素 S 先对集合 A 腐蚀，再对结果进行膨胀。

开运算先用腐蚀运算去除图像中小于结构元素的前景区域，剩下的前景区域被随后的膨胀运算恢复到近似原始尺寸。开运算一般能断开前景区域之间狭窄的连结，消除指定小尺寸的前景区域或前景区域中细的突出物，使区域的轮廓变得光滑，如图 8-14（b）所示。

8.3.2　闭运算

设 A 是二值图像中的集合，S 为结构元素。用 S 对 A 进行闭运算，记作 $A \cdot S$，定义为：

$$A \cdot S = (A \oplus S) \ominus S \tag{8-4}$$

即，用同一个结构元素 S 先对集合 A 膨胀，再对结果进行腐蚀，尽可能恢复前景区域的形状。

闭运算可以填补前景区域中小于结构元素的孔洞和缝隙，或令前景区域中的孔洞和缝隙变小。闭运算能弥合前景区域间狭窄的间断，去除小的孔洞，并填补轮廓线中的断裂，如图 8-14（c）所示。

示例 8-4：二值图像形态学开运算和闭运算的形态学滤波去噪

开运算的主要作用是去除图像中小于结构元素的前景区域，以近似原始尺寸保留其他前景区域。闭运算可以填补前景区域中小于结构元素的孔洞和缝隙，或令前景区域中的孔洞和缝隙变小。图 8-14（a）为一幅二值图像，图 8-14（b）是用 25×25 方形结构元素对图像开运算的结果，黑色背景中的一些白色小噪块被清除。图 8-14（c）是用 25×25 方形结构元素对原图像闭运算的结果，包含在白色前景中的一些黑色小孔洞被清除。图 8-14（d）是用 25×25 方形结构元素对原图像先进行开运算，再对结果进行闭运算。开、闭运算是常用的形态学滤波去噪方法。

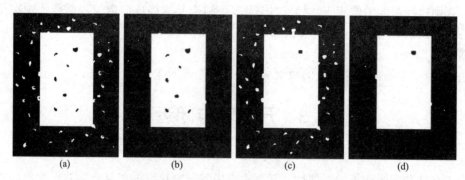

图 8-14　二值图像形态学开运算和闭运算的形态学滤波去噪示例

（a）二值图像；（b）开运算；（c）闭运算；（d）先开运算、再闭运算

％形态学开运算,闭运算的形态学滤波去噪示例

```
clearvars; close all;
f = imread('noisy_rectangle.png');    %读入一幅二值图像
se1 = strel('square',25);    %创建 25 * 25 方形结构元素
g1 = imopen(f, se1);    %对图像进行开运算
g2 = imclose(f, se1);    %对图像进行闭运算
%对图像先开运算,再闭运算
g3 = imopen(f, se1);
g3 = imclose(g3, se1);
%显示结果
figure;
subplot(2,2,1); imshow(f); title('原图像');
subplot(2,2,2); imshow(g1); title('用 25 * 25 方形结构元素开运算结果');
subplot(2,2,3); imshow(g2); title('用 25 * 25 方形结构元素闭运算结果');
subplot(2,2,4); imshow(g3); title('用 25 * 25 方形结构元素先开运算、再闭运算结果');
%--------------------------------------------------------------------
```

◀ **形态学开运算函数 imopen**

- 函数 imopen 用指定结构元素对二值图像或灰度图像进行开运算，其语法格式为：

格式 1：J = imopen（I，SE）

用指定的结构元素 SE 对二值图像或灰度图像 I 进行开运算，结果保存到返回变量 J 中。输入参数 SE 必须是单个结构元素。

格式 2：J = imopen（I，nhood）

用包含 0、1 结构元素成员的数组 nhood，对输入图像 I 进行开运算。

形态学闭运算函数 imclose

- 函数 imclose 用指定结构元素对二值图像或灰度图像进行闭运算，其语法格式为：

格式 1：J＝imclose（I，SE）

用指定的结构元素 SE 对二值图像或灰度图像 I 进行闭运算，结果保存到返回变量 J 中。输入参数 SE 必须是单个结构元素。

格式 2：J＝imclose（I，nhood）

用包含 0、1 结构元素成员的数组 nhood，对输入图像 I 进行闭运算。

8.4　击中/击不中变换

设 A 是二值图像中的集合，令 S 代表两个无重叠成员的结构元素（S_1，S_2），其中，结构元素 S_1 描述了与取值为 1 前景像素有关的特定结构形状；结构元素 S_2 描述了与 S_1 邻域取值为 0 背景像素有关的特定结构形状。用 S 对 A 做击中/击不中变换（hit-or-miss），记作 $A \circledast S$，定义为：

$$A \circledast S = (A \ominus S_1) \bigcap (A^C \ominus S_2) \tag{8-5}$$

击中/击不中变换常用来检测二值图像中由 1 和 0 组成的某一特殊结构模式，如图 8-15 所示。

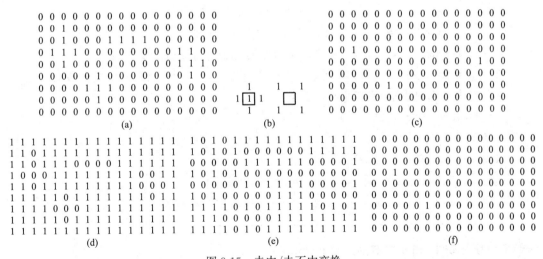

图 8-15　击中/击不中变换

(a) 集合 A；(b) 结构元素 S_1 和 S_2；(c) $A \ominus S_1$；(d) 集合 A 的补集 A^C；

(e) $A^C \ominus S_2$；(f) $(A \ominus S_1) \bigcap (A^C \ominus S_2)$

示例 8-5：用击中/击不中变换检测二值图像中的"十"字形结构

如图 8-15（a）所示，要检测图像中"＋"字形前景结构的位置与数量，但同时要求符合检测条件的"＋"字形前景结构的四对角邻域像素取值必须是 0，即为背景像素。

图 8-15 (b) 定义了 "＋" 字形的前景结构元素 S_1 和背景结构元素 S_2。用结构元素 S_1 对 A 腐蚀，结果 $(A \ominus S_1)$ 给出了与结构元素 S_1 匹配的位置，见图 8-15 (c)；用结构元素 S_2 对 A 的补集 A^C（背景）腐蚀，结果 $(A^C \ominus S_2)$ 找到了背景中与结构元素 S_2 匹配的位置，见图 8-15 (e)；两者的交集 $(A \ominus S_1) \cap (A^C \ominus S_2)$ 就是同时满足前景和背景结构要求的位置，如图 8-15 (f) 所示，有两个位置存在所要求的 "＋" 字形 1 和 0 结构模式。

％形态学击中/击不中变换示例

```matlab
clearvars; close all;
% 构造一幅二值图像
bw = [0 0 0 0 0 0 0 0 0 0 0 0 0 0 0
      0 0 1 0 0 0 0 0 0 0 0 0 0 0 0
      0 0 1 0 0 0 1 1 1 1 0 0 0 0 0
      0 1 1 1 0 0 0 0 0 0 1 1 0 0 0
      0 0 1 0 0 0 0 0 0 0 1 1 1 0 0
      0 0 0 0 0 1 0 0 0 0 0 0 1 0 0
      0 0 0 0 1 1 1 0 0 0 0 0 0 0 0
      0 0 0 0 0 1 0 0 0 0 0 0 0 0 0
      0 0 0 0 0 0 0 0 0 0 0 0 0 0 0];

se1 = [0, 1, 0; 1, 1, 1; 0, 1, 0]   % 创建前景结构元素
se2 = ~se1                          % 创建背景结构元素
g1 = imerode(bw, se1)     % 对二值图像进行腐蚀运算
g2 = imerode(~bw, se2)    % 对二值图像的补集进行腐蚀运算
g3 = and(g1,g2)           % 计算上述结果的交集,得到击中/击不中变换结果
% 也可直接调用击中/击不中变换函数
g = bwhitmiss(bw,se1,se2)
% 显示结果
figure;
subplot(1,2,1); imshow(bw); title('原图像');
subplot(1,2,2); imshow(g); title('击中/击不中变换结果');
% ----------------------------------------------------------
```

◀ **二值图像击中/击不中变换函数 bwhitmiss**

• 函数 bwhitmiss 用两个指定结构元素对图像进行形态学二值图像击中/击不中变换 (hit-or-miss)，其常用语法格式为：

格式 1：BW2 = bwhitmiss（BW，SE1，SE2)

用指定的结构元素 SE1 和 SE2 对二值图像 BW 进行击中/击不中变换运算，结果保存到返回变量 BW2 中。输入参数 SE1 和 SE2 可用函数 strel 创建，或为指定 1、0 分布的二维数组，但 SE1 和 SE2 不能有重叠的 1 成员。bwhitmiss（BW，SE1，SE2) 运算与 imerode（BW，SE1）& imerode（~BW，SE2) 相当。

格式 2：BW2 = bwhitmiss（BW，interval）

用指定的单个二维数组 interval 对二值图像 BW 进行击中/击不中变换运算，结果保存到返回变量 BW2 中。数组 interval 由 1、0 或 −1 组成，其中 1 的位置构成了结构元素 SE1，−1 的位置构成了结构元素 SE2，0 的位置被忽略。语法 bwhitmiss（BW，interval）与 bwhitmiss（BW，interval == 1，interval == −1）等价。

8.5　二值图像形态学处理应用

8.5.1　边界提取

区域 R 的内边界，是区域 R 中某些像素的集合，构成内边界的像素至少有一个邻域点不在区域 R 中。区域 R 的外边界，是区域 R 周边取值为 0 的某些背景像素的集合，构成外边界的背景像素至少有一个邻域点位于区域 R 中。

区域 R **内边界**的提取方法为：先用结构元素 S 对 R 腐蚀，然后用 R 减去上述腐蚀结果，即：

$$\beta(R) = R - (R \ominus S) \tag{8-6}$$

式中，结构元素 S 多采用 3×3 "+" 字形或 3×3 方形。

区域 R **外边界**的提取方法为，先用结构元素 S 对 R 膨胀，然后用膨胀结果减去 R，即：

$$\beta(R) = (R \oplus S) - R \tag{8-7}$$

式中，结构元素 S 多采用 3×3 "+" 字形或 3×3 方形。

示例 8-6：区域边界的提取

图 8-16（a）是一幅二值图像，图 8-16（b）为采用式（8-6）提取的区域内边界，图 8-16（c）为采用式（8-7）提取的区域外边界，为便于观察，采用反色显示。区域内边界的提取，也可以调用二值图像形态学处理函数 bwmorph 来实现。

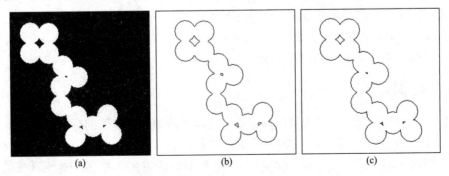

（a）　　　　　　　（b）　　　　　　　（c）

为便于观察，图（b）、图（c）采用反色显示。

图 8-16　二值图像区域边界的提取

（a）二值图像；（b）提取的内边界；（c）提取的外边界

%二值图像区域边界的提取

```
clearvars; close all;
BW = imread('circles.png');         %读入一幅二值图像
se = [0,1,0; 1,1,1; 0,1,0];         %创建 3 * 3"+"字形结构元素
%提取区域内边界
BWe = imerode(BW,se);               %先对图像腐蚀
Boundary1 = BW - BWe;               %从原图像中减去腐蚀结果得到区域内边界
%也可调用函数 bwmorph 提取区域内边界
Boundary2 = bwmorph(BW,'remove');
%提取区域外边界
BWd = imdilate(BW,se);              %先对图像膨胀
Boundary3 = BWd - BW;               %膨胀结果减去原图像得到区域外边界
%显示结果
figure;
subplot(2,2,[1,2]);imshow(BW);title('原图像');
subplot(2,2,3);imshow(Boundary1);title('区域内边界');
subplot(2,2,4);imshow(Boundary3);title('区域外边界');
%——————————————————————————————————————————————
```

📖 形态学图像处理函数 bwmorph

- 函数 bwmorph 对二值图像进行指定的形态学处理，常用语法格式为：

格式 1：BW2 = bwmorph （BW，operation）

用输入参数 operation 指定的形态学运算处理二值图像 BW，结果保存到返回变量 BW2 中。

格式 2：BW2 = bwmorph （BW，operation，n）

用输入参数 operation 指定的形态学运算，对二值图像 BW 进行 n 次处理，如果参数 n 的值为 Inf，函数重复执行 operation 指定的形态学运算，知道图像不再发生变化为止。

参数 operation 为字符串变量，可以为以下选项之一：'bothat' 'branchpoints' 'bridge' 'clean' 'close' 'diag' 'endpoints' 'fill' 'hbreak' 'majority' 'open' 'remove' 'shrink' 'skel' 'spur' 'thicken' 'thin' 'tophat'，具体含义详见 MATLAB 帮助。

8.5.2 孔洞填充

二值图像中的孔洞，定义为被前景像素连接而成的边界所包围的背景区域，如图 8-17 (b) 所示。令 A 表示含有一个或多个孔洞的二值图像集合，S 为"+"字形结构元素。构造一个与 A 尺寸相同的二维数组 X，并将 X 中对应于集合 A 中每一孔洞区域的任意一点的值置为 1，其余置为 0。然后按式（8-8）对 X 进行条件膨胀，经多次迭代直至 X 不再变化，X 与 A 的并集就是孔洞被填充后的二值图像。

$$X_0 = X$$
$$X_k = (X_k \oplus S) \bigcap A^C, \quad k = 1, 2, 3, \cdots$$
$$\text{直到 } X_k = X_{k+1}$$
$$\text{最终结果} = X_k \bigcup A$$

$$(8-8)$$

示例 8-7：调用函数 imfill 填充孔洞

图 8-17（a）为硬币灰度图像，先对其进行阈值分割得到二值图像，如图 8-17（b）所示，图中硬币区域存在许多黑色孔洞。接下来调用函数 imfill 对上述二值图像进行孔洞填充，结果如图 8-17（c）所示。有关阈值分割请参看"第 10 章　图像分割"。

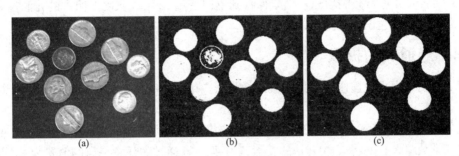

图 8-17　孔洞填充
（a）硬币图像；（b）阈值分割得到的二值图像；（c）孔洞填充后的图像

```
%孔洞填充示例
close all;clearvars;
I = imread('coins.png');        % 读取一幅灰度图像
Ibw = imbinarize(I);            % 阈值分割转化为二值图像
Ibwf = imfill(Ibw,'holes');     % 填充孔洞
% 显示结果
figure;
subplot(2,2,[1,2]); imshow(I);title('原灰度图像');
subplot(2,2,3); imshow(Ibw);title('阈值分割得到的二值图像');
subplot(2,2,4); imshow(Ibwf);title('孔洞填充后的图像');
% ------------------------------------------------------------
```

形态学区域和孔洞填充函数 imfill

• 函数 imfill 对二值图像或灰度图像进行指定区域和孔洞填充，常用语法格式为：

格式 1：BW2 = imfill（BW，locations）

采用种子填充方法对二值图像 BW 进行区域和孔洞填充，结果保存到返回变量 BW2 中。起始填充的种子点位置由输入参数 locations 指定，如果 locations 是一个 P×1 向量，则以 BW 中像素的线性索引序号给出起始填充的种子点位置；如果 locations 是一个 P×2 的数组，则以 BW 中像素的行列下标给出起始填充的种子点位置，每行对应一个起始点的行、列下标。

格式 2：BW2= imfill（BW，locations，conn）

按 locations 指定的起始点对二值图像 BW 进行填充，输入参数 conn 指定了填充时的连通性，对二维图像，可选 4 或 8，默认值为 4。

格式 3：BW2= imfill（BW，'holes'）

对二值图像 BW 进行区域和孔洞填充，结果保存到返回变量 BW2 中。

格式 4：BW2= imfill（BW，conn，'holes'）

对二值图像 BW 进行区域和孔洞填充，结果保存到返回变量 BW2 中。输入参数 conn 指定了填充时的连通性，对二维图像，可选 4 或 8，默认值为 4。

格式 5：I2= imfill（I）

对灰度图像 I 进行孔洞填充，结果保存到返回变量 I2 中。灰度图像中的孔洞定义为一个被较亮像素区域包围的暗像素区域。

8.5.3　连通域的提取

从二值图像中提取连通域，是多数图像分析应用的核心步骤。连通域提取的计算过程如下：

令 A 表示一个含有多个连通域的二值图像集合，S 为结构元素；构造一个与 A 尺寸相同的二维数组 X，并将 X 中对应于集合 A 中某一连通域的任意一点的值置为 1，其余置为 0。然后按式（8-9）对 X 进行条件膨胀，经多次迭代直至 X 不再变化，此时 X 中所有取值为 1 的点就是集合 A 中的某一个连通域。重复上述过程，就可以提取集合 A 中所有连通域，及其构成像素。

$$X_0 = X$$
$$X_k = (X_k \oplus S) \bigcap A, \ k = 1, \ 2, \ 3, \ \cdots\cdots \quad (8\text{-}9)$$
$$直到 \ X_k = X_{k+1}$$

其中，结构元素 S 可采用 3×3 "＋" 字形，此时提取的是基于 "4-连通性" 的连通域；若采用 3×3 方形结构元素，则提取的是基于 "8-连通性" 的连通域。

MATLAB 中两个函数 bwconncomp 和 bwlabel 可用于提取二值图像中的连通域。函数 bwlabel 对图像中的每个连通域进行标记，赋给每个连通域所有像素同一标号值，各个连通域的标号值不同且为连续整数，最大标号就是图像中连通域的个数，例如：

%连通域的提取之标记

%构造一幅二值图像

```
bw = [0 0 0 0 0 0 0 0 0 0 0 0 0 0 0
      0 0 1 0 0 0 0 0 0 0 0 0 0 0 0
      0 0 1 0 0 0 1 1 1 1 0 0 0 0 0
      0 1 1 1 0 0 0 0 0 0 1 1 0 0
      0 0 1 0 0 0 0 0 0 0 1 1 1 0
      0 0 0 0 0 1 0 0 0 0 0 1 0 0
      0 0 0 0 1 1 1 0 0 0 0 0 0 0
      0 0 0 0 0 1 0 0 0 0 0 0 0 0
      0 0 0 0 0 0 0 0 0 0 0 0 0 0]
```

％对二值图像进行 4-连通域标记

img ＿ label ＝ bwlabel（bw，4）

输出结果为：

img ＿ label ＝

$$
\begin{bmatrix}
[0\ 0\ 0\ 0\ 0\ 0\ 0\ 0\ 0\ 0\ 0\ 0\ 0\ 0] \\
[0\ 0\ 1\ 0\ 0\ 0\ 0\ 0\ 0\ 0\ 0\ 0\ 0\ 0] \\
[0\ 0\ 1\ 0\ 0\ 0\ 2\ 2\ 2\ 2\ 0\ 0\ 0\ 0] \\
[0\ 1\ 1\ 1\ 0\ 0\ 0\ 0\ 0\ 0\ 3\ 3\ 0\ 0] \\
[0\ 0\ 1\ 0\ 0\ 0\ 0\ 0\ 0\ 0\ 3\ 3\ 3\ 0] \\
[0\ 0\ 0\ 0\ 0\ 4\ 0\ 0\ 0\ 0\ 0\ 0\ 3\ 0\ 0] \\
[0\ 0\ 0\ 0\ 4\ 4\ 4\ 0\ 0\ 0\ 0\ 0\ 3\ 0\ 0] \\
[0\ 0\ 0\ 0\ 0\ 4\ 0\ 0\ 0\ 0\ 0\ 0\ 0\ 0\ 0] \\
[0\ 0\ 0\ 0\ 0\ 0\ 0\ 0\ 0\ 0\ 0\ 0\ 0\ 0\ 0]
\end{bmatrix}
$$

对于标记后的图像，可用函数 regionprops 来测量图像中每个连通域的属性，如区域面积、质心、包围盒等。

示例 8-8：连通域的标记提取与属性测量

先用函数 imbinarize 对图 8-18（a）中的硬币灰度图像进行阈值分割得到二值图像，再调用函数 imfill 对其进行孔洞填充，结果如图 8-18（b）所示。然后调用函数 bwlabel 对二值图像进行标记，并调用函数 label2rgb 将标记图像转换为伪彩色图像显示，用不同颜色区分每个提取的连通域，如图 8-18（c）所示。接下来调用 regionprops 函数测量图像中每个连通域的属性，最后调用函数 insertShape 将每个区域的包围盒叠加绘制到伪彩色图像上，如图 8-18（d）所示。

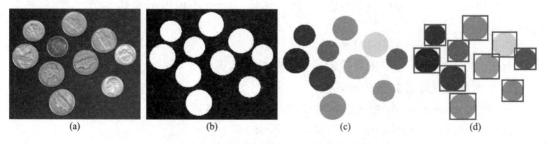

(a)　　　　　　(b)　　　　　　(c)　　　　　　(d)

图 8-18　连通域的标记提取与属性测量

（a）硬币图像；（b）阈值分割及空洞填充结果；（c）标记图像的伪彩色处理；
（d）叠加包围盒的连通域

```
%连通域的标记提取与属性测量
close all; clearvars;
I = imread('coins.png');           % 读取一幅灰度图像
Ibw = imbinarize(I);               % 阈值分割转化为二值图像
Ibwf = imfill(Ibw,'holes');        % 填充孔洞
```

```
img_label = bwlabel(Ibwf,4);        % 对二值图像进行 4-连通域标记
```

```
% 对标记图像进行伪彩色处理,令标号 0 为背景区域,显示为白色
img_label_psc = label2rgb(img_label);
% 计算图像中连通域的属性:质心'Centroid'和包围盒'BoundingBox'
RegionProperties = regionprops(img_label,'Centroid','BoundingBox');
% 将连通域包围盒参数串接成 M * 4 矩阵 [x_col,y_row,width,height]
BBox = cat(1,RegionProperties.BoundingBox);
% 将每个区域的包围盒叠加绘制到伪彩色图像上
img_label_bb = insertShape(img_label_psc,'Rectangle',BBox, 'Color','red','Line-
Width',3);
```

```
% 显示结果
figure;
subplot(2,2,1); imshow(I); title('原灰度图像');
subplot(2,2,2); imshow(Ibwf); title('二值化及孔洞填充后的图像');
subplot(2,2,3); imshow(img_label_psc); title('提取得到的所有连通域');
subplot(2,2,4); imshow(img_label_bb); title('叠加包围盒的连通域');
%------------------------------------------------------------------
```

1. 图像标记函数 bwlabel

• 函数 bwlabel 对二值图像中的连通域进行标记,常用语法格式为:

格式 1:L = bwlabel (BW)

返回二值图像 BW 中 8-连通域的标记矩阵 L。

格式 2:L = bwlabel (BW, conn)

按指定的连通性 conn 标记图像 BW 的连通域,conn 取值可谓 8 或 4,即 8-连通域或 4-连通域。

格式 3:[L, n] = bwlabel (____)

对图像 BW 进行标记,同时返回标记矩阵 L 和连通域数量 n。

2. 区域属性计算函数 regionprops

• 函数 regionprops 测量图像区域属性,基本语法格式为:

格式 1:stats = regionprops (BW, properties)

计算二值图像 BW 中 8-连通域的由 properties 指定的属性值。properties 可以是'all',计算区域所有属性;或'basic', 仅计算区域的'Area', 'Centroid', 'BoundingBox'三种属性值;或一个或多个区域属性字符串,如 'Centroid', 'BoundingBox'。返回值 stats 是一个包含区域属性值数组的结构。

格式 2:stats = regionprops (CC, properties)

计算由函数 bwconncomp 返回值 CC 中的连通域属性值。

格式 3:stats = regionprops (L, properties)

计算标记矩阵 L 中每一个标记区域的系列属性。L 中不同的正整数元素对应不同的区

域，例如：L 中等于整数 1 的元素对应区域 1；L 中等于整数 2 的元素对应区域 2，以此类推。

3. 连通域提取函数 bwconncomp

- 函数 bwconncomp 提取二值图像中的连通域，常用语法格式为：

格式 1：CC = bwconncomp（BW）

提取二值图像 BW 中的 8-连通域，结果保存到结构 CC 中。结构 CC 的字段有：Connectivity、ImageSize、NumObjects、PixelIdxList 等。

格式 2：CC = bwconncomp（BW，conn）

按指定连通性提取二值图像 BW 中的连通域，对于二维矩阵 conn 可以为 4 或 8 取值。

8.6　灰度图像的形态学处理

本节将二值图像的形态学腐蚀、膨胀、开运算和闭运算等概念扩展应用到灰度图像，并对灰度图像的腐蚀、膨胀等运算进行重新定义。所用到的结构元素分为平坦（flat）和非平坦（non-flat）两类，如图 8-19 所示。平坦结构元素的成员取值必须为 1 或 0，非平坦结构元素的成员取值不受此限制。

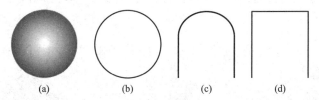

图 8-19　用于灰度图像形态学运算的圆盘形平坦和非平坦结构元素对比
（a）非平坦结构元素；（b）平坦结构元素；（c）非平坦灰度值剖面示意；（d）平坦灰度值剖面示意

8.6.1　灰度图像的腐蚀

令 f 表示一幅灰度图像、b 表示平坦结构元素，用 b 对图像 f 腐蚀，记作 $[f \ominus b]$，定义为：

$$[f \ominus b](x, y) = \min_{(s, t) \in b} \{f(x+s, y+t)\} \tag{8-10}$$

即，把结构元素 b 的原点平移到图像 f 的像素 (x, y) 处，该像素被腐蚀后的灰度值，为图像 f 与结构元素 b 重合区域内像素值的最小值。若采用非平坦结构元素 b_N 对图像 f 腐蚀，记作 $[f \ominus b_N]$，定义为：

$$[f \ominus b_N](x, y) = \min_{(s, t) \in b} \{f(x+s, y+t) - b_N(s, t)\} \tag{8-11}$$

用平坦结构元素 b 对像素 (x, y) 腐蚀时，将与 b 中取值为 1 位置相对应的 (x, y) 及其邻域像素值，进行统计排序，取其最小值为腐蚀结果。若结构元素 b_N 为非平坦，与平坦结构元素运算过程的区别是，(x, y) 及其邻域像素值与结构元素 b_N 的值对应相减，再统计排序取其最小值作为腐蚀运算输出。

对灰度图像的腐蚀，将导致图像整体变暗，较亮的纹理结构将收缩变小，甚至消失，暗的纹理结构将会扩大，程度取决于结构元素 b 的尺寸大小，如图 8-20（b）、（c）所示。灰度图像的腐蚀运算效果，与"第 3 章 空域滤波"介绍的最小值滤波器有相似之处。

8.6.2 灰度图像的膨胀

令 f 表示一幅灰度图像、b 表示平坦型结构元素，用 b 对图像 f 膨胀，记作 $[f \oplus b]$，定义为：

$$[f \oplus b](x, y) = \max_{(s, t) \in b} \{f(x - s, y - t)\} \tag{8-12}$$

即，先对结构元素 b 进行反射得到 $\hat{b} = b(-x, -y)$，然后把 $\hat{b}$ 的原点平移到像素（x，y）处，该像素被膨胀后的灰度值，为图像 f 与 $\hat{b}$ 重合区域内像素值的最大值。若采用非平坦结构元素 b_N 对图像 f 膨胀，记作 $[f \oplus b_N]$，定义为：

$$[f \oplus b_N](x, y) = \max_{(s, t) \in b_N} \{f(x - s, y - t) + b_N(x, y)\} \tag{8-13}$$

用平坦结构元素 b 对像素（x，y）膨胀时，将与 $\hat{b}$ 中取值为 1 位置相对应的（x，y）及其邻域像素值，进行统计排序，取其最大值作为膨胀结果。若结构元素 b_N 为非平坦，与平坦结构元素运算过程的区别是，（x，y）及其邻域像素值与结构元素 $\hat{b}_N$ 的值对应相加，再统计排序取其最大值作为膨胀运算输出。

对灰度图像的膨胀，将导致图像整体变亮，较暗的纹理结构将收缩变小，甚至消失，亮的纹理结构将会扩大，程度取决于结构元素 b 的尺寸大小，如图 8-20（d）、（e）所示。对灰度图像的膨胀效果，与"第 3 章 空域滤波"介绍的最大值滤波器有相似之处。

(a)　　　　　　　　(b)　　　　　　　　(c)

(d)　　　　　　　　(e)

图 8-20　灰度图像的腐蚀与膨胀

（a）原图像；（b）用 3×3 方形结构元素腐蚀；（c）用 5×5 方形结构元素腐蚀；

（d）用 3×3 方形结构元素膨胀；（e）用 5×5 方形结构元素膨胀

示例 8-9：灰度图像的腐蚀与膨胀

图 8-20（a）为一幅灰度图像，分别采用平坦型 3×3、5×5 方形结构元素对其进行腐蚀和膨胀，结果如图 8-20（b）～（e）所示。注意对比观察图像中明、暗纹理结构处理前后的变化，以及结构元素尺寸大小对图像腐蚀和膨胀结果的影响。

％用平坦方形结构元素对灰度图像进行腐蚀和膨胀

```
clearvars; close all;
f = imread('cameraman.tif');% 读取一幅灰度图像

se1 = strel('square',3);% 创建平坦型 3 * 3 方形结构元素
se2 = strel('square',5);% 创建平坦型 5 * 5 方形结构元素
% 用上述两个结构元素分别对图像腐蚀.
ge1 = imerode(f,se1);
ge2 = imerode(f,se2);
% 用上述两个结构元素分别对图像膨胀.
gd1 = imdilate(f,se1);
gd2 = imdilate(f,se2);
% 显示处理结果.
figure;
subplot(2,3,1);imshow(f); title('原图像');
subplot(2,3,2); imshow(ge1); title('3 * 3 方形结构元素腐蚀');
subplot(2,3,3); imshow(ge2); title('5 * 5 方形结构元素腐蚀');
subplot(2,3,5); imshow(gd1); title('3 * 3 方形结构元素膨胀');
subplot(2,3,6); imshow(gd2); title('5 * 5 方形结构元素膨胀');
% ------------------------------------------------------------
```

8.6.3 灰度图像的开运算和闭运算

用结构元素 b 对图像 f 的开运算，定义为先对图像 f 进行腐蚀，接着对上述结果再做膨胀，记为 $f \circ b$，即：

$$f \circ b = (f \ominus b) \oplus b \tag{8-14}$$

用 b 对图像 f 的闭运算，定义为先对图像 f 进行膨胀，接着对结果再做腐蚀，记为 $f \bullet b$，即：

$$f \bullet b = (f \oplus b) \ominus b \tag{8-15}$$

开运算可以消除灰度图像中与结构元素相比尺寸较小的亮细节，而保持图像整体灰度值和大的亮区域基本不受影响，如图 8-21（b）所示。开运算第一步的腐蚀，去除了图像中小的亮细节并同时减弱了图像亮度；第二步的膨胀，增加了图像亮度，但又不重新引入前面去除的亮细节。

闭运算可以消除图像中与结构元素相比尺寸较小的暗细节，而保持图像整体灰度值和大的暗区域基本不受影响，如图 8-21（c）所示。闭运算第一步的膨胀，去除了小的暗细节并同时增强了图像亮度，第二步的腐蚀，减弱了图像亮度但又不重新引入前面去除的暗细节。

示例 8-10：灰度图像的开运算和闭运算

图 8-21（a）为一幅灰度图像，采用平坦型 3×3 方形结构元素对其进行开、闭运算，结果如图 8-21（b）、（c），注意对比观察图像中明、暗纹理结构前后的变化。尝试改变结构元素的形状和尺寸大小，重做实验，观察结构元素的选择对处理结果的影响。开、闭运算是最常用的形态学平滑滤波方法。

(a)　　　　　　　　　(b)　　　　　　　　　(c)

图 8-21　灰度图像的开运算、闭运算

(a) 原图像；(b) 用 3×3 方形结构元素开运算；(c) 用 3×3 方形结构元素闭运算

%用平坦方形结构元素对灰度图像进行开运算、闭运算

```
clearvars; close all;
f = imread('cameraman.tif');%读取一幅灰度图像
se = strel('square',3);%创建一个平坦型 3 * 3 方形结构元素
go = imopen(f,se);              %开运算
gc = imclose(f,se);            %闭运算
%显示处理结果
figure;
subplot(1,3,1);imshow(f);title('原图像');
subplot(1,3,2);imshow(go);title('3 * 3 方形结构元素开运算');
subplot(1,3,3);imshow(gc);title('3 * 3 方形结构元素闭运算');
%------------------------------------------------
```

8.6.4　灰度图像形态学处理应用

灰度图像的形态学处理应用非常广泛，如形态学滤波平滑、形态学梯度、顶帽变换和底帽变换、孔洞填充、粒度测定、纹理分割等，本节仅介绍顶帽变换、底帽变换和孔洞填充等应用。

1. 顶帽变换和底帽变换

用结构元素 b 对灰度图像 f 进行顶帽变换（top-hat filtering），定义为灰度图像 f 减去结构元素 b 对 f 开运算结果，即：

$$T_{\text{hat}}(f) = f - (f \circ b) \tag{8-16}$$

底帽变换（bottom-hat filtering），定义为 b 对 f 的闭运算结果，减去灰度图像 f，即：

$$B_{hat}(f) = (f \bullet b) - f \tag{8-17}$$

顶帽变换对一幅灰度图像进行开运算，可以从图像中去除亮物体，随后的求差运算就可以得到一幅仅保留上述被去除亮物体的图像。顶帽变换常用于提取暗背景上的亮物体。

底帽变换对一幅灰度图像进行闭运算，可以从图像中去除暗物体，随后的求差运算就可以得到一幅仅保留上述被去除暗物体的图像。底帽变换则适用于提取亮背景上的暗物体。

示例 8-11：用顶帽变换校正图像不均匀光照的影响

图 8-22（a）为一幅米粒图像，由于采集图像时光照不均匀，导致图像底部及右侧发暗。要实现自动统计图像中的米粒数量及大小，首先对图像进行阈值分割，将其转换为二值图像，然后提取其中的连通分量及其属性。如果采用"第 10 章图像分割"中介绍的 Otsu 最佳阈值方法对图 8-22（a）进行二值化阈值分割，结果如图 8-22（b）所示，因光照不均匀导致错误分割，一些较暗的米粒被错判为背景。

图 8-22（c）为采用半径 12 的圆盘形结构元素 se 对图 8-22（a）开运算的结果，米粒被全部去除，得到背景图像，此处要求结构元素 se 的尺寸必须比图像中米粒大得多。图 8-22（d）是用原图像减去背景图像，即顶帽变换的结果。图 8-22（e）是采用 Otsu 最佳阈值方法对图 8-22（d）二值化的结果，所有米粒得以完整分割。

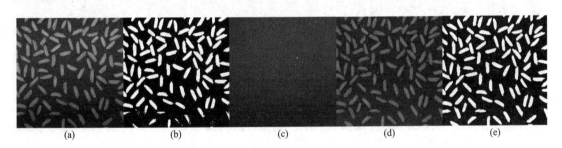

图 8-22　用顶帽变换校正图像不均匀光照的影响
（a）米粒图像；（b）原图 Otsu 阈值分割；（c）开运算提取的背景；
（d）顶帽变换结果；（e）对变换后图像阈值分割

%用顶帽变换校正图像不均匀光照的影响

```
clearvars; close all;
f = imread('rice.png');%读取一幅灰度图像
BW1 = imbinarize(f,'global');%阈值分割
se = strel('disk',12);%创建一个半径为 12 的平坦圆盘形结构元素
fop = imopen(f,se);%开运算
fm = f-fop;%用原图像减去上述开运算结果
%或直接调用函数 imtophat
% fm2 = imtophat(f,se);

%对光照校正后的图像做阈值分割
BW2 = imbinarize(fm,'global');
```

```
%显示处理结果.
figure;
subplot(2,3,1);imshow(f); title('原图像');
subplot(2,3,2); imshow(BW1); title('未校正光照的阈值分割结果');
subplot(2,3,3); imshow(fop); title('开运算结果—背景');
subplot(2,3,4); imshow(fm); title('顶帽变换结果');
subplot(2,3,5); imshow(BW2); title('校正光照后的阈值分割结果');
%-----------------------------------------------------------
```

示例 8-12：利用顶帽变换去除灰度图像中的小目标区域

本例展示了如何从灰度图像中去除小目标区域。图 8-23（a）为哈勃望远镜（Hubble telescope）拍摄的星云图像，图 8-23（b）是采用半径为 5 个像素的圆盘形结构元素对其进行顶帽变换的结果，通过选定合适的结构元素，利用顶帽变换可以从给定图像中提取小目标区域等细节，然后从原图像中减去顶帽变换结果，得到的图像就去除了小目标区域，如图 8-23（c）所示。

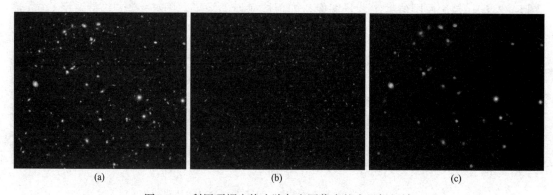

图 8-23　利用顶帽变换去除灰度图像中的小目标区域
(a) 哈勃望远镜 Hubble 星云图像；(b) 顶帽变换结果；(c) 从原图像减去顶帽变换结果

%利用顶帽变换去除灰度图像中的小目标区域

```
clearvars; close all;
f = imread('hubble_deep_field.png');%读取一幅灰度图像
se_disk = strel('disk',5);%创建圆盘形结构元素
imgres = imtophat(f,se_disk);%顶帽变换
imgout = f - imgres;%原图像减去顶帽变换结果
%显示处理结果.
figure;
subplot(1,3,1); imshow(f); title('原图像');
subplot(1,3,2); imshow(imgres); title('顶帽变换结果');
subplot(1,3,3); imshow(imgout); title('最终结果');
%-----------------------------------------------
```

2. 顶帽变换函数 imtophat

- 函数 imtophat 对二值图像或灰度图像进行顶帽变换，常用语法格式为：

格式 1：J = imtophat (I, SE)

对输入图像 I 进行形态学顶帽变换。I 可以是灰度图像或二值图像，SE 为由函数 strel 创建的结构元素。

格式 2：J = imtophat (I, nhood)

对输入图像 I 进行形态学顶帽变换。I 可以是灰度图像或二值图像，nhood 为结构元素的二维数组。

3. 底帽变换函数 imbothat

- 函数 imbothat 对二值图像或灰度图像进行底帽变换，常用语法格式为：

格式 1：J = imbothat (I, SE)

对输入图像 I 进行形态学底帽变换。I 可以是灰度图像或二值图像，SE 为由函数 strel 创建的结构元素。

格式 2：J = imbothat (I, nhood)

对输入图像 I 进行形态学底帽变换。I 可以是灰度图像或二值图像，nhood 为结构元素的二维数组。

4. 孔洞填充

在二值图像形态学处理应用中，介绍了孔洞填充的算法原理。同样孔洞填充也可用于灰度图像，灰度图像中的孔洞定义为一个被较亮像素区域包围的暗像素区域。通常在对图像做进一步处理前，对类似"饼圈"的孔洞进行填充，还是非常必要的。

示例 8-13：灰度图像的孔洞填充

图 8-24（a）是一幅轮胎图像，有多个类似"饼圈"一样的孔洞；图 8-24（b）是采用函数 imfill 对其填充的结果，可见"饼圈"内的图像灰度值变得平滑均匀。

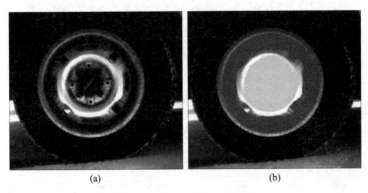

(a)　　　　　　　　　　　(b)

图 8-24　灰度图像的孔洞填充

(a) 原轮胎图像；(b) 孔洞填充后图像

%灰度图像的孔洞填充

```
clearvars; close all;
f = imread('tire.tif');%读取一幅灰度图像
```

```
g = imfill(f);        %灰度图像孔洞填充
%显示处理结果.
figure;
subplot(1,2,1); imshow(f); title('原图像');
subplot(1,2,2); imshow(g); title('孔洞填充后的结果');
%——————————————————————————————
```

8.7　MATLAB 工具箱中的形态学图像处理函数简介

下表列出了 MATLAB 与形态学图像处理（Morphological Operations）相关的常用函数及其功能。

函数名	功能描述
imerode	形态学腐蚀，Erode image
imdilate	形态学膨胀，Dilate image
imopen	形态学开运算，Morphologically open image
imclose	形态学闭运算，Morphologically close image
bwhitmiss	二值图像的击中/击不中运算，Binary hit-miss operation
strel	创建平坦型结构元素，Create a morphological flat structuring element
offsetstrel	创建非平坦型结构元素，Create a Morphological offset structuring element(nonflat)
bwmorph	二值图像的形态学运算，Morphological operations on binary images
bwulterode	二值图像的极限腐蚀运算，Ultimate erosion
bwareaopen	去除二值图像中小目标区域，Remove small objects from binary image
imbothat	对灰度或二值图像进行底-帽变换滤波，Bottom-hat filtering
imtophat	对灰度或二值图像进行顶-帽变换滤波，Top-hat filtering
imclearborder	抑制与图像边界相连的亮特征结构，Suppress light structures connected to image border
imextendedmax	扩展极大值变换，Extended-maxima transform
imextendedmin	扩展极小值变换，Extended-minima transform
imfill	填充图像区域和空洞，Fill image regions and holes
imhmax	H-极大值变换，H-maxima transform
imhmin	H-极小值变换，H-minima transform
imimposemin	强制极小值，Impose minima
imreconstruct	形态学重建，Morphological reconstruction
imregionalmax	获取局部极大值，Find the regional maxima

续表

函数名	功能描述
imregionalmin	获取局部极小值,Find the regional minima
watershed	分水岭变换,Watershed transform
bwlabel	二值图像连通区域标记,Label connected components in 2-D binary image
regionprops	测量图像区域属性,Measure properties of image regions
bwconncomp	提取二值图像中的连通区域,Find connected components in binary image

 习题 ▶▶▶

　　8.1　结构元素在形态学图像处理中起何作用?
　　8.2　若用大于1个点的结构元素反复腐蚀或膨胀一幅二值图像的极限效果是什么?
　　8.3　形态学开运算、闭运算对二值图像和灰度图像有何效果?
　　8.4　什么是连通域?二值图像中连通域的提取是何含义?如何提取?

上机练习 ▶▶▶

　　E8.1　编辑本章各示例程序代码建立 MATLAB 脚本或函数 m 文件,保存运行,注意观察并分析运行结果。也可打开实时脚本文件 Ch8 _ MorphologicalImageProcessing. mlx,逐节运行,熟悉本章给出的示例程序。

　　E8.2　本章第 8.6.4 节讨论的米粒图像 rice. png 中,有部分米粒与图像边界融合、部分彼此粘连。拟根据图像中米粒区域的面积,自动统计分析米粒大小的分布规律,例如:米粒区域均值、方差、面积直方图等。要准确统计图像中各米粒区域,需对图像进行阈值分割、清除与图像边界融合在一起的米粒区域、区分开粘连米粒。请按上述要求编程实现图像中米粒的自动统计分析。

边缘检测

图像灰度或颜色的显著变化，对感知和理解图像非常重要。通常把那些灰度或色彩显著变化的点称为边缘点，邻接连通的边缘点构成的线段，称为边缘（edge），位于不同物体区域之间的边缘称为边界（boundary），由围绕一个物体区域的边界所形成的闭合通路称为轮廓（contour）。边缘和轮廓对于人类视觉感知非常重要，如漫画或素描，寥寥数笔线条就可以清楚地描绘一个物体或者场景。图像锐化的实质就是检测并增强边缘，以提高图像中物体的可识别度。

物体检测与识别（object detection and recognition）是图像分析和计算机视觉的研究重点。由于边缘是物体与背景之间、不同物体之间的边界，这意味着，如果能够准确识别图像中的边缘，就可以定位并测量物体区域的面积、轮廓周长和形状等基本属性，进而对图像中的物体进行识别和分类。因此，边缘检测（edge detection）是图像分析必不可少的工具。

9.1 基于梯度的边缘检测

图像灰度或颜色的显著变化形成边缘，因此，像素灰度值的导数可作为判断该像素是否为边缘点的依据。

9.1.1 图像梯度

对一元函数而言，一阶导数表征了函数随自变量的变化率。图像 $f(x,y)$ 是二元函数，其沿 x、y 坐标轴的导数称为偏导数，由 $f(x,y)$ 沿 x 轴和 y 轴的一阶偏导数所构成的二维向量，称为图像 $f(x,y)$ 在像素 (x,y) 处的梯度向量，简称**梯度**（gradient），定义为：

$$\nabla f(x,y) \equiv \begin{bmatrix} \dfrac{\partial f(x,y)}{\partial x} \\ \dfrac{\partial f(x,y)}{\partial y} \end{bmatrix} = \begin{bmatrix} g_x \\ g_y \end{bmatrix} \tag{9-1}$$

1. 梯度的幅值，是 $f(x，y)$ 沿梯度向量方向的变化率，用 $M(x，y)$ 表示，在含义明确时把梯度的幅值简称为梯度，相应称 $M(x，y)$ 为梯度图像。即：

$$M(x,y) = \|\nabla f(x,y)\| = \sqrt{g_x^2 + g_y^2}\qquad(9\text{-}2)$$

2. 梯度的方向，用相对于 x 轴正向的角度 $\alpha(x，y)$ 给出，如图 9-1 所示。

$$\alpha(x,y) = \arctan\left(\frac{g_y}{g_x}\right)\qquad(9\text{-}3)$$

3. 梯度的性质

（1）沿点 $(x，y)$ 的梯度方向，函数 $f(x，y)$ 增加最快。换句话说，点 $(x，y)$ 的梯度方向是函数在这点的方向导数取得最大值的方向，梯度幅值就是方向导数的最大值。所谓方向导数，就是函数 $f(x，y)$ 在点 $(x，y)$ 处沿某一方向的函数变化率。

（2）函数 $f(x，y)$ 沿梯度的反方向减小最快，函数在此方向的导数达到最小值，为梯度幅值的负值。

（3）沿梯度方向的正交方向，函数 $f(x，y)$ 的变化率为零。

性质（1）表明，像素 $(x，y)$ 梯度幅值的大小反映了该像素的**边缘强度**，可据此判断该像素是否为边缘点。性质（3）表明，像素 $(x，y)$ 处的边缘方向与该点处的梯度方向垂直，即梯度方向就是该点处边缘的法线方向，这一性质常被用于精确的边缘定位与连接。如图 9-1 所示。

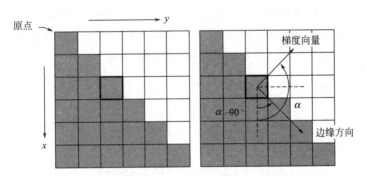

图中的每个方块表示一个像素。注意，某点处的边缘方向与该点的梯度方向垂直。

图 9-1　用梯度确定某个像素处的边缘强度和方向

9.1.2　梯度的计算

要得到一幅图像的梯度，就需计算像素的两个一阶偏导数 $\partial f/\partial x$ 和 $\partial f/\partial y$。由于图像是二维离散函数，需用该点邻域内的像素值进行差分近似计算，称为梯度算子，或边缘检测算子。

梯度算子定义了一阶偏导数的近似计算方法，并用滤波器系数数组的方式指定参与计算的邻域像素及其权重，常用的梯度算子有基本梯度算子、Roberts 交叉梯度算子、Prewitt 梯度算子、Sobel 梯度算子。下面给出这些梯度算子的计算公式及其对应的滤波器系数数组，所有梯度算子的滤波器系数之和为零，这样就可以保证在恒定灰度区域的响应为零，如图 9-2 所示。为便于理解公式中参与运算的各像素的位置，图 9-2 也给出了像素 $(x，y)$ 的 3×3 邻域像素的坐标。

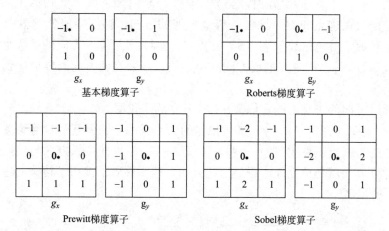

像素(x, y)的3×3邻域中各像素的坐标

基本梯度算子　　　　Roberts梯度算子

Prewitt梯度算子　　　　Sobel梯度算子

加*的系数所在位置为滤波器中心。g_x、g_y 指出该系数数组所计算的梯度分量。

图 9-2　常用梯度算子系数矩阵

（1）基本梯度算子

$$\begin{cases} g_x = f(x+1, y) - f(x, y) \\ g_y = f(x, y+1) - f(x, y) \end{cases} \tag{9-4}$$

（2）Roberts 交叉梯度算子

$$\begin{cases} g_x = f(x+1, y+1) - f(x, y) \\ g_y = f(x+1, y) - f(x, y+1) \end{cases} \tag{9-5}$$

（3）Prewitt 梯度算子

$$\begin{cases} \begin{aligned} g_x &= [f(x+1, y-1) + f(x+1, y) + f(x+1, y+1)] \\ &\quad - [f(x-1, y-1) + f(x-1, y) + f(x-1, y+1)] \\ g_y &= [f(x-1, y+1) + f(x, y+1) + f(x+1, y+1)] \\ &\quad - [f(x-1, y-1) + f(x, y-1) + f(x+1, y-1)] \end{aligned} \end{cases} \tag{9-6}$$

（4）Sobel 梯度算子

$$\begin{cases} \begin{aligned} g_x &= [f(x+1, y-1) + 2f(x+1, y) + f(x+1, y+1)] \\ &\quad - [f(x-1, y-1) + 2f(x-1, y) + f(x-1, y+1)] \\ g_y &= [f(x-1, y+1) + 2f(x, y+1) + f(x+1, y+1)] \\ &\quad - [f(x-1, y-1) + 2f(x, y-1) + f(x+1, y-1)] \end{aligned} \end{cases} \tag{9-7}$$

Roberts 交叉梯度算子强调了对角线方向的边缘强度，Prewitt 梯度算子、Sobel 梯度算子用像素（x，y）邻域的三行或三列来计算平均的梯度分量，以抵消简单（单行/单列）梯度算子的噪声敏感性，同时获取关于边缘方向的更多信息。Sobel 梯度算子与 Prewitt 梯度算子的滤波器结构几乎相同，只是 Sobel 梯度算子给中间的行和列分配了更大的权值，能更好地抑制噪声。尽管这两个梯度算子包含了较大的邻域，但它们仍计算相邻像素灰度值之差，具有一阶导数的性质。

示例 9-1：图像梯度的计算

该示例遵循 MATLAB 坐标系 x 轴水平向右，y 轴垂直向下的约定。图 9-3（a）给出了 Cameraman 图像，地面草、摄像机具有显著的纹理细节，使用 Sobel 梯度算子来计算该图像的梯度。首先分别计算图像各像素水平方向的梯度分量 g_x（对应垂直边缘）、垂直方向的梯度分量 g_y（对应水平边缘）。图 9-3（b）显示的是 g_x 绝对值的图像，垂直边缘比其他边缘要强些，诸如建筑物、人体、摄像机的垂直边缘更显著。与之形成对照的是图 9-3（c）中 g_y 绝对值的图像，水平边缘明显强些。

为便于观察，将边缘图像进行反色显示，边缘为黑色、背景为白色

图 9-3　图像梯度的计算

（a）Cameraman 图像；（b）$|g_x|$ 的图像-垂直边缘；（c）$|g_y|$ 的图像-水平边缘；（d）梯度的
方向角；（e）梯度幅值；（f）梯度幅值的阈值分割；（g）平滑滤波后图像；（h）平滑图像的
梯度幅值；（i）平滑图像梯度幅值的阈值分割

图 9-3（d）用图像方式显示了各像素梯度的方向角，图中亮度接近的区域，近似对应原图像中的显著强边缘，说明这些区域所有像素的梯度方向大致相同。梯度方向角度信息对边缘的精确定位和连接非常重要，这点将在 9.3 节 Canny 边缘检测算法中加以介绍。

图 9-3（e）为图像各像素的梯度幅值，显然，各个方向的边缘都得到了加强。取梯度幅值最大值的 0.25 倍为阈值，对梯度幅值进行阈值分割，结果如图 9-3（f）所示。与图 9-3（e）对比，得到的主要是图像中显著性结构的强边缘，一些弱边缘被消除，这也导致了一些边缘被断开，出现了缺口。

如果边缘检测的目的是获取图像中物体的显著结构边缘，那么地面草丛等纹理细节会形成干扰。减少局部纹理影响的一种方法是先对图像进行平滑滤波。图 9-3（g）是对原图像使用标准差 $\sigma=2$ 的高斯滤波器平滑后的结果，图 9-3（h）是平滑后图像的梯度幅值，图 9-3（i）给出了仍用梯度幅值最大值的 0.25 倍为阈值，进行阈值处理得到的边缘图，在削弱地面草丛等纹理的同时，主要边缘也得到加强。

```
%图像梯度的计算示例遵循 MATLAB 坐标系，x 轴-水平向右，y 轴-垂直向下
close all;clearvars;
fg = imread('cameraman.tif');%读取一幅灰度图像
f = double(fg);%将图像灰度值转换为 double 型

%定义 Sobel 梯度算子滤波器系数数组
hy = [-1,-2,-1;0,0,0;1,2,1];%用于检测水平边缘,y 轴分量
hx = [-1,0,1;-2,0,2;-1,0,1];%用于检测垂直边缘,x 轴分量
%计算 x、y 方向梯度分量
gx = imfilter(f,hx,'replicate');
gy = imfilter(f,hy,'replicate');
Gmag = sqrt(gx.^2 + gy.^2);%计算梯度向量的幅值
%计算梯度的方向角度,并转换到 0-360 之间
Gdir = atan2d(gy,gx + eps);
Gdir(Gdir<0) = Gdir(Gdir<0) + 360;
%用梯度幅度图像中最大值的 0.25 倍为阈值进行阈值分割
fe = Gmag>0.25 * max(Gmag(:));

%采用标准差为 2 的高斯滤波器平滑原图像
fs = imgaussfilt(f,2);
%直接调用 MATLAB 函数计算平滑图像的梯度幅度和梯度方向
[Gsmag,Gsdir] = imgradient(fs,'sobel');
%用梯度幅度图像中最大值的 0.25 倍为阈值进行阈值分割
fse = Gsmag>0.25 * max(Gsmag(:));

%显示梯度计算结果
```

```
figure;
subplot(3,3,1);imshow(fg);title('原图像');
subplot(3,3,2);imshow(abs(gx),[]);title('x方向梯度分量绝对值—垂直边缘');
subplot(3,3,3);imshow(abs(gy),[]);title('y方向梯度分量绝对值—水平边缘');
subplot(3,3,4);imshow(Gmag,[]);title('梯度幅值图像');
subplot(3,3,5);imshow(Gdir,[]);title('梯度方向角图像');
subplot(3,3,6);imshow(fe);title('阈值分割后的边缘图像');
subplot(3,3,7);imshow(fs,[]);title('高斯平滑滤波图像');
subplot(3,3,8);imshow(Gsmag,[]);title('平滑图像的梯度幅值');
subplot(3,3,9);imshow(fse);title('平滑图像梯度幅值的阈值分割');
% ------------------------------------------------------------
```

1. 边缘检测函数 edge

• 函数 edge 用于检测灰度或二值图像中的边缘,常用语法格式为:

格式 1:BW=edge (I)

采用默认 sobel 边缘检测算子计算输入图像 I 的边缘,结果返回输出变量 BW。输出 BW 为二值图像,边缘点取值为 1,其他为 0。

格式 2:BW=edge (I, method)

采用输入参数 method 指定的边缘检测算子计算输入图像 I 的边缘,结果返回输出变量 BW。输入参数 method 是字符串变量,选项有:'canny'、'log'、'prewitt'、'roberts'、'sobel'、'zerocross'等。

格式 3:BW=edge (I, method, threshold)

采用输入参数 method 指定的边缘检测算子,以及灵敏度阈值 threshold,计算输入图像 I 的边缘,结果返回输出变量 BW。若输入参数 method 为'Canny',则参数 threshold 必须是二元向量,其他 method 选项,threshold 一般是一个大于或等于 0 的数值。若 threshold 缺省,或是一个空数组 [],函数将自动选择灵敏度阈值。

格式 4:BW=edge (I, method, threshold, direction)

若输入参数 method 为'sobel'、'prewitt'时,可以通过输入参数 direction 指定待检测的边缘方向,选项有:'horizontal'、'vertical'或'both'(缺省默认)。

格式 5:BW=edge (I, method, threshold, direction, 'nothinning')

当输入参数 method 为'sobel'、'prewitt'或'roberts'时,若指定输入字符串'nothinning',函数将跳过边缘细化环节,以加快执行速度。缺省时,函数将执行边缘细化。

格式 6:BW=edge (I, method, threshold, direction, sigma)

当输入参数 method 为'canny'、'log'时,输入参数 sigma 用于指定高斯低通滤波器的标准差,缺省默认为 sigma=2。

2. 梯度分量计算函数 imgradientxy

• 函数 imgradientxy 用于计算值图像的梯度分量,常用语法格式为:

格式 1:[Gx, Gy] =imgradientxy (I)

计算输入图像 I 的 x,y 方向梯度分量 Gx 和 Gy,返回变量 Gx 和 Gy 的尺寸与图像 I 相同。

格式 2：［Gx，Gy］＝imgradientxy（I，method）

按输入参数 method 指定的梯度算子计算输入图像梯度分量，字符串参数 method 的选项有'sobel'（缺省默认）、'prewitt'、'central'、'intermediate'等。

3. 梯度计算函数 imgradient

• 函数 imgradient 用于计算值图像的梯度幅值及方向角，常用语法格式为：

格式 1：［Gmag，Gdir］＝imgradient（I）

采用默认的 sobel 梯度算子计算输入图像 I 的梯度幅值 Gmag 及方向角 Gdir。梯度方向角 Gdir 单位为"度"，在 ［－180 180］ 内取值，选与 x 轴正向（水平向右）逆时针为正。

格式 2：［Gmag，Gdir］＝imgradient（I，method）

按输入参数 method 指定的梯度算子计算输入图像 I 的梯度幅值 Gmag 及方向角 Gdir。字符串参数 method 的选项有'sobel'（缺省默认）、'prewitt'、'central'、'intermediate'、'roberts'等。

格式 3：［Gmag，Gdir］＝imgradient（Gx，Gy）

根据输入的 x、y 方向梯度分量 Gx 和 Gy 计算梯度幅值 Gmag 及方向角 Gdir。梯度分量 Gx 和 Gy 由函数 imgradientxy 得到。

注意：MATLAB 图像处理工具箱约定的图像坐标系为，原点位于图像左上角，x 轴水平向右，y 轴垂直向下。

％采用函数 edge 的边缘检测

```
close all;clearvars;
f = imread('cameraman. tif');％读取一幅灰度图像
％采用 sobel 边缘算子,强制不对边缘作细化处理(默认缘细化)
threshold = 0.15；％灵敏度阈值
fe = edge(f,'sobel',threshold,'nothinning');
％显示结果
figure;montage({f,fe});
title('源图像(左) │ 调用函数 edge 得到的 sobel 边缘(右)');
％———————————————————————————————————————————
```

9.2　基于二阶导数的边缘检测

边缘是由于图像灰度显著变化形成的，因此，像素一阶导数的大小可作为判断该像素是否为边缘点的依据。同时，将灰度一阶导数的局部极值点，即二阶导数为零的像素，作为边缘点定位的依据。二阶导数在过零点的邻域内发生符号的改变，根据函数的凹凸性与二阶导数的关系，若某点的二阶导数大于零，那么该点邻域的函数图形是凹的，则该点位于图像局部较暗区域；若某点的二阶导数小于零，那么其邻域上的函数图形是凸的，则该点位于图像局部较亮区域。

图 9-4 显示了斜坡型边缘图像中一行像素的灰度变化曲线及相应的一阶、二阶导数。在灰度斜坡的起点和终点处的一阶导数均有一个阶跃，在斜坡上各点的一阶导数为正常

数，在灰度值不变区域中各点的一阶导数为零。对应的二阶导数在灰度斜坡的起点产生一个正脉冲，在灰度斜坡的终点产生一个负脉冲，在灰度斜坡上以及灰度不变区域各点处的二阶导数均为零。如果用一条虚线连接二阶导数相邻两个正、负脉冲的端点，该虚线与零轴线的交点称为过零点（zero-crossing point）。过零点恰好对应于斜坡的中间位置，也是一阶导数的极值位置。

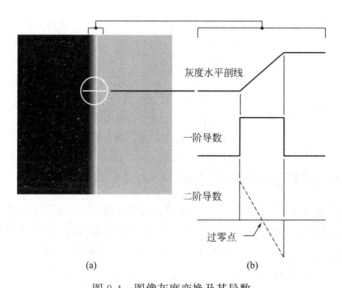

图 9-4　图像灰度变换及其导数

（a）由一条垂直边缘分开的两个恒定灰度区域；（b）边缘附近区域的水平方向灰度
变化曲线以及相应的和一阶与二阶导数

9.2.1　拉普拉斯算子

拉普拉斯算子（Laplacian operator）由二元函数 $f(x，y)$ 的两个非混合二阶偏导数构成，具有各向同性，定义为：

$$\nabla^2 f(x,y) = \frac{\partial^2 f}{\partial x^2} + \frac{\partial^2 f}{\partial y^2} \tag{9-8}$$

拉普拉斯算子可以采用差分近似计算。为获得以像素（$x，y$）为中心的计算表达，一阶采用后向差分，二阶采用前向差分，即：

$$\begin{aligned}
\frac{\partial^2 f}{\partial x^2} &= \frac{\partial f(x+1,y)}{\partial x} - \frac{\partial f(x,y)}{\partial x} \\
&= [f(x+1,y) - f(x,y)] - [f(x,y) - f(x-1,y)] \\
&= f(x+1,y) + f(x-1,y) - 2f(x,y)
\end{aligned} \tag{9-9}$$

$$\begin{aligned}
\frac{\partial^2 f}{\partial y^2} &= \frac{\partial f(x,y+1)}{\partial y} - \frac{\partial f(x,y)}{\partial y} \\
&= [f(x,y+1) - f(x,y)] - [f(x,y) - f(x,y-1)] \\
&= f(x,y+1) + f(x,y-1) - 2f(x,y)
\end{aligned} \tag{9-10}$$

得到离散拉普拉斯算子为：

$$\nabla^2 f(x,y) = \frac{\partial^2 f}{\partial x^2} + \frac{\partial^2 f}{\partial y^2}$$

$$= f(x+1,y) + f(x-1,y) + f(x,y+1) + f(x,y-1) - 4f(x,y)$$

(9-11)

拉普拉斯算子的滤波器系数数组如图 9-5。

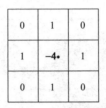

加*的系数所在位置为模板中心

图 9-5   拉普拉斯算子的滤波器系数数组

9.2.2   高斯—拉普拉斯算子 LoG

拉普拉斯算子对噪声非常敏感，一般在使用拉普拉斯算子之前，先使用高斯低通滤波器对图像进行平滑降噪。由于拉普拉斯算子是一个线性运算，先用高斯低通滤波平滑图像、然后再施加拉普拉斯算子，等同于先计算高斯滤波函数的拉普拉斯二阶微分，再用该结果对图像做卷积。依据卷积的微分性质，这个过程可用下式表示：

$$\nabla^2 \left[G(x,y) * f(x,y) \right] = \left[\nabla^2 G(x,y) \right] * f(x,y)$$

(9-12)

式中，$G(x,y)$ 是标准差为 σ 的二维高斯函数：

$$G(x,y) = e^{-\frac{x^2+y^2}{2\sigma^2}}$$

(9-13)

对它施加拉普拉斯算子可表示为：

$$\nabla^2 G(x,y) = \frac{\partial^2 G(x,y)}{\partial x^2} + \frac{\partial^2 G(x,y)}{\partial y^2}$$

$$= \frac{\partial}{\partial x} \left[\frac{-x}{\sigma^2} e^{-\frac{x^2+y^2}{2\sigma^2}} \right] + \frac{\partial}{\partial y} \left[\frac{-y}{\sigma^2} e^{-\frac{x^2+y^2}{2\sigma^2}} \right]$$

$$= \left[\frac{x^2}{\sigma^4} - \frac{1}{\sigma^2} \right] e^{-\frac{x^2+y^2}{2\sigma^2}} + \left[\frac{y^2}{\sigma^4} - \frac{1}{\sigma^2} \right] e^{-\frac{x^2+y^2}{2\sigma^2}}$$

(9-14)

合并上式中的同类项，得到最终表达式：

$$\nabla^2 G(x,y) = \left[\frac{x^2 + y^2 - 2\sigma^2}{\sigma^4} \right] e^{-\frac{x^2+y^2}{2\sigma^2}}$$

(9-15)

上式定义了一个新的边缘检测算子，称为高斯—拉普拉斯算子（LoG，Laplacian of Gaussian），由 Marr 和 Hildreth 提出，故又称 Marr-Hildreth（马尔-海尔德斯）边缘检测算子。σ 是 LOG 算子的空间尺度，决定了算子中高斯滤波器对图像平滑的模糊程度，在小尺度 σ 的情况下，边缘将包含大量细节信息。如果增大尺度 σ，细节就被抑制，小区域的边缘就会被丢弃。

高斯低通滤波器的尺度因子标准差 σ 对边缘检测有实质性的影响。假设在一个恒定的背景上有一道狭窄的条纹，如果使用小于条纹宽度的尺度来平滑图像，那么条纹附近的图像变化得以保留，仍能够分辨出条纹的上升沿和下降沿。如果滤波器尺度过大的话，条纹将被平滑到背景中，一阶或二阶导数只产生很小的响应或完全没有响应。因此，当图像中有较多的精细细节，如果希望在更大范围内识别边缘的结构特征，就需要采用较大滤波器尺度因子 σ 对图像进行平滑。

 如何生成 LoG 滤波器系数数组

利用函数 fspecial 可以方便地生成 LoG 滤波器系数数组，调用格式为：

$$h=fspecial（'log'，hsize，sigma）$$

其中，返回值 h 为旋转对称的 LoG 模板矩阵，大小由 hsize 决定。输入参数 hsize 用于指定 h 的行数和列数，如果 hsize 为二维向量，第一个元素为模板 h 的行数、第二个元素为模板 h 的列数；如果 hsize 为标量，则模板 h 为方阵（hsize 的默认值为 [5，5]）。输入参数 sigma 用于指定 LoG 的标准差 σ（默认值为 0.5）。注意，要获得一个大小为 $n \times n$ 的 LoG 模板，为保留更多的细节特征，其 n 值应取大于 6σ 的最小奇整数。

示例 9-2：利用高斯—拉普拉斯（LoG）算子检测图像边缘

图 9-6（a）为 Cameraman 图像，图 9-6（b）是采用高斯—拉普拉斯算子滤波得到的 LoG 图像，其中，滤波器尺度因子 $\sigma=2$，大小为 13×13。为了显示 LoG 图像的细节，对其进行了标定和增强。图 9-6（c）是对 LoG 图像取绝对值后，再以其最大值的 10% 为阈值进行二值分割的结果，注意双边缘效应。图 9-6（d）为调用函数 edge 得到的 LoG 过零点边缘图，滤波器空间尺度 $\sigma=1$，阈值 threshold=0，注意，图中出现了大量回环状边

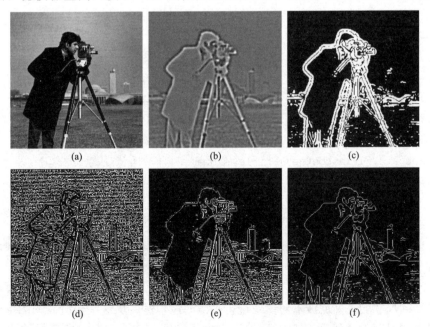

图 9-6　利用高斯—拉普拉斯（LoG）算子检测图像边缘

（a）cameraman 原图；（b）LoG 图像；（c）LoG 图像绝对值二值化边缘；（d）0 阈值过零点边缘，$\sigma=1$；
（e）自动阈值过零点边缘，$\sigma=1$；（f）自动阈值过零点边缘，$\sigma=2$

缘。图 9-6（e）为调用函数 edge 得到的 LoG 过零点边缘图，滤波器空间尺度 $\sigma=1$，自动阈值。图 9-6（f）为采用函数 edge 得到的 LoG 过零点边缘图，滤波器空间尺度 $\sigma=2$，自动阈值。注意高斯低通滤波器空间尺度因子标准差 σ 对所提取图像边缘的影响。

```
%利用高斯拉普拉斯（LoG）算子检测图像边缘
close all;clearvars;
f = imread('cameraman.tif');%读取一幅灰度图像
fd = double(f);%将图像灰度值转换为 double 型

%创建标准差 sigma = 2 的 LoG 算子,尺寸 fsize 为大于 6 * sigma 的最小奇数
sigma = 2;
fsize = ceil(sigma * 3) * 2 + 1;
h = fspecial('log',fsize,sigma);
%计算高斯拉普拉斯图像
g = imfilter(fd,h,'replicate');
%确定二值化阈值 threshold
threshold = 0.1 * max(abs(g(:)));
gbw = abs(g)>threshold;

ge1 = edge(fd,'log',0,1);    %采用标准差 sigma = 1,0 阈值过零点边缘
ge2 = edge(fd,'log',[],1);   %采用标准差 sigma = 1,自动阈值过零点边缘
ge3 = edge(fd,'log',[],2);   %采用标准差 sigma = 2,自动阈值过零点边缘

figure;
subplot(3,2,1);imshow(f);title('原图像');
subplot(3,2,2);imshow(g,[]);title('LoG 图像');
subplot(3,2,3);imshow(gbw,[]);title('LoG 二值化边缘');
subplot(3,2,4);imshow(ge1);title('sigma = 1,0 阈值过零点边缘');
subplot(3,2,5);imshow(ge2);title('sigma = 1,自动阈值过零点边缘');
subplot(3,2,6);imshow(ge3);title('sigma = 2,自动阈值过零点边缘');
%————————————————————————————————————————————
```

9.3　Canny 边缘检测算子

Canny 边缘检测算子由 John F. Canny 在 1986 年提出的一个多级边缘检测算法，它使用一系列不同尺寸的高斯滤波器对图像进行平滑滤波，然后从这些平滑后的图像中检测边缘，并将不同尺度的边缘融合起来形成最终的边缘图。Canny 为找到最优的边缘检测算法，定义了三个主要准则：

（1）低错误率。非边缘点被错标为边缘点的数量最少。

（2）定位精确。标为边缘的点应尽可能靠近真实边缘的中心位置。

（3）单像素边缘宽度。在每个边缘点位置仅给出单个像素。

Canny 基于高斯白噪声（White Gaussian Noise）污染的阶跃边缘模型，从数学上给出了上述 3 个准则的形式化表达，并基于这 3 个准则设计了一种实用的近似算法，算法的核心是高斯平滑滤波和梯度计算。通常只使用 Canny 算法中平滑滤波尺度因子（标准差 σ）可调的单一尺度版本，即便如此，Canny 边缘检测算子仍然优于大多数的简单边缘检测算子。Canny 边缘检测算法包括以下 4 个基本步骤：

（1）用一个高斯低通滤波器平滑输入图像；

（2）计算图像的梯度；

（3）对梯度幅值图像进行非最大值抑制（Non-maximum suppression），得到局部最大值，作为边缘候选点；

（4）采用高低两个阈值并借助滞后阈值化方法确定最终边缘点。

9.3.1　图像平滑与梯度计算

先用高斯低通滤波器对灰度图像 $f(x, y)$ 进行平滑降噪，然后采用 9.1 节讨论的梯度算子计算图像的 x 方向梯度分量 $g_x(x, y)$、y 方向梯度分量 $g_y(x, y)$、梯度幅值 $M(x, y)$ 和方向角 $\alpha(x, y)$。

前面已经讨论过，标准差 σ 的大小对边缘检测非常重要，较小的 σ，图像模糊程度低，可以检测出细小的边缘；较大的 σ，图像模糊程度高，局部纹理细节被平滑掉，只能检测较大尺寸物体的边缘。另外，如果将标准差为 σ 的高斯函数离散为大小为 $n \times n$ 的滤波模板，其 n 值应取大于或等于 6σ 的最小奇整数。

9.3.2　非最大值抑制

非最大值抑制的目的是对边缘定位和细化。如果对梯度幅值图 $M(x, y)$ 进行简单的全局阈值处理，得到的边缘一般会出现过宽和断裂现象，其宽度和断裂程度取决于阈值的大小。按照 Canny 给出的准则 3，要求得到单像素宽度边缘，这样，只有梯度幅值 $M(x, y)$ 中那些取得局部最大值的像素，其灰度值变化最为剧烈，才被视为边缘候选点。

边缘的宽度一般指边缘法线方向上像素的个数，边缘点的法线方向也就是该点的灰度梯度方向。非最大值抑制的目标，是保证边缘像素的梯度幅值应是其梯度方向上的局部最大值。方法是沿着每个像素的梯度方向，比较该像素梯度幅值与它前面和后面的像素梯度幅值，如果当前像素的梯度幅值大于或等于这两个像素的梯度幅值，那么该像素就是一个局部最大值，就将其添加到候选边缘点集中，得到非最大值抑制后的梯度幅值矩阵 $g_N(x, y)$。

9.3.3　双阈值滞后阈值化处理

对梯度幅值 $g_N(x, y)$ 进行阈值处理，得到边缘图。Canny 算法通过使用滞后阈值化方法降低边缘点的错误率，即使用两个阈值：一个低阈值 T_L 和一个高阈值 T_H。

一般的边缘检测算法用一个阈值来滤除小的梯度幅值，而保留大的梯度幅值。Canny 算法应用双阈值，即一个高阈值 T_H 和一个低阈值 T_L 来区分边缘像素。如果像素梯度幅

值大于高阈值 T_H，则被认为是强边缘点。如果梯度幅值小于高阈值 T_H、大于低阈值 T_L，则标记为弱边缘点。梯度幅值小于低阈值 T_L 的像素点则被直接去除掉。

强边缘点可以认为是真实边缘，弱边缘点则可能是真实边缘，也可能是噪声引起的。为得到精确的结果，由噪声产生的弱边缘点也应该被去掉。通常认为真实边缘引起的弱边缘点和强边缘点是连通的，而由噪声引起的弱边缘点则不会。滞后阈值化算法检查每一个弱边缘点的 4-邻域或 8-邻域像素，只要有强边缘点存在，那么这个弱边缘点被认为是真实边缘而保留下来。

示例 9-3：采用 Canny 算子检测图像边缘

图 9-7（a）是 Canny 教授在 UC Berkeley 办公室的彩色照片，将其转换为灰度图像，采用 Canny 算子以不同的尺度因子 σ 对其进行边缘检测，为便于观察，提取的边缘用黑色显示、背景用白色显示。图 9-7（b）、（c）分别为采用标准差 $\sigma=2$、$\sigma=4$ 得到的边缘图，可以看出滤波尺度 σ 对消除局部纹理、获取较大区域轮廓边缘的影响。

作为比较，图 9-7（d）～（f）分别显示了采用 LoG 算子（$\sigma=2$）、Prewitt 梯度算子和 Sobel 梯度算子得到的边缘图。将 Canny 算法得到的边缘图与这三幅边缘图比较，可以看到 Canny 算子得到的边缘图比其他简单算子得到的结果更加清晰，主要边缘在细节上有明显改进，边缘的连通性、细度等边缘质量也很出众。因此，尽管 Canny 算法较前面讨论的边缘检测方法复杂，执行时间也会更长，但其优秀的性能使得 Canny 算法成为边缘检测的一种首选工具。

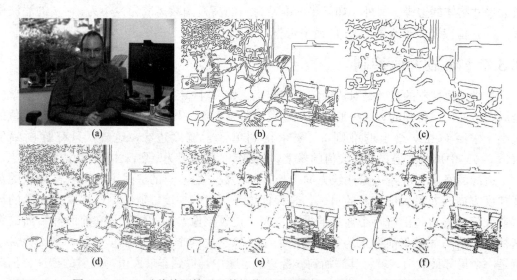

图 9-7　Canny 边缘检测算子及其性能对比，为便于观察，边缘用黑色显示

(a) Canny 教授；(b) Canny 算子边缘图，标准差 $\sigma=2$；(c) Canny 算子边缘图，标准差 $\sigma=4$；(d) LoG 算子
边缘图，标准差 $\sigma=2$；(e) Prewitt 算子边缘图，阈值=0.05；(f) Sobel 算子边缘图，阈值=0.05

%采用 Canny 算子检测图像边缘

```
close all;clearvars;
fc = imread('Canny_at_UCB.jpg');%读入 Canny 教授的彩色图像
f = rgb2gray(fc);%将其转换为灰度图像
```

```
ge1 = edge(f,'canny',[],2);        % 采用标准差 sigma = 2,自动阈值的 Canny 边缘检测
ge2 = edge(f,'canny',[],4);        % 采用标准差 sigma = 4,自动阈值的 Canny 边缘检测
ge3 = edge(f,'log',[],2);          % 采用标准差 sigma = 2,自动阈值的 LoG 边缘检测
ge4 = edge(f,'prewitt',0.05);      % prewitt 边缘检测,threshold = 0.05
ge5 = edge(f,'sobel',0.05);        % sobel 边缘检测,threshold = 0.05
% 显示结果
figure;
subplot(3,2,1);imshow(fc);title('原图像');
subplot(3,2,2);imshow(ge1);title('sigma = 2,Canny 边缘检测');
subplot(3,2,3);imshow(ge2);title('sigma = 4,Canny 边缘检测');
subplot(3,2,4);imshow(ge3);title('sigma = 2,LoG 边缘检测');
subplot(3,2,5);imshow(ge4);title('Prewitt 边缘检测');
subplot(3,2,6);imshow(ge5);title('Sobel 边缘检测');
% ———————————————————————————————————————————————
```

9.4　Hough 变换

前几节讨论的边缘检测方法都是基于像素灰度值的梯度、二阶导数等图像局部性质,边缘图中通常很少存在完美的轮廓线,在边缘强度弱的地方出现间断,多数情况包含很多细小的、不连续的轮廓片段。同时,边缘图中存在许多无关结构,也可能丢掉我们感兴趣的重要结构。

图像中经常含有大量的人造物体,这些人造物体的轮廓或区域边界常以简单的几何形状出现,如直线、圆和椭圆或其一部分等,如图 9-8 所示。因此,我们常常对边缘图中的边缘点是否构成了直线、圆和椭圆等特定形状的几何曲线感兴趣。

图 9-8　人造物体中常见的简单几何形状

本节介绍的 Hough 变换就是从边缘图中寻找直线、圆和椭圆等几何曲线边缘结构的全局性方法，一旦找到，就可以用包含几个参数的简单公式来描述它们。Hough 变换（Hough Transform，霍夫变换）由 Paul Hough 于 1959 年提出，1962 年被授予美国专利，经 Richard Duda、Peter Hart 和 Ballard 改进推广后得到广泛应用。起初 Hough 变换主要用来检测图像中的直线，后来逐渐扩展到识别圆、椭圆等几何曲线。

Hough 变换是一种基于"投票表决"的几何曲线形状识别技术。Hough 变换根据局部度量来计算全局描述参数，因而对于区域边界被噪声干扰或被其他目标遮盖而引起的边界间断情况，具有很好的容错性和鲁棒性。

9.4.1 Hough 变换的直线检测

Hough 变换的直线检测原理，是利用图像空间和参数空间的"点—线"对偶性，把图像空间中检测"共线点"问题，转换为在参数空间中检测"共点线"问题，如图 9-9 所示。

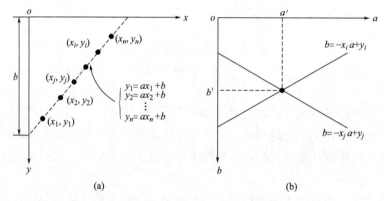

图 9-9　图像空间和参数空间的"点-线"对偶性

（a）图像空间中"共线点"所在直线的斜截式方程表示；（b）对应参数空间中的"共点线"的形成

二维图像平面（x-y 平面）上的直线可以用斜截式方程表示为：

$$y = ax + b \tag{9-16}$$

其中 a 是斜率，b 是截距，如图 9-9 所示。如果边缘图像中有 n 个边缘点 (x_1, y_1)，(x_2, y_2)，……，(x_n, y_n) 位于同一条直线段上，这些边缘点将满足：

$$\begin{cases} y_1 = ax_1 + b \\ y_2 = ax_2 + b \\ \vdots \\ y_n = ax_n + b \end{cases} \tag{9-17}$$

考虑图像平面（x-y 平面）上的任一边缘点 (x_i, y_i)，通过该点的任意直线的斜截式方程为：

$$y_i = ax_i + b \tag{9-18}$$

把式（9-18）改写为：

$$b = -x_i a + y_i \tag{9-19}$$

上式可视为以 (x_i, y_i) 为参数，以 a 和 b 为变量的直线方程。我们把由 a 和 b 生成的平面称为**参数空间**，又称 Hough 空间。方程式（9-19）定义了 a-b 平面上的唯一直线，如图 9-9（b）所示。同样，图像平面上的另一边缘点 (x_j, y_j)，在 a-b 平面上也有一条与之相对应的直线，即：

$$b = -x_j a + y_j \tag{9-20}$$

这两条直线相交于点 (a', b')，实际上就是式（9-19）和（9-20）联立方程组的解，这意味着交点坐标 (a', b') 是图像空间中同时通过边缘点 (x_i, y_i) 和 (x_j, y_j) 的直线斜截式方程参数。显然，与 (x_i, y_i)、(x_j, y_j) 共线的所有边缘点，在参数空间都对应一条直线，且都通过点 (a', b')。参数空间中在一个点 (a', b') 处相交的直线越多，则图像空间中以该交点坐标值 (a', b') 为参数的直线上的边缘点就越多。

为了统计参数空间中相交于某一点的直线（或曲线）的数量，Hough 变换把参数空间离散化为网格，如图 9-10（c）所示。设想把每个网格看成一个"票箱"，称为累加器单元，所有网格对应的累加器单元便形成了一个累加器数组。对于图像中的每一个边缘点，都可以在参数空间中画出一条直线（或曲线），当该直线（或曲线）经过某一网格时，对应的累加器单元计数值加 1，相当于向该网格"票箱"中投 1 票。"点—线"变换结束后，每个累加器单元中的计数值，等于经过与该累加器单元相对应的参数空间网格的直线（或曲线）数量，也就是图像中位于同一直线上的边缘点的个数，而网格位置坐标便是这条直线的参数值。

使用斜截式 $y = ax + b$ 直线方程带来的问题是，当直线与 x 轴接近垂直时（水平线），直线的斜率 a 接近无穷大，参数空间 a-b 平面无界，无法离散为有限多个网格。为获取有界的参数空间，Duda 采用了称为 Hessian 标准形（Hessian normal form）的法线式直线方程：

$$\rho = x\cos\theta + y\sin\theta \tag{9-21}$$

图 9-10（a）给出了式中参数 ρ 和 θ 的几何解释。ρ 是图像平面坐标原点 O 到该直线的垂直线的代数距离 OP，θ 为 OP 与 x 轴正方向所成的夹角，顺时针方向取正值，范围为 $-90° \leqslant \theta < 90°$。当 OP 指向 x 轴正方向半平面时，$\rho \geqslant 0$；当 OP 指向 x 轴负方向半平面时，$\rho < 0$。而直线与 x 轴的夹角为 $\theta + 90°$。

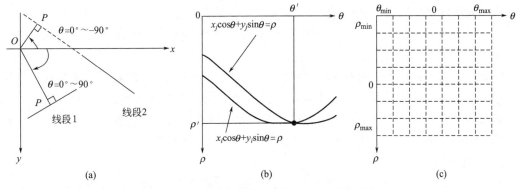

图 9-10　ρ-θ 法线式直线方程的 Hough 变换原理示意

（a）x-y 平面法线式直线方程；（b）ρ-θ 平面中对应的正弦曲线；（c）将 ρ-θ 平面离散化为有限多个网格

例如，图像中的垂直线 $\theta=0$、$\rho\geq0$ 等于正的 x 轴截距；水平直线 $\theta=90°$、$\rho\geq0$ 等于正的 y 轴截距，或 $\theta=-90°$、$\rho<0$ 等于负的 y 轴截距。

这样，图像平面上的边缘点 (x_i, y_i)，被映射为 ρ-θ 平面上的一条正弦曲线，如图 9-10（b）所示。对于一幅图像，尺寸已知，图像平面中直线的参数 ρ 小于图像的对角线长度。因此，这意味着我们感兴趣的那些直线的 (ρ, θ) 值形成了 ρ-θ 平面的一个有界子集，即：

$$-90°\leq\theta<90°, \quad -D\leq\rho\leq D \tag{9-22}$$

式中，D 为图像的对角线长度。这样，就可以把 ρ-θ 平面离散化为有限个网格，如图 9-10（c）所示。设想把每个网格看成一个"票箱"，称为累加器单元，所有网格对应的累加器单元形成累加器数组。对于图像中的每一个边缘点 (x_i, y_i)，有：

$$\rho=x_i\cos\theta+y_i\sin\theta$$

令 θ 在 $-90°\leq\theta<90°$ 范围内变化，按上式计算出相应的 ρ 值，就可以在参数空间 $\rho-\theta$ 平面上画出一条正弦曲线，如图 9-10（b）所示，该正弦曲线经过的所有网格都增加一票，交点 (ρ', θ') 对应于 x-y 平面上过点 (x_i, y_i) 和 (x_j, y_j) 的直线参数。如果有 N 个边缘点共线，那么就会有 N 张票"投到"该直线对应的网格累加器单元 (ρ', θ') 中，其累计值为 N。

9.4.2　Hough 变换直线检测的基本步骤

1. 创建累加器数组

为了计算 Hough 变换，必须先为 ρ 和 θ 选择合适的步长，把连续的参数空间离散为有限个网格（类似图像数字化过程的采样），并为每个网格沿 ρ 坐标轴和 θ 坐标轴的位置顺序分配两个自然整数序号，譬如 (s, t)。例如，给定一幅大小为 M 行 N 列的边缘图像 f，其对角线长度 D 为：

$$D=\sqrt{(M-1)^2+(N-1)^2} \tag{9-23}$$

ρ 取值范围为 $-D\leq\rho\leq D$，离散化时选择步长为 1 个像素；θ 的取值范围为 $-90°\leq\theta<90°$，离散化时选择步长为 $1°$。这样就把参数空间 $\rho-\theta$ 平面离散化为 $(2\times D+1)\times180$ 个网格，然后用一个 $(2\times D+1)$ 行 $\times180$ 列的二维数组 H（或矩阵）来表示这一离散参数空间，离散网格与数组 H 的元素一一对应，并通过下标 (s, t) 索引。数组 H 用来记录参数空间中每个网格位置正弦曲线相交的次数，因此被称作累加器数组，又称 Hough 变换矩阵。

注意：离散步长大小影响直线的定位精度，合适的网格尺寸很难选择。太粗糙的网格导致某个"票箱"的投票值太大而无效，因为许多不同的直线对应于同一个"票箱"。太精细的网格导致直线可能找不到，因为边缘点并不是准确地共线，因此所产生的投票会被记录到不同的"票箱"里，而没有一个"票箱"能累积到大的投票数。

2. 点线映射

将累加器数组 H 各元素初始化为 0。对于边缘图像 f 中的每一个边缘点 (x_i, y_i)，令 θ 等于其每一个允许的离散值 θ_t，按下式计算对应的每一个 ρ 值：

$$\rho=x_i\cos\theta_t+y_i\sin\theta_t \tag{9-24}$$

查找与其最接近的离散值 ρ_s，得到相应的索引下标 s，然后令 H(s,t)＝H(s,t)＋1。

上述"点—线"映射过程完成后，累加器数组的每个元素值 H(s,t) 就给出了在边缘图像 $f(x,y)$ 中位于直线 $\rho_s=x\cos\theta_t+y\sin\theta_t$ 上的边缘点数量。

使用累加器数组的目的是寻找正弦曲线的交点。由于图像空间和参数空间的离散性，量化误差通常会使得同一直线上的多个边缘点，映射到参数空间中的正弦曲线的"投票"不在同一个累加器单元中，而是分散在多个相邻累加器单元中，这样会降低该交点的"得票数"。一种补救办法是：对于一个给定的角度 θ_t，同时增加对应的累加器单元 H(s,t) 及其相邻单元 H$(s-1,t)$ 和 H$(s+1,t)$。这样 Hough 变换对于不正确的边缘点的坐标有更强的容忍度。

3. 确定累加器数组的极大值

从累加器数组 H 中找出一组有意义的极大值，是 Hough 变换的关键。我们知道，即使图像中的线段在几何上是直的，但是映射到离散参数空间中的相关曲线的交点并不是精确地向累加器数组中同一个单元"投票"，而是在一个小范围内分布，这主要是因累加器数组中的离散坐标引起的误差。因此，简单地遍历数组并返回前 K 个极大值是不充分的。确定累加器数组中极大值的方法很多，下面介绍一种采用阈值并结合**邻域最大值抑制**的方法。

假设要从累加器数组 H 中确定 K 个极大值。首先选择一个阈值 T，其大小由期望在图像中找到的线段含有的最少边缘点数来定。再选择进行邻域最大值抑制的邻域尺寸，一般采用 $m\times n$ 矩形邻域，m、n 为奇数，大小依据在图像中期望找到的线段之间的间距而定，线段间距小，相应 m、n 也应小。然后按下述步骤确定所有 K 个极大值：

（1）找出累加器数组 H 中的最大值 H_{max}，如果 H_{max} 大于或等于阈值 T，记录 H_{max} 所在元素的位置 (p,q)。若同时找到多个相等的最大值，仅记录其中一个。

（2）将记录的最大值所在元素 H(p,q) 及其 $m\times n$ 邻域元素都设为零。

（3）重复步骤（1）和（2），直到找到 K 个极大值，或数组 H 中的最大值小于指定的阈值 T 时为止。

注意：在步骤（2）进行邻域最大值抑制时，$\theta=-90°$ 与 $\theta=90°$ 时的 ρ 值关于 θ 轴反向对称，当最大值元素位置 (p,q) 的 $m\times n$ 邻域超出累加器数组 H 的下标范围时，不能简单地丢弃，应确定每个超出范围的数组元素的反向对称点，然后将其值设为 0。

4. 确定直线的端点及间断连接

一旦找到累加器数组 H 中 K 个极大值的位置，就获得了图像中对应 K 个直线的参数 ρ 和 θ，但诸如直线是否存在间断、线段的端点等信息还有待确定。下面给出一种获取这些信息的方法：

（1）利用点线映射方法，对于每个极大值点 (ρ_k,θ_k)，寻找满足该直线方程 $\rho_k=x\cos\theta_k+y\sin\theta_k$ 的所有边缘点 (x,y)，并对这些边缘点排序。

（2）计算排序后的相邻边缘点之间的距离。如果所有邻点距离小于或等于给定阈值，则该直线可视为无间断，边缘点序列的头、尾点就是该直线的两个端点；如果存在邻点距离大于给定阈值，那么，该直线存在间断，找到间断位置，就可以确定构成该直线的每一片段的两个端点。

示例 9-4：用 Hough 变换检测直线

首先构建一幅二值图像，在黑色背景上画 5 条白色直线段，如图 9-11（a）所示。然后调用函数 hough、houghpeaks 和 houghlines 检测图像中的线段。图 9-11（b）以灰度图像方式反色显示由函数 hough 返回的累加器数组的计数状态，可以清晰地看到有 5 个峰值点。接下来调用函数 houghpeaks 和 houghlines 得到这 5 个峰值点及其对应的直线参数，包括直线段两个端点坐标［列，行］、角度 θ 和距离 ρ。最后将检测到的直线以绿色、端点以红色和黄色叠加显示在原图像上，结果如图 9-11（c）所示。

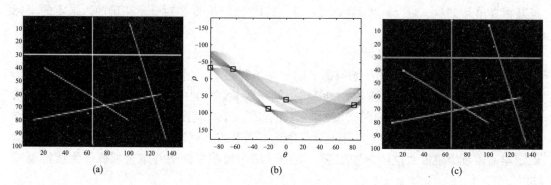

图 9-11　用标准 Hough 变换检测直线
(a) 原始边缘图像；(b) Hough 变换矩阵 H；(c) 将识别出的直线段叠加到原图像上

为与实际直线参数作对比，下表给出了由 houghlines 返回的这 5 条直线的参数。

lines＝1×5 struct

字段	point1	point2	theta	rho
1	［1,30］	［149,30］	−90	−29
2	［10,80］	［130,61］	81	79
3	［65,1］	［65,99］	0	64
4	［100,5］	［135,95］	−21	91
5	［20,40］	［99,80］	−63	−26.0000

%Hough 变换直线检测示例

```
close all;clearvars;
%构建一幅二值图像用于测试
imgrgb = zeros(100,150,3);
%在图像上画 5 条典型直线(col1,row1,col2,row2)
linespt = [1,30,149,30;10,80,130,60;100,5,135,95;65,1,65,99;20,40,100,80];
imgrgb = insertShape(imgrgb,'line',linespt,'Color',[1,1,1],'LineWidth',1);

img = rgb2gray(imgrgb);%转换为灰度图像
figure;imagesc(img);colormap(gray(256));%显示图像
```

```
%计算霍夫变换
[H,Theta,Rho] = hough(img);
%以图像方式显示霍夫矩阵
figure;imshow(1-mat2gray(H),[],'XData',Theta,'YData',Rho,'InitialMagnification',
'fit');
xlabel('\theta'),ylabel('\rho');
axis on,axis normal,hold on;
%提取霍夫矩阵中的峰值点并显示
Peaks = houghpeaks(H,10);
x = Theta(Peaks(:,2));y = Rho(Peaks(:,1));
%在霍夫矩阵图像上叠加显示峰值位置
plot(x,y,'s','LineWidth',1,'MarkerSize',12,'color','black');


%提取直线并叠加在原图像上
lines = houghlines(img,Theta,Rho,Peaks,'FillGap',2,'MinLength',10)
figure;imagesc(img);colormap(gray(256));hold on
for k = 1:length(lines)
    %用绿色绘制直线
    xy = [lines(k).point1;lines(k).point2];
    plot(xy(:,1),xy(:,2),'LineWidth',1,'Color','green');
    %绘制直线的起点和终点
    plot(xy(1,1),xy(1,2),'x','LineWidth',2,'Color','yellow');
    plot(xy(2,1),xy(2,2),'x','LineWidth',2,'Color','red');
end
%-----------------------------------------------
```

示例 9-5：用 Hough 变换检测灰度图像中的直线

在这个例子中，用函数 hough，houghpeaks 和 houghlines 检测图 9-12（a）所示图像中的一组线段。首先调用 edge 函数采用 Canny 算子得到边缘图，如图 9-12（b）所示。图 9-12（c）是调用函数 hough 得到的霍夫矩阵 H（累加器数组）的图像显示，调用函数 houghpeaks 得到指定的 5 个极大值点，并用黑色方框在图 9-12（c）中标出，显示时对 H 的灰度进行了反色显示以便观察。调用函数 houghlines 获取检出的直线，输入参数'Fill-Gap'的值为 5，'MinLength'的值为 7，改变这两个值会影响返回的线段数量。将 houghlines 返回的直线段叠加到原图像上，其中最长直线段用蓝色显示，结果如图 9-12（d）所示。

%用 Hough 变换检测直线

```
clearvars;close all;
I = imread('circuit.tif');          %读取一幅灰度图像
rotI = imrotate(I,30,'crop');       %将图像逆时针旋转 30°
figure,imshow(rotI);
```

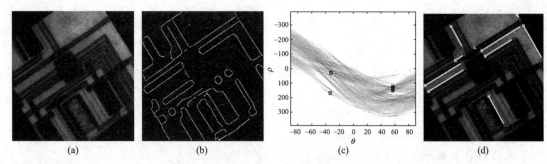

(a)   (b)   (c)   (d)

图 9-12　用 Hough 变换检测直线

（a）原始图像；（b）Canny 算子得到的边缘图；（c）Hough 变换矩阵 H；（d）检测到的直线段

```matlab
BW = edge(rotI,'canny',[],4);    % 采用 Canny 算子得到边缘图
figure,imshow(BW);    % 显示边缘图像


% 计算霍夫变换
[H,Theta,Rho] = hough(BW);
% 以图像方式显示霍夫矩阵
figure,imshow(H,[],'XData',Theta,'YData',Rho,'InitialMagnification','fit');
xlabel('\theta'),ylabel('\rho');
axis on,axis normal,hold on;
% 提取霍夫矩阵中的峰值点
Peaks = houghpeaks(H,5,'threshold',ceil(0.3 * max(H(:))));
x = Theta(Peaks(:,2));y = Rho(Peaks(:,1));
% 在霍夫矩阵图像上叠加显示峰值位置
plot(x,y,'s','color','white');
% 提取直线并叠加在原图像上
lines = houghlines(BW,Theta,Rho,Peaks,'FillGap',5,'MinLength',7);
figure,imshow(rotI),hold on
max_len = 0;
for k = 1:length(lines)
    % 用绿色绘制直线
    xy = [lines(k).point1;lines(k).point2];
    plot(xy(:,1),xy(:,2),'LineWidth',2,'Color','green');
    % 绘制直线的起点和终点
    plot(xy(1,1),xy(1,2),'x','LineWidth',2,'Color','yellow');
    plot(xy(2,1),xy(2,2),'x','LineWidth',2,'Color','red');
    % 确定最长直线段的端点
    len = norm(lines(k).point1-lines(k).point2);
    if (len>max_len)
        max_len = len;
```

```
        xy_long = xy;
    end
end
% 用蓝色显示最长直线段
plot(xy_long(:,1),xy_long(:,2),'LineWidth',2,'Color','blue');
% ──────────────────────────────────────────────
```

5. Hough 变换函数 hough、houghpeaks 和 houghlines

函数 hough 完成参数空间的离散化、创建累加器数组（Hough 矩阵）和点线映射计算，函数 houghpeaks 从累加器数组中找出一组有意义的极大值（峰值），函数 houghlines 利用前面两个函数的结果在输入图像中提取直线段、确定直线的端点、间断等。

（1）函数 **hough** 完成参数空间的离散化、创建累加器数组和点线映射计算，其常用语法为：

格式 1：[H，theta，rho] ＝hough（BW）

输入参数 BW 为二值边缘图像，返回值 H 为 Hough 变换矩阵，即累加器数组；theta(θ) 为离散值构成的向量，单位为"度"，rho(ρ) 为离散值构成的向量。

格式 2：[H，theta，rho] ＝ hough（BW，'RhoResolution'，ScaleValue，'Theta'，VectorValue）

'RhoResolution'用于指定 ρ 轴的离散步长，后跟标量参数值 ScaleValue，缺省值为 1；'Theta'用于指定 θ 轴的离散步长，后跟向量参数值 VectorValue，该向量的每个元素指定了 θ 的每个离散值，取值范围 $-90° \leqslant \theta < 90°$，缺省值为 $-90：89$。如：[H，T，R] ＝ hough（BW，'RhoResolution'，0.5，'ThetaResolution'，0.5）；

（2）函数 **houghpeaks** 从累加器数组中找出一组有意义的极大值（峰值），其常用语法为：

格式 1：peaks＝houghpeaks（H，numpeaks）

输入参数 H 为调用函数 Hough 返回的 Hough 变换矩阵，numpeaks 为希望确定的极大值个数，返回值 peaks 是一个 Q 行×2 列的矩阵，保存了找到的 Q 个极大值在 Hough 变换矩阵 H 中的行、列坐标，$0 \leqslant Q \leqslant$ numpeaks。

格式 2：peaks＝houghpeaks（H，numpeaks，'Threshold'，val1，'NHoodSize'，val2）

'Threshold'后跟一个正数 val1，指定一个阈值，期望找到的极大值须大于或等于 val1，含义为识别出的直线段包含的最少边缘点数，缺省值为矩阵 H 最大值的 0.5 倍；'NHood-Size' 后跟一个含两个奇正整数的向量 val2，指定用于最大值抑制的邻域尺寸 [m，n]，缺省值为大于或等于矩阵 H 行、列值 1/50 的最小奇数。

（3）函数 **houghlines** 利用前面两个函数的结果，在输入图像中提取直线段、确定直线的端点、间断等，其常用语法为：

格式 1：lines＝houghlines（BW，theta，rho，peaks）

格式 2：lines＝houghlines（BW，theta，rho，peaks，'FillGap'，val1，'MinLength'，val2）

在输入参数中，BW 二值边缘图像；theta 和 rho 是调用函数 hough() 时返回的向量；peaks 是调用函数 houghpeaks() 时返回的矩阵；'FillGap'后跟一个正数 val1，如果 peaks 中的一个极大值对应的直线由多个片段组成，当两个片段之间的距离小于 val1 时，就把这两个片段连接合并，缺省值为 20；'MinLength'后跟一个正数 val2，如果连接合并后的线段长度小于 val2，则予以丢弃，缺省值等于 40。

注意：函数 houghlines () 找到的直线段个数，可能多于输入参数 peaks 中的极大值个数。如果一个极大值对应的直线由多个片段组成，且片段之间的距离大于 val1 时，函数 houghlines 将把它们作为单独的直线段保存在 lines 结构数组中。

返回值 lines 是一个结构数组，长度等于找到的线段个数；结构数组的每个元素保存了从边缘图像中找到的一条直线段的参数，由 4 个字段组成：

point1：两元素向量 [X，Y]，该直线段的一个端点坐标。注意，MATLAB 中图像坐标系 x 轴正方向水平向右、y 轴正方向垂直向下。所以，X 为该端点在图像中的列坐标，Y 为行坐标（见图 9-10）。

point2：两元素向量 [X，Y]，该直线段的另一端点坐标。

Theta：该直线段的 θ 参数值，单位为度，取值范围 $-90° \leqslant \theta < 90°$；$\theta > 0$ 时，图像坐标系原点到该直线段的垂线位于 x 轴正方向下部，$\theta < 0$ 时，位于 x 轴正方向上部。

Rho：该直线段的 ρ 参数值。

9.4.3　Hough 变换的圆检测

图像平面上的直线能用两个参数 $(\rho，\theta)$ 来描述，而图像平面上的圆，需要三个参数表示，即：

$$(x-a)^2 + (y-b)^2 = r^2 \tag{9-25}$$

这里，$(a，b)$ 为圆心位置的坐标，r 为圆的半径，这些参数构成了一个 a-b-r 三维参数空间。对于图像中的一个边缘点 $(x_i，y_i)$，通过该点的圆应满足方程：

$$(x_i-a)^2 + (y_i-b)^2 = r^2 \tag{9-26}$$

将其改写为：

$$(a-x_i)^2 + (b-y_i)^2 = r^2 \tag{9-27}$$

式（9-27）表示了在三维参数空间中以 $(x_i，y_i)$ 圆心、半径为 r 的一系列圆。因此，圆的 Hough 变换，图像中的一个边缘点，按式（9-27）被映射为 a-b-r 三维参数空间中一个圆锥面，如图 9-13（a）所示。位于图像平面同一个圆上的边缘点，映射到 a-b-r 参数空间中对应的圆锥面都将相交于一个空间点 $(a'，b'，r')$，这个点的坐标值就是这些边缘点所构成的圆的参数。

类似直线的 Hough 变换，我们也把 a-b-r 三维参数空间离散为一系列空间立体网格，并用一个三维的累加器数组 H 表达这一离散参数空间。把图像平面中的每个边缘点都映射为一个圆锥面，圆锥面经过的立体网格，对应的累加器数组单元计数值加 1。然后，我们通过在三维累加器数组中寻找极大值单元来确定图像平面中显著圆形结构的圆心坐标 $(a，b)$ 和半径 r。图 9-13（b）描述了在给定半径 $r = r_i$ 时三维累加数组的一个剖面。

以上是用标准 Hough 变换圆检测的基本思路，但是，无论是边缘点向 a-b-r 三维参数空间的映射过程，还是从三维累加器数组 H 中寻找极大值，计算量都非常大。对标准 Hough 变换圆检测的改进主要通过将三维参数空间分解为低维空间以降低计算复杂度，如利用边缘点的梯度信息，由于圆心一定是在圆上的每个点的法向量上，这些法向量的交点就是圆心。第一步就是找到这些圆心，这样三维的累加平面就又转化为二维累加平面。第

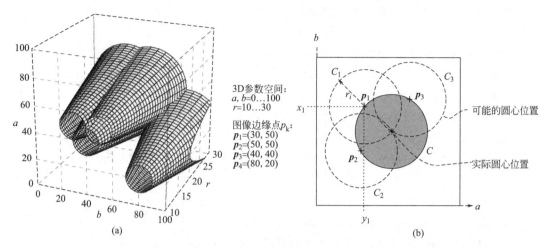

图 9-13　圆的 Hough 变换

（a）给出了圆的 a-b-r 三维参数空间，每一个图像边缘点 p_k 对应的圆锥面所经过的三维累加数组单元值加 1；

（b）描述了在给定半径 $r=r_i$ 时三维累加数组的一个剖面。经过给定边缘点 $p_1=(x_1,y_1)$ 的所有可能的圆的

圆心位置，形成了以 p_1 为圆心、半径为 r_i 的圆 C_1；同样，经过边缘点 p_2、p_3 的所有可能的圆的圆心位置，

形成了圆 C_2 和 C_3。圆 C_1、C_2 和 C_3 所经过的三维累加数组单元的值增加，三者相交处的累加数组单元的值等

于 3，该数组单元对应的 a、b 值就是图像中由边缘点 p_1、p_2 和 p_3 所构成的圆 C 的圆心坐标。

二步根据边缘点对所有候选中心的支持程度来确定半径。

示例 9-6：从图像中检测圆

图 9-14（a）是一幅含有 10 枚硬币的灰度图像，它们的半径约在 15～30 个像素之间。图 9-14（b）将函数 imfindcircles 的圆检测结果叠加到原图像，返回值 centers 中前 5 个 metric 值大的圆用蓝色显示，其他圆用红色显示。

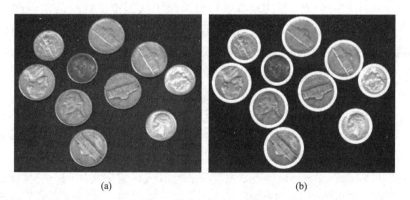

图 9-14　用 Hough 变换检测圆

（a）含有硬币的图像；（b）将检测结果叠加到原图像

%从灰度图像中检测圆

```
close all;clearvars;
f = imread('coins.png');%读取一幅灰度图像
```

```
%检测半径位[15,35]范围内的圆形边缘结构
[centers,radii,metric] = imfindcircles(f,[15 35]);
%检测到圆参数串接为[x,y,radii]数组
circleparas = cat(2,centers,radii);
%把检测到的圆绘制叠加到原图像上
%前5个metric值大的圆用蓝色显示,其他圆用红色显示
frgb = insertShape(f,'circle',circleparas(1:5,:),'Color','blue','LineWidth',3);
frgb = insertShape(frgb,'circle',circleparas(6:end,:),'Color','red','LineWidth',3);

%显示结果
figure;imshowpair(f,frgb,'montage');
title(['硬币图像',' | ','叠加检测到的圆']);
%------------------------------------------------
```

Hough 变换圆检测函数 imfindcircles

• 函数 imfindcircles 用于检测图像中的圆形边缘结构，其常用语法格式为：

格式 1：centers＝imfindcircles（A，radius）

格式 2：[centers，radii]＝imfindcircles（A，radiusRange）

格式 3：[centers，radii，metric]＝imfindcircles（A，radiusRange）

格式 4：[centers，radii，metric]＝imfindcircles（...，ParaName，ParaValue）

输入参数 A 可以是灰度图像、RGB 彩色图像或二值图像；radius 为一个标量，用于指定待检圆的半径，单位为像素；radiusRange 为一个 2 元素向量 $[R_{min}，R_{max}]$，用于指定待检圆的半径范围，为保证检测精度和运行时间，一般要求 $R_{max}<3*R_{min}$ 且 $(R_{max}-R_{min})<100$。其他输入参数含义不再一一列出，详见 MATLAB 帮助。

返回值 centers 是一个 $P\times2$ 的矩阵，每行给出了从图像中找到的圆的圆心坐标 $(x，y)$；radii 是一个 $P\times1$ 列向量，保存了对应 centers 中每个圆的半径；metric 也是一个 $P\times1$ 列向量，保存了对应 centers 中每个圆在累加器数组中对应极大值的大小（降序）。注意以上返回值都是浮点类型。

9.5　角点检测

角点检测（Corner detection）是图像处理和计算机视觉中常用的一种算子。现实世界中，角点对应于物体的拐角、道路的十字路口、丁字路口等，是物体的显著结构要素。

角点在人类视觉与机器视觉中都有着重要的作用，它不但可为人类视觉提示边缘信息，而且是机器视觉中的少量"鲁棒"特征之一。所谓"鲁棒"特征，主要是指那些在三维场景中非偶然出现的，且在大范围视角和光照条件下相对稳定并能准确定位的特征。角点在保留图像图形重要特征的同时，可以有效地减少信息的数据量，使其信息的含量很高，有效地提高了计算速度，有利于图像的可靠匹配，使得实时处理成为可能。对于同一

场景，即使视角发生变化，通常具备稳定性质的特征。因此，角点检测广泛应用于目标跟踪、目标识别、图像配准与匹配、三维重建、摄像机标定等计算机视觉领域。

通常意义上来说，角点就是极值点，即那些在某方面属性特别突出的点，是在某些属性上强度最大或者最小的孤立点、线段的终点等，如图 9-15 中圆圈内的部分。角点可定义为两个边缘的交点，或者邻域内具有两个主方向的特征点。

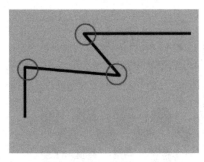

图 9-15　图像中的角点

Harris 角点检测器

角点能被我们的视觉系统轻易识别，但精确地进行自动角点检测并不是一件简单的事情。尽管已经提出了很多寻找角点及相关感兴趣点的方法，但是它们绝大多数都基于以下基本原则：边缘通常被定义为在图像中某一方向的梯度极大并在与它垂直方向上极小的位置，而角点在多个方向上同时取得较大的梯度。大多数方法都是利用这一特点，通过计算图像在 x 或 y 方向上的一阶或者二阶导数来寻找角点，其中 Harris 角点检测器与其他以之为基础的检测器在实际中有很广泛的应用。

Harris 角点检测器由 Harris 和 Stephens 提出，基本思想为：（1）角点存在于图像梯度在多个方向上同时取得较大值的位置；（2）只有一个方向梯度较大的边缘位置不是角点，并且因为角点在任意方向上都存在，因此检测器应该是各向同性的。Harris 角点检测器的计算流程为：

1. 对每个像素，计算其水平和垂直方向的一阶导数（梯度分量）g_x、g_y

$$\begin{bmatrix} g_x \\ g_y \end{bmatrix} = \begin{bmatrix} \dfrac{\partial f(x,y)}{\partial x} \\ \dfrac{\partial f(x,y)}{\partial y} \end{bmatrix}$$

2. 对每个像素，计算三个值 A、B 和 C

$$A = g_x^2, \quad B = g_y^2, \quad C = g_x \cdot g_y$$

3. 然后对上述计算结果 A、B 和 C 进行高斯平滑滤波

$$\overline{A} = A \cdot h_{G,\sigma}, \overline{B} = B \cdot h_{G,\sigma}, \overline{C} = C \cdot h_{G,\sigma}$$

4. 构造局部结构矩阵 M，计算每个像素的角点响应函数 $R(M)$ 作为"角点强度"的度量

$$M = \begin{bmatrix} \overline{A} & \overline{C} \\ \overline{C} & \overline{B} \end{bmatrix}$$

$$R(M) = \det(M) - \alpha \cdot (\text{trace}(M))^2$$
$$= (\overline{AB} - \overline{C}^2) - \alpha \cdot (\overline{A} + \overline{B})^2$$

式中，参数 α 决定了角点检测器的灵敏度，通常在 $0.04 \sim 0.06$ 之间取值，α 值越大，角点检测器越不敏感，检测到的角点数就越小。

5. 对角点响应函数 $R(M)$ 取阈值，并进行非最大值抑制，得到检测到的角点坐标。

示例 9-7：角点检测

图 9-16（a）是一幅常用于立体视觉摄像机标定的棋盘格标定板图，调用函数 detectHarrisFeatures 进行角点检测，从结果中挑出最强的 50 个角点，用绿色方框标出检出的角点位置。

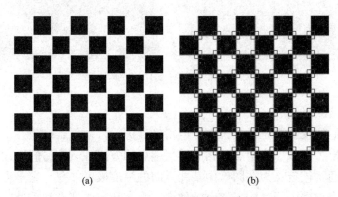

(a)　　　　　　　(b)

图 9-16　Harris 角点检测示例

（a）棋盘格图像；（b）采用 Harris 方法得到的角点

%角点检测示例 Corner detection

```
close all;clearvars;
img = imread('checkerboard. png');    % 读入一幅灰度图像

% 计算 Harris 角点响应图像
corners = detectHarrisFeatures(img);
% 挑出最强的 50 个角点,以绿色方框叠加显示
cornerpts = corners. selectStrongest(50);
% 显示结果
figure;imshow(img);hold on;
plot(cornerpts. Location(:,1), cornerpts. Location(:,2),'s','MarkerSize',10,'
color','green');
    %——————————————————————————————————
```

9.6　MATLAB 工具箱中的边缘检测函数简介

下表列出了 MATLAB 工具箱中与边缘检测相关的常用函数及其功能，这些函数属于

目标分析（Object Analysis）函数族。

函数名	功能描述
edge	从灰度图像或二值图像中检测边缘，Find edges in intensity image or binary image
imfindcircles	利用 Hough 变换检测圆，Find circles using circular Hough transform
imgradient	计算图像的梯度幅度和梯度方向角，Gradient magnitude and direction of an image
imgradientxy	计算图像的梯度分量，Directional gradients of an image
hough	Hough 变换，Hough transform
houghpeaks	获取 Hough 变换矩阵的峰值，Identify peaks in Hough transform
houghlines	基于 Hough 变换提取直线段，Extract line segments based on Hough transform
bwboundaries	跟踪提取二值图像中的区域边界，Trace region boundaries in binary image
bwtraceboundary	跟踪提取二值图像中的区域轮廓，Trace object in binary image
visboundaries	在图像上绘制区域边界，Plot region boundaries
activecontour	采用主动轮廓分割图像，Segment image into foreground and background using active
detectHarrisFeatures	Harris 角点检测，Detect corners using Harris-Stephens algorithm and return corner points.

习题 ▶▶▶

9.1　边缘检测的目的是什么？

9.2　一般情况下如何确定一个像素是否是边缘像素？

9.3　采用 Canny 算子检测边缘时平滑滤波尺度因子对检测结果有何影响？

9.4　简述 Hough 变换的基本原理。

 ## 上机练习 ▶▶▶

E9.1　编辑本章各示例程序代码建立 MATLAB 脚本或函数 m 文件，保存运行，注意观察并分析运行结果。也可打开实时脚本文件 Ch9_EdgeDetection. mlx，逐节运行，熟悉本章给出的示例程序。

E9.2　查找资料，确定一个边缘检测的应用案例，描述任务目标，给出实现方案及 MATLAB 程序代码。

图像分割

图像分割（Image segmentation）就是把图像分成若干个特定的、具有独特性质的区域并提取兴趣目标的技术和过程，其本质是像素的分类或聚类。图像分割依据像素的灰度或颜色及其空间分布的基本特征——相似性和不连续性来完成，阈值分割、区域分裂与合并、运动目标分割等都是基于相似性的图像分割方法，例如把图像划分为灰度（亮度）、色彩、纹理或运动等属性大致相同的区域。不连续性体现为像素属性值空间分布的某种变化，往往对应于图像中属性不一致区域之间的过渡区域，如边缘、区域边界、纹理细节等，"第9章 边缘检测"就是此类图像分割的典型代表。

10.1　阈值分割

如果前景物体或背景各自具有较为一致的光反射特性，且物体和背景之间、或不同物体之间表面的光反射特性差异较大，那么，图像中就会形成明暗不同的区域，只要选择一个合适的灰度值作为阈值，就可根据像素灰度值的高低，把图像分割为前景区域和背景区域，关键是如何选择阈值。

10.1.1　灰度直方图与阈值选择

图 10-1（a）中的灰度图像 $f(x，y)$ 是将米粒撒在暗色绒布上拍摄的，由暗色背景上的较亮物体组成，米粒像素和绒布背景像素的灰度值彼此之间存在较明显的差异，各自又相对接近。图 10-1（b）是图像的灰度直方图，从灰度直方图中可以看出，其形状基本上呈现为"双峰"特性。每个"波峰"称为一种支配模式，反映了图像中像素的一种显著的统计规律。左边的"波峰"由较暗的绒布背景像素汇聚形成（由于光照不均匀，导致一部分背景过暗，出现了一个小旁瓣），最右边的"波峰"则由较亮的米粒像素汇聚形成。"波峰"的面积正比于图像中背景区域或米粒的数量，"波峰"的底部宽度则反映了各自像素灰度值取值的分散程度，两个"波峰"之间的"波谷"自然就是区分开背景和米粒两类像

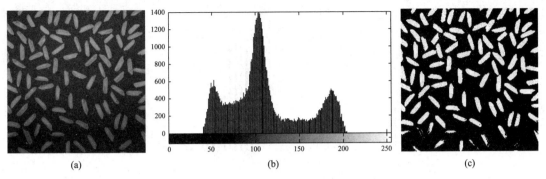

图 10-1　阈值分割与图像灰度直方图

(a) 米粒图像；(b) 灰度直方图；(c) 阈值分割得到的二值图像

素的"分界点"。

　　显然，如果选择直方图中两"波峰"之间"谷底"所对应的灰度值为阈值 T，那么，灰度值满足条件 $f(x，y) > T$ 的像素属于前景米粒，令其值为 1；灰度值满足条件 $f(x，y) \leqslant T$ 的像素属于背景，令其值为 0，从而将图像二值化。即：

$$g(x,y) = \begin{cases} 1, & f(x,y) > T \\ 0, & f(x,y) \leqslant T \end{cases} \tag{10-1}$$

　　通常将图像中感兴趣的物体所形成的区域称为兴趣区域（ROI，Region of Interest）、目标（object）或前景（foreground）等，其余称为背景（background），并约定前景像素取值为 1、背景像素取值为 0。也可以用任何两个明显不同的值，比如在 C 语言编程时，常用 255 和 0 分别表示目标像素和背景像素的灰度值。如果图像中目标区域比背景区域暗，那么只需对式（10-1）稍做修改，就可以满足分割结果二值图像 $g(x，y)$ 中目标和背景像素灰度值的取值约定。

1. 全局阈值与可变阈值

　　当阈值 T 用于图像所有像素时，称为全局阈值分割。当在处理图像中不同像素时，阈值 T 可以改变，称为可变阈值分割。如果像素 $(x，y)$ 所用的阈值 T 取决于像素 $(x，y)$ 邻域的图像特征（例如邻域像素灰度均值、方差），此时的可变阈值分割又称为局部阈值分割或基于区域的阈值分割。例如，可变阈值分割最简单的方法之一就是把一幅图像分成不重叠的矩形子图像，然后分别对每个子图像上再使用全局阈值分割。更进一步，如果一幅图像中的每个像素 $(x，y)$ 都要计算各自的阈值 T，则此种可变阈值分割通常称为动态阈值分割或自适应阈值分割。

2. 单阈值与多阈值

　　如果图像的灰度直方图呈现为双峰特性，如图 10-2（a）所示，就可以按式（10-1）用一个阈值实现图像分割，称为单阈值分割。如果图像的灰度直方图呈现为多峰特性，如图 10-2（b）所示，图像包含有三个支配模式，要想把图像分割成对应的三个区域，需要两个阈值 T_1、T_2，分割后的图像 $g(x，y)$ 由下式给出：

$$g(x,y) = \begin{cases} a, & f(x,y) > T_2 \\ b, & T_1 < f(x,y) \leqslant T_2 \\ c, & f(x,y) \leqslant T_1 \end{cases} \tag{10-2}$$

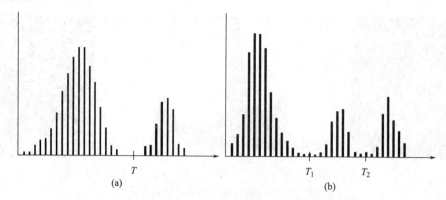

图 10-2　单阈值图像分割与双阈值图像分割的灰度直方图形态

（a）可被单阈值分割的图像的典型灰度直方图；（b）可被双阈值分割的图像的典型灰度直方图

式中，a、b 和 c 是任意三个不同的灰度值。对图像分割时，每个像素值需要与两个阈值 T_1、T_2 作比较，故称双阈值分割。以此类推，当用到多个阈值时，一般称为多阈值分割。

3. 灰度直方图的形状与阈值选择

图像中目标像素和背景像素在灰度直方图中所形成的峰谷特性，是决定图像阈值分割能否成功的关键。波峰越窄、相距越远，波峰之间波谷越宽、越深，越有利于阈值分割。影响峰谷结构特性的主要因素有：

（1）目标和背景之间明暗对比度，两者差异越大，直方图中对应波峰相距就越远，可分度就越大。

（2）图像中的噪声，波峰随噪声增强而展宽，波谷变浅，甚至消失。

（3）目标和背景的相对尺寸（即面积），两者越接近，峰谷特性愈佳。

（4）光照的均匀性。

（5）图像场景中目标表面对光线反射特性的均匀性。

10.1.2　基本全局阈值图像分割

当图像中目标与背景之间具有较高的对比度，灰度直方图呈双波峰，且波峰之间存在一个较为清晰的波谷时，适合采用全局阈值分割。尽管可以通过观察图像的灰度直方图人工选取阈值，但更希望能基于图像数据自动选择阈值，下面介绍的迭代算法就可以完成阈值的自动选择：

（1）为阈值 T 选择一个初始值，譬如，图像 $f(x，y)$ 的灰度平均值 m_G。

（2）用阈值 T 按式（10-1）分割图像，将图像像素划分为 G_1 和 G_2 两部分。G_1 由灰度值大于 T 的所有像素组成，G_2 由灰度值小于或等于 T 的所有像素组成。计算 G_1 和 G_2 两部分像素的灰度平均值 m_1 和 m_2。

（3）计算新的阈值：

$$T = \frac{1}{2}(m_1 + m_2)$$

（4）重复步骤（2）到步骤（3），直到迭代过程中前后两次得到的阈值 T 的差异，小于预先设定的参数 ΔT，终止迭代。即：

$$如果|T_n - T_{n-1}| < \Delta T，停止$$

参数ΔT用于控制迭代的次数。通常，ΔT越大，算法执行的迭代次数越少。

示例 10-1：基本全局阈值图像分割

图 10-1（a）是一幅米粒图像，图 10-1（b）是该图像的直方图，呈双峰特性且有一个明显的波谷。从 $T=m_G$（图像灰度平均值）开始，并令$\Delta T=0.5$，应用前述迭代算法经过 5 次迭代后就可收敛，得到阈值 $T=131.4$。图 10-1（c）显示了最终分割结果。

```matlab
%基本全局阈值分割
clearvars;close all;
f1 = imread('rice.png');    %读入一幅灰度图像
f = double(f1);%将图像数据转换为 double 型
count = 0;        %初始化迭代次数
Delta_T = 0.5;  %选择迭代停止控制参数
T = mean2(f);    %选择阈值的初始估计值
Tnext = 0;
done = false;
while~done
    count = count + 1;
    %用阈值分割图像
    g = f>T;
    %计算两类像素的均值并更新阈值
    Tnext = 0.5 * (mean(f(g)) + mean(f(~g)));
    %判断是否满足停止准则
    done = abs(T-Tnext)<Delta_T;
    T = Tnext
end
g = f1>T;%用上述计算得到的阈值 T 分割图像
%显示分割结果
figure;
subplot(2,2,1);imshow(f1);title('原图像');
subplot(2,2,2);imshow(g);title('图像阈值分割结果');
subplot(2,2,[3,4]);imhist(f1);title('图像直方图');
%------------------------------------------------
```

10.1.3　Otsu 最佳全局阈值图像分割

Otsu 最佳阈值分割方法是由日本学者大津（Nobuyuki Otsu）于 1979 年提出的，又叫大津法。它根据图像灰度的统计特性，借助于灰度直方图，将图像分成目标和背景两类像素。Otsu 定义了类间方差（variance between classes）的概念来衡量目标和背景两类像素之间的可分性，如果目标和背景之间的类间方差越大，说明图像中这两部分像素的灰度值的差别越大。若部分目标被错分为背景，或部分背景被错分为目标，都会导致类间方差变小。因此，能够使类间方差最大的分割阈值意味着错分概率也最小。

设 L 是灰度图像 $f(x，y)$ 的灰度级数（对于 8 位数字图像，$L=256$），每个像素灰度值的取值范围为 $[0，L-1]$。那么，图像的归一化灰度直方图可表示为：

$$p_i = \frac{n_i}{N}，\qquad i=1,2,\cdots\cdots,L-1 \tag{10-3}$$

且满足：

$$p_i \geqslant 0, \sum_{i=0}^{L-1} p_i = 1 \tag{10-4}$$

式中，n_i 表示图像中灰度值等于 i 的像素的个数，N 表示图像的总像素数，$N=n_0+n_1+\cdots\cdots+n_{L-1}$。

令阈值 $T=k$，$0 \leqslant k < L-1$，把图像 $f(x，y)$ 的像素分成 C_1 和 C_2 两类。其中，C_1 由图像中灰度值在 $[0，k]$ 范围内取值的像素组成，C_2 则由图像中灰度值在 $[k+1，L-1]$ 范围内取值的像素组成。如果把每次阈值分割看成是一次随机实验，那么，C_1、C_2 两类各自发生的概率取决于阈值 k 的选择。为表明这种依赖性，用 $P_1(k)$ 表示类 C_1 发生的概率，$P_2(k)$ 表示类 C_2 发生的概率。依据概率的可列可加性，$P_1(k)$ 由下式给出：

$$P_1(k) = P(C_1) = \sum_{i=0}^{k} p_i \tag{10-5}$$

同样，类 C_2 发生的概率是：

$$P_2(k) = P(C_2) = \sum_{i=k+1}^{L-1} p_i \tag{10-6}$$

且有：

$$P_1(k) + P_2(k) = 1 \tag{10-7}$$

那么，类 C_1 中的像素灰度平均值为：

$$m_1(k) = \sum_{i=0}^{k} iP(i \mid C_1) = \sum_{i=0}^{k} i \left[\frac{n_i}{\sum_{j=0}^{k} n_j} \right] = \sum_{i=0}^{k} i \left[\frac{\dfrac{n_i}{N}}{\sum_{j=0}^{k} \dfrac{n_j}{N}} \right] = \sum_{i=0}^{k} i \left[\frac{p_i}{\sum_{j=0}^{k} p_j} \right]$$

$$= \frac{1}{P_1(k)} \sum_{i=0}^{k} i p_i \tag{10-8}$$

式中，$P(i \mid C_1)$ 为条件概率，表示灰度级 i 在类 C_1 中出现的概率。同理，类 C_2 中像素灰度平均值为：

$$m_2(k) = \sum_{i=k+1}^{L-1} iP(i \mid C_2)$$

$$= \frac{1}{P_2(k)} \sum_{i=k+1}^{L-1} i p_i \tag{10-9}$$

而整个图像 $f(x，y)$ 的灰度平均值 m_G（全局均值）和方差 σ_G^2（全局方差）为：

$$m_G = \sum_{i=0}^{L-1} i p_i \tag{10-10}$$

$$\sigma_G^2 = \sum_{i=0}^{L-1} (i - m_G)^2 p_i \tag{10-11}$$

依据上述定义，显然有：

$$P_1(k)m_1(k) + P_2(k)m_2(k) = m_G \tag{10-12}$$

利用上述统计量，Otsu 定义类 C_1 和 C_2 之间的类间方差为：

$$\begin{aligned}
\sigma_B^2(k) &= P_1(k)[m_1(k) - m_G]^2 + P_2(k)[m_2(k) - m_G]^2 \\
&= P_1(k)P_2(k)[m_1(k) - m_2(k)]^2 \\
&= \frac{[m_G P_1(k) - m(k)]^2}{P_1(k)[1 - P_1(k)]}
\end{aligned} \tag{10-13}$$

为便于计算，利用式（10-7）和式（10-12）对上述 $\sigma_B^2(k)$ 的定义式进行简化，消除了与类 C_2 相关的统计量。式中 $m(k)$ 按下式计算：

$$m(k) = P_1(k)m_1(k) = \sum_{i=0}^{k} i p_i \tag{10-14}$$

因为全局均值 m_G 仅需计算一次，故求取任何 k 值对应的 $\sigma_B^2(k)$ 仅需计算 $P_1(k)$ 和 $m(k)$。由于 $P_1(k)$ 和 $1 - P_1(k)$ 出现在分母上，所以选取 k 值时应满足条件 $0 < P_1(k) < 1$。

为了评价阈值 k 的优劣，Otsu 使用类间方差 $\sigma_B^2(k)$ 和全局方差 σ_G^2 的比值，定义两类像素之间的可分性测度（Separability Measure）为：

$$\eta(k) = \frac{\sigma_B^2(k)}{\sigma_G^2} \tag{10-15}$$

从式（10-13）第二行可以看出，两个类的均值 m_1 和 m_2 彼此隔得越远（两者差值越大），σ_B^2 越大，表明类间方差确实可以用于两类像素之间的可分性度量。因为 σ_G^2 是一个与 k 无关的常数，最大化 η 等价于最大化 σ_B^2。因此，最大化 $\sigma_B^2(k)$ 即可获取最佳阈值 k^*，即：

$$k^* = \underset{0 \leqslant k < L-1}{\mathrm{argmax}}\{\sigma_B^2(k)\} \tag{10-16}$$

对 k 的所有可能整数值（满足条件 $0 < P_1(k) < 1$），按式（10-13）计算相应的 $\sigma_B^2(k)$ 值，使 $\sigma_B^2(k)$ 为最大值的 k 值，即为最佳阈值 k^*。如果 $\sigma_B^2(k)$ 的最大值对应多个 k 值，通常取这几个 k 值的平均值作为最佳阈值 k^*。

一旦得到最佳阈值 k^*，令 $T = k^*$，就可以按式（10-1）对图像 $f(x, y)$ 进行分割。同时，也常把 $\eta(k^*)$ 作为阈值 k^* 对图像 $f(x, y)$ 的可分性度量，其取值范围为 $0 \leqslant \eta(k^*) \leqslant 1$。下面给出 Otsu 最佳单阈值算法的计算步骤：

Otsu 最佳单阈值算法计算流程

1：计算输入图像 $f(x, y)$ 的归一化灰度直方图。用长度为 L 的一维数组或向量保存该直方图的各个分量 p_i，灰度级 i 应与数据或向量的下标相对应。

$$p_i = \frac{n_i}{N}, \qquad i = 1, 2, \cdots\cdots, L-1$$

2：计算图像灰度全局均值 $m_G = \sum_{i=0}^{L-1} i p_i$

3：计算图像灰度全局方差 $\sigma_{\mathrm{G}}^2 = \sum_{i=0}^{L-1} (i - m_{\mathrm{G}})^2 p_i$

4：初始化 $\sigma_{\mathrm{B}}^2(k)$。用长度为 L 的一维数组或向量保存 $\sigma_{\mathrm{B}}^2(k)$，并将各元素值初始化为 0，k 应与数据或向量的下标相对应。

5：**for** 每个 $0 \leqslant k \leqslant L-1$ **do**

6：　　计算 $P_1(k) = \sum_{i=0}^{k} p_i$

7：　　计算 $m(k) = \sum_{i=0}^{k} i p_i$

8：　　**if** $0 < P_1(k) < 1$ **then**

9：　　计算 $\sigma_{\mathrm{B}}^2(k) = \dfrac{[m_{\mathrm{G}} P_1(k) - m(k)]^2}{P_1(k)[1 - P_1(k)]}$

10：　　**end if**

11：**end for**

12：得到 Otsu 最佳阈值 k^*。从保存 $\sigma_{\mathrm{B}}^2(k)$ 值的数组或向量中查找最大值及其对应的 k 值，如果最大值对应多个 k 值，计算这几个 k 值的平均值作为 k^*。

13：计算对应最佳阈值 k^* 的可分性度量 $\eta^* = \dfrac{\sigma_{\mathrm{B}}^2(k^*)}{\sigma_{\mathrm{G}}^2}$。

10.1.4　自适应阈值图像分割

　　噪声、非均匀光照都会影响全局阈值图像分割算法的效果，严重时会导致分割失败。选择全局阈值时，主要依赖图像灰度直方图这一总体统计特征。而局部均值和方差这两个统计量，描述了像素附近的对比度和明暗程度，体现了图像的不均匀性和局部灰度分布的特点，显然也可用来确定分割该像素的局部阈值。本节介绍基于局部图像统计特征的自适应阈值图像分割方法。

　　令 (x, y) 表示图像 $f(x, y)$ 中任意像素的坐标，S_{xy} 表示以 (x, y) 的邻域，邻域大小和形状取决于具体的问题，例如，采用矩形邻域，其高、宽典型取值为：

$$S_{\mathrm{h}} = 2 \times \mathrm{floor}\left(\frac{H}{16}\right) + 1, \quad S_{\mathrm{w}} = 2 \times \mathrm{floor}\left(\frac{W}{16}\right) + 1 \tag{10-17}$$

式中，函数 $\mathrm{floor}(x)$ 返回不大于 x 的最大整数，H、W 分别为图像 $f(x, y)$ 的高度和宽度。邻域 S_{xy} 中像素灰度的均值 m_{xy} 和方差 σ_{xy}^2 由下式给出：

$$m_{xy} = \frac{1}{N} \sum_{(s,t) \in s_{xy}} f(s, t)$$

$$\sigma_{xy}^2 = \frac{1}{N} \sum_{(s,t) \in s_{xy}} (f(s, t) - m_{xy})^2 \tag{10-18}$$

式中，N 为邻域 $\boldsymbol{S}_{xy}$ 中的像素数。

　　分割像素 (x, y) 所用的阈值 T_{xy} 可由下式给出：

$$T_{xy} = b m_{xy} \tag{10-19}$$

或

$$T_{xy} = a\sigma_{xy} + bm_G \qquad\qquad (10\text{-}20)$$

式中，a 和 b 是非负常数，一般通过试验确定。m_G 是图像灰度全局均值，σ_{xy} 为局部标准差。

式（10-19）和式（10-20）用局部标准差 σ_{xy} 与局部均值 m_{xy}（或全局均值 m_G）的加权和计算局部阈值。更一般意义上的自适应阈值图像分割，常使用像素（x，y）的局部图像特征和全局统计量的逻辑组合，判断像素（x，y）属于背景还是目标。

示例 10-2：使用 Otsu 和自适应阈值分割图像

图 10-3（a）米粒图像的背景光照不均匀，采用 Otsu 算法的全局阈值能够将绝大多数米粒正确分割，但图像右下部的几个米粒被错判为背景，如图 10-3（b）所示。基于局部均值的自适应阈值分割，能有效消除光照不均匀背景的影响，得到了较为完美的分割结果，如图 10-3（c）所示。

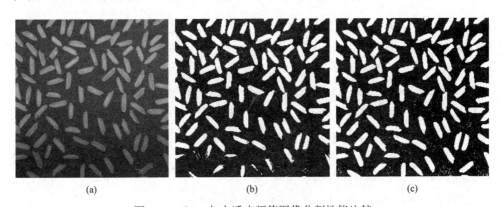

图 10-3　Otsu 与自适应阈值图像分割性能比较
（a）光照不均匀米粒图像；（b）Otsu 阈值分割结果；（c）基于局部均值的自适应阈值分割

%使用 Otsu 和自适应阈值分割图像
```
clearvars;close all;
f = imread('rice.png');   % 读入一幅灰度图像
gbw1 = imbinarize(f);% 采用 Otsu 全局阈值分割
gbw2 = imbinarize(f,'adaptive');% 基于局部均值的自适应阈值分割
% 显示结果
figure;
subplot(1,3,1);imshow(f);title('原图像');
subplot(1,3,2);imshow(gbw1);title('Otsu 方法阈值分割结果');
subplot(1,3,3);imshow(gbw2);title('基于局部均值的自适应阈值分割结果');
%--------------------------------------------------------------------------
```

示例 10-3：Otsu 多阈值图像分割

图 10-4（a）为 camerman 图像，采用函数 multithresh 计算两个阈值，用两条垂直线叠加到图像灰度直方图上显示，结果如图 10-4（b）所示；然后调用阈值图像分割函数

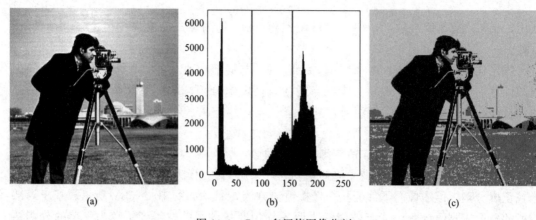

图 10-4　Otsu 多阈值图像分割
(a) camerman 图像；(b) 叠加阈值的图像灰度直方图；(c) 双阈值分割结果

imquantize 将图像分割成 3 个区域，并以伪彩色图像显示在图 10-4（c）中。

%Otsu 多阈值分割

```
clearvars;close all;
img = imread('cameraman. tif'); % 读入一幅灰度图像
% 计算 Otsu 多阈值,选择默认 classes = 3,即计算 2 个阈值将图像分割为 3 类区域
Thr = multithresh(img,2);
% 使用阈值将图像分割成 3 个区域,取值分别为 0,1,2
img_regions = imquantize(img,Thr);
img_rgb = label2rgb(img_regions); % 伪彩色处理
% 显示结果
figure;
subplot(1,2,1);imshow(img);title('原图像');
subplot(1,2,2);imshow(img_rgb);title('多阈值分割结果');
% ------------------------------------------------------------
```

示例 10-4：采用自适应阈值分割光照不均匀的印刷文本图像

图 10-5（a）中印刷文本图像的背景光照不均匀，采用 Otsu 算法的全局阈值图像分割失败，如图 10-5（b）所示。基于局部均值的自适应阈值分割，能有效消除光照不均匀背景的影响，得到了较为完美的分割结果，如图 10-5（c）所示。图 10-5（d）则采用了基于局部中值的自适应阈值分割，效果优于局部均值自适应阈值分割，注意邻域大小的选择。

%使用 Otsu 和自适应阈值分割图像

```
clearvars;close all;
I = imread('printedtext.png');　% 读入一幅灰度图像
% 采用 Otsu 全局阈值分割图像
gbw1 = imbinarize(I);
% 采用基于局部均值的自适应阈值分割图像
```

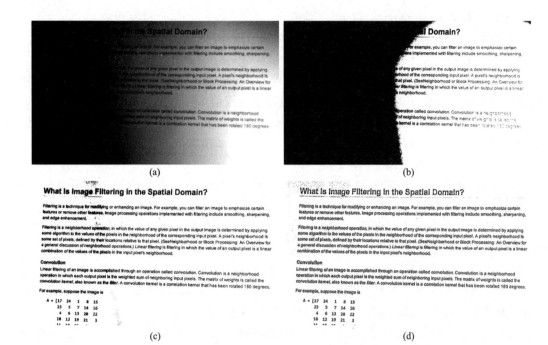

图 10-5　Otsu 全局单阈值与自适应单阈值图像分割性能比较

（a）光照不均匀印刷文本图像；（b）采用 Otsu 算法的阈值分割结果；（c）基于局部均值的自适应
阈值分割结果；（d）基于局部中值的自适应阈值分割结果

```
gbw2 = imbinarize(I,'adaptive','ForegroundPolarity','dark','Sensitivity',0.4);
%采用基于局部中值的自适应阈值分割图像
T = adaptthresh(I,0.45,'NeighborhoodSize',11,'ForegroundPolarity','dark','Statis-
tic','median');
gbw3 = imbinarize(I,T);
%显示分割结果
figure;imshow(I);title('原图像');
figure;imshow(gbw1);title('Otsu 全局阈值分割结果');
figure;imshow(gbw2);title('基于局部均值的自适应阈值分割结果');
figure;imshow(gbw3);title('基于局部中值的自适应阈值分割结果');
%---------------------------------------------------------------------
```

1. Otsu 单阈值计算函数 graythresh

（1）函数 graythresh 采用 Otsu 算法计算阈值，常用语法格式为：

格式 1：level＝graythresh（I）

格式 2：［level，EM］＝graythresh（I）

I 是输入图像，level 是函数计算出的阈值，被规一化到［0，1］范围内，EM 称为有效性度量（EM，Effectiveness Metric），即上述的可分性度量 η。

单阈值图像分割函数 imbinarize

（2）函数 imbinarize 采用阈值分割二值化图像，调用格式为：

格式 1：BW＝imbinarize（I）

使用 Otsu 方法确定阈值并对图像 I 进行单阈值分割，结果为二值图像 BW。

格式 2：BW＝imbinarize（I，method）

按照字符串参数 method 指定的方法对图像 I 进行单阈值分割。输入参数 method 有两个选项：'global'、'adaptive'。其中'global'选项为全局阈值分割，采用 Otsu 计算阈值；'adaptive'选项为自适应阈值分割，利用每个像素邻域的局部一阶统计量（像素均值、中值或高斯加权均值等）为该像素选择一个阈值。

格式 3：BW＝imbinarize（I，T）

依据给定阈值 T 对灰度图像 I 进行单阈值分割。参数 T 可以是标量，也可以是与 I 高、宽相同的二维数组或矩阵。当 T 是一个标量时，则为全局阈值分割；当 T 是一个二维数组或矩阵，则为自适应阈值分割，T 中每个元素的值作为图像 I 对应像素的分割阈值。T 在 [0，1] 之间取值，可用函数 graythresh、otsuthresh 或 adaptthresh 来计算。

格式 4：BW＝imbinarize（I，'adaptive'，Name，Value）

采用自适应阈值对图像 I 进行阈值分割，输入参数对 Name 及其值 Value 用于控制自适应阈值分割的行为。Name 为字符串变量，由三个选项：

'Sensitivity'，对应 Value 在 [0，1] 范围内取值，缺省默认值为 0.5。用于控制分割的灵敏度，Value 越大，将把越多像素判为前景像素。

'ForegroundPolarity'，对应 Value 为字符串，可以是'bright'（默认值）或'dark'，用于指定图像 I 中的前景是"亮像素"还是"暗像素"。

2. Otsu 多阈值计算函数 multithresh

• 函数 multithresh 采用 Otsu 方法计算分割图像 I 的多个阈值，调用格式为：

格式 1：thresh＝multithresh（I）

格式 2：thresh＝multithresh（I，N）

格式 3：[thresh，metric] ＝multithresh（…）

输入参数图像 I 可以是灰度图像或彩色图像；参数 N 为指定的阈值个数（默认为 1），如果指定 N＞1，返回值 thresh 是一个 $1 \times N$ 的向量，采用 Otsu 方法计算得到的 N 个阈值；metric 为对应最佳阈值的可分性度量。

3. 多阈值图像分割函数 imquantize

• 函数 imquantiz 使用由函数 multithresh 计算出的 thresh，对图像 I 进行多阈值分割，调用格式为：

格式 1：quant _ I＝imquantize（I，thresh）

格式 2：quant _ I＝imquantize（I，thresh，values）

其中，输入参数 thresh 为指定的 N 个分割阈值；输入参数 values 是一个 $1 \times N+1$ 的整数向量，用于指定分割后图像 quant _ I 的 N＋1 个区域中像素的灰度值；以式（10.1-2）双阈值分割为例，values＝ [c，b，a]，如果调用时忽略输入参数 values，函数 imquantize 采用默认值 values＝ [1，2，……，N＋1]。

4. 图像分割自适应阈值计算函数 adaptthresh

• 函数 adaptthresh 依据图像像素的局部一阶统计量计算自适应分割阈值，调用格式为：

格式 1：T＝adaptthresh（I）

依据图像灰度图像 I 每个像素默认邻域的局部均值选择该像素的分割阈值，结果保存到 T 中。输出 T 为一二维数组，大小与图像 I 相同，在 [0，1] 之间取值。

格式 2：T＝adaptthresh（I，sensitivity）

根据指定的输入参数 sensitivity 确定每个像素的自适应分割阈值，sensitivity 在 [0，1] 范围内取值，缺省默认值为 0.5；sensitivity 越大，将把越多像素判为前景像素。

格式 3：T＝adaptthresh（_____，Name，Value）

根据指定的输入参数对 Name 及其值 Value 计算自适应阈值。Name 为字符串变量，由三个选项：

'NeighborhoodSize'，用于指定计算局部一阶统计量的邻域大小，对应 Value 为正整数标量或二元向量，必须为奇数，缺省默认值为 2 * floor（size（I）/16）＋1。

'ForegroundPolarity'，用于指定图像 I 中的前景是"亮像素"还是"暗像素"，对应 Value 为字符串，可以是'bright'（默认值）或'dark'。

'Statistic'，用于指定计算自适应阈值所依据的一阶统计量类型，对应 Value 为字符串，可以是'mean'（默认值）、'median'、'gaussian'。

10.2　区域生长

区域生长（region growing）算法思想是根据预先定义的生长准则，将像素或子区域组合成为更大区域的过程。基本方法是，先在需要分割的区域中找一个种子像素（种子点）作为生长的起始点，然后将与种子像素具有相同或相似性质的邻域像素，合并到种子像素所在的区域中。再将这些新添加像素作为新的种子像素，继续进行上述操作，直到没有满足生长准则的像素时，停止区域生长。

区域生长算法的关键，一是相似性准则和区域生长的条件，二是停止规则的表示，三是种子像素的选取。相似性度量方法的选择不仅取决于所面对的问题，还取决于所处理图像的数据类型，如灰度图像、RGB 真彩色图像等。下面以候选像素灰度值与已生长区域像素灰度平均值之差作为相似性准则，来说明区域生长算法的原理。

1. 种子点的选择

种子点数量根据具体的问题可以选择一个或者多个，可直接给出、自动确定或人机交互确定，形成种子点列表数组。

2. 确定相似性准则和区域生长条件

区域生长条件是根据像素灰度的连续性而定义的一些相似性准则，同时，区域生长条件也定义了一个终止规则，即当没有像素满足加入某个区域的条件时，区域生长就会停止。在算法里面，定义一个阈值 T，即所允许的最大灰度差值。当候选像素的灰度值与已生长区域像素灰度平均值之差的绝对值小于阈值 T 时，该像素被加入到已生长区域。

3. 区域生长迭代过程

将种子点的 4-邻域（也可为 8-邻域）像素添加到候选像素列表中，计算候选像素列表中每个候选像素灰度值与已生长区域像素平均灰度值之差的绝对值，若小于给定阈值则将其加入到已生长区域，同时将其作为新的种子点加入到种子点列表数组中。

4. 区域生长停止

当种子点列表数组中无种子元素时，区域生长停止。

深度揭秘——区域生长算法的实现

下面的程序代码给出了上述区域生长算法的自定义函数，后面给出了调用该函数对一幅医学 CT 图像进行鼠标交互分割的示例。

```matlab
function seedMark = IMregionGrow(grayimage,seeds,thresh,neighbors)
% 本函数实现从一个指定的种子点(x,y)开始的区域生长 region growing 图像分割
% 输入参数
%          grayimage:输入灰度图像;
%          seeds:M * 2 数组,指定种子点的行、列坐标,形如[x0,y0;x1,y1]
%          (如果输入参数没有给出种子点 huoseeds = [0,0],使用函数 getpts 交互
%          式选择)
%          thresh:候选像素与分割区域均值的最大灰度值差,在[0,1]间取值(默认值
%          0.2)
%          neighbors:指定像素邻域类型,4 或 8,分别对应 4-领域和 8-邻域
% 输出参数
%          seedMark:区域生长分割得到的二值图像
% 函数调用示例
% grayimage = imread('medtest. png');
% seeds = [125,250];
% seedMark = IMregionGrow(grayimage,seeds,0. 2,4);
% grayimage(logical(secdMark)) = 255;
% figure,imshow(grayimage);
% *******************************************
% 输入参数解析
% 如果输入参数没有给出 thresh 的值,采用默认值 0.2
if(exist('thresh','var') = = 0 || thresh = = 0)
    thresh = 0. 2;
end
% 如果输入参数没有给出种子点坐标,或坐标为[0,0],采用交互式选择种子点
if(exist('seeds','var') = = 0 || (seeds(1,1) = = 0 && seeds(1,2) = = 0))
    figure,
    imshow(grayimage,[]);
    [y,x] = getpts; % 点击鼠标左键取点,点击鼠标右键或回车确定
    y = round(y(1));
    x = round(x(1));
    seeds = [x,y];
```

```
end
%将图像灰度值归一化为[0,1]之间的浮点小数类型
I = im2double(grayimage);
%初始化返回数组 seedMark,记录区域生长所得到的区域
seedMark = zeros(size(I));
%根据增长时的邻域类型确定种子点邻域像素下标偏移量
if(neighbors = = 4)
    %4-邻域,顺时针排列
    connection = [-1,0;0,1;1,0;0,-1];
elseif(neighbors = = 8)
    %8-邻域,顺时针排列
    connection = [-1,-1;-1,0;-1,1;0,1;1,1;1,0;1,-1;0,-1];
end
%获取输入图像的行、列数
[rows,cols] = size(I);
%已生长分割区域内像素的灰度平均值,初始化为种子点的灰度值
growed_region_mean = I(seeds(1,1),seeds(1,2));
%记录已生长分割区域内像素的数量,初始化为 1
numpixels = 1.0;
%已分割区域像素灰度值之和
growed_region_sum = growed_region_mean;
%seeds 种子点列表内无元素时候生长停止
while not(isempty(seeds))
    %种子点数组 seeds 头部元素弹出
    x = seeds(1,1);
    y = seeds(1,2);
    seeds(1,:) = [];    %删除种子点数组头部元素
    % Add new neighbors pixels
    %将种子点(x,y)的 4-邻域像素添加到 neglist 列表中
    for j = 1:neighbors
        %计算种子点(x,y)邻域像素的坐标
        xn = x + connection(j,1);
        yn = y + connection(j,2);
        %检查该邻域像素是否超出了图像边界
        isOutside = (xn<1) || (yn<1) || (xn>rows) || (yn>cols);
        %如果该邻域像素在图像外部,继续检测种子点的下一个邻域像素
        if(isOutside)
            continue;
        end
```

```
    % 如果该邻域像素在图像内部,判断是否满足相似性准则及是否已被增长。
    % 相似性准则:像素的灰度值与分割区域灰度均值之差的绝对值小于阈值 thresh
    gray_diff = abs(I(xn,yn)-growed_region_mean);
    if(gray_diff <thresh)&&(seedMark(xn,yn) == 0)
        % 将当前像素在已分割区域的灰度值设为 1
        seedMark(xn,yn) = 1;
        % 将当前像素添加到种子点列表
        seeds(end+1,:) = [xn,yn];
        % 更新已分割区域像素灰度值之和
        growed_region_sum = growed_region_sum + I(xn,yn);
        % 更新已增长的像素数
        numpixels = numpixels + 1;
        % 更新已分割区域像素灰度均值
        growed_region_mean = growed_region_sum/numpixels;
    end
  end
 end
end
% ----------------------------------------------------------------
```

示例 10-5:基于区域生长的图像分割

图 10-6(a)是一幅医学 CT 图像,调用上述自定义区域生长函数 IMregionGrow 对其进行分割。图 10-6(b)为采用鼠标交互选择一种子点、thresh=0.06、neighbors=4 的分割结果,为便于对比,显示时将区域生长得到的分割区域叠加到原图像上。图 10-6(c)为采用鼠标交互选择另一位置作为种子点、rthresh=0.2、neighbors=4 时的分割结果,同样,显示时将区域生长得到的分割区域也叠加到原图像上。当显示原图像的窗口弹出时,点击鼠标左键取点,点击鼠标右键或回车确定。

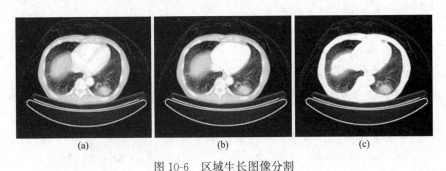

(a)   (b)   (c)

图 10-6 区域生长图像分割

(a) 医学图像;(b) thresh=0.06 分割结果;(c) thresh=0.2 的分割结果

```
%基于区域生长的图像分割示例
close all;clearvars;
```

```
I = imread('medtest.png');  % 读取一幅灰度图像
% 调用区域生长自编函数,用鼠标交互式选择一个种子点,
% 点击鼠标左键取点,点击鼠标右键或回车确定
J = IMregionGrow(I,[0,0],0.06,4);  % thresh = 0.06,neighbors = 4
% 显示分割结果,将分割结果叠加到原图像上对比显示
figure;imshowpair(I,im2double(I) + J,'montage');
% ----------------------------------------------------
```

10.3　分水岭图像分割

图像处理应用中,经常会遇到将图像中彼此接触的目标分开,或从图像中提取与背景近乎一致的弱对比度目标,这些都是较为困难的图像处理任务。分水岭(watershed)图像分割方法比较适合处理此类问题,又称分水岭变换(Watershed transform)。

10.3.1　分水岭算法的基本原理

分水岭图像分割方法(Watershed segmentation)借用了地形学的一些概念,把图像类比为测地学上的拓扑地貌,图像中每一像素的灰度值表示该点的海拔高度,高灰度值像素代表山脉、低灰度值像素代表盆地。每一个局部极小值及其影响区域称为集水盆(catchment basin),集水盆周边的分水岭脊线形成分水线(watershed ridge line),如图 10-7所示。分水岭图像分割的目的,是找出图像中所有的集水盆区域及相应的分水线,因为这些集水盆区域通常对应于目标区域,分水线则对应于目标区域的轮廓线。

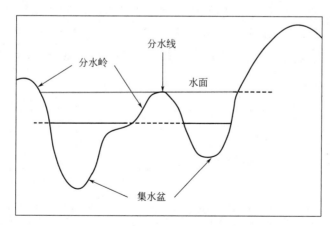

图 10-7　分水岭、分水线及集水盆地形结构剖面示意图

分水线的形成可以通过模拟涨水淹没过程来说明。设想在地面每一个局部极小值位置(相当于洼地),刺穿一个小孔,让水通过小孔以均匀的速率上升,从低到高淹没整个地面。随着水位的上涨,对应每一个局部极小值的集水盆水面会慢慢向外扩展,当不同集水盆中的水面将要汇聚在一起时,在两个集水盆水面汇合处构筑大坝阻止水面汇合。这个过

程不断延续直到水位上涨到最大值（对应于图像中灰度级的最大值），这些阻止各个集水盆水面交汇的大坝就是分水线。一旦确定出分水线的位置，就能将图像用一组封闭的曲线分割成不同的区域。

◢ 分水岭图像分割函数 watershed

- 函数 watershed，又称分水岭变换，调用格式为：

格式 1：L＝watershed（A）

格式 2：L＝watershed（A，conn）

输入参数 A 可以是二维、三维等任意维数组，conn 指定了区域连通性，对于二维数组，可以是 4-连通或 8-连通，默认值为 8；对于三维数组，可以是 6、18 或 26 连通，默认值为 26。

输出 L 为大小与 A 相同的标记矩阵（label matrix），取值为 0 的元素对应分水线区域，取值大于 0 的元素对应各个集水盆区域像素，例如，取值为 1 的元素属于第 1 个集水盆区域，取值为 2 的元素属于第 2 个集水盆区域，依次类推。

10.3.2　二值图像的距离变换

考虑到各目标区域内部像素的灰度值比较接近，而相邻区域像素之间的灰度值存在的差异也较微弱。因此，分水岭分割方法通常不直接应用于图像自身，而是对输入图像进行某种变换得到另外一幅图像，以便能在目标区域之间、或目标区域与背景之间，形成分水岭、集水盆的地形结构。

二值图像的距离变换（Distance Transform）是与分水岭分割相配合的常用工具。对于二值图像中的每一个像素，计算该像素与其距离最近的非零值像素之间的距离，并将这一距离值赋给输出数组中对应位置元素，称为距离变换。

度量像素之间的距离，除了熟悉的用于空间中两点之间的欧几里得距离（Euclidean distance），还定义了城市街区距离（cityblock distance）、棋盘格距离（chessboard distance）等。假定像素 p，q 的坐标分别为（x，y）和（s，t），像素 p，q 的上述三种距离定义如下：

欧几里得距离：

$$D(p,q)=\sqrt{(x-s)^2+(y-t)^2} \tag{10-21}$$

城市街区距离：

$$D(p,q)=|x-s|+|y-t| \tag{10-22}$$

棋盘格距离：

$$D(p,q)=\max\{|x-s|,|y-t|\} \tag{10-23}$$

◢ 二值图像的距离变换函数 bwdist

- 函数 bwdist 实现二值图像的距离变换，常用调用格式为：

格式 1：D＝bwdist（BW）

格式 2：［D，IDX］＝bwdist（BW）

格式 3：［D，IDX］＝bwdist（BW，method）

输入参数 BW 为二值图像；method 为字符串变量，用于指定使用的距离测度，选项有'euclidean'、'chessboard'、'cityblock'、'quasi-euclidean'，默认值'euclidean'。

输出数组 D 的大小与 BW 相同；输出数组 IDX 与大小与 BW 相同，其元素值为 BW 中距离该位置最近的非零值像素的线性索引序号（linear index）。

示例 10-6：采用距离变换的分水岭图像分割

以图 10-8（a）所示二值图像中相互接触的实心圆的分隔为例，说明如何将距离变换与分水岭变换结合在一起，分隔图像中彼此接触的圆形目标。首先对输入的二值图像求补，再对求补后的二值图像进行距离变换，得到的距离图像如图 10-8（b）所示。为避免分割结果出现碎块区域，对上述距离图像作灰度形态学开运算，结果如图 10-8（c）所示。

然后用-1 乘图 10-8（c）中开运算之后的距离图像，构造以每个圆中心为局部极小值的"漏斗"状分水岭结构，如图 10-8（d）所示。接着对上述负距离图像进行分水岭变换，从得到的标记矩阵中提取分水线像素，叠加到原二值图像上，并令分水线像素取值为 0，结果如图 10-8（e）所示，可见，分水线能很好地把原来粘连的圆区域分隔开。最后，将分水岭分割得到的标记矩阵中、原二值图像前景兴趣区域 ROI 之外的集水盆区域像素值设为 0（背景），并进行伪彩色图像处理，用不同颜色显示标记矩阵中的集水盆区域，如图 10-8（f）所示。调用函数 bwconncomp 提取分水岭分割标记图像中连通区域数量，结果 NumObjects 等于 13。

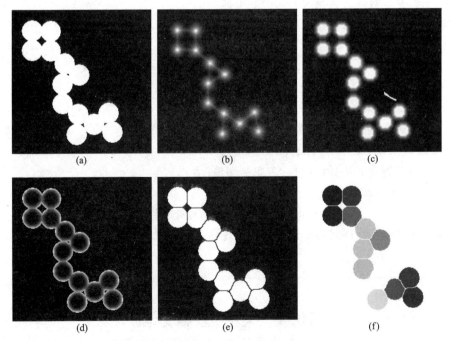

图 10-8　采用距离变换的分水岭图像分割

（a）二值图像；（b）距离变换结果；（c）对距离图像作灰度形态学开运算；（d）产生的"漏斗"状
分水岭结构；（e）叠加分水线的原图像；（f）分水岭分割结果

%采用距离变换的分水岭图像分割

```
close all;clearvars;
Ibw = imread('circles.png'); % 读取一幅二值图像
Idt1 = bwdist(～Ibw); % 对二值图像 Ibw 求补,然后计算其距离变换图像
% 对距离图像作灰度形态学开运算,消除区域之间的粘连
se = strel('disk',9);
Idt = imopen(Idt1,se);


% 对距离图像 Idt 取负,得到集水盆地形结构图像
Indt = -Idt;
Indt(～Ibw) = -max(Idt,[],'all');


% 分水岭图像分割
L = watershed(Indt);
% 将分割结果中兴趣区域 ROI 之外的集水盆区域像素值设为 0(背景)
L(～Ibw) = 0;
% 将分水线叠加到原图像上,并令分水线像素值为 0
Ibw2 = Ibw;
Ibw2(L = = 0) = 0;
% 将分水岭分割结果转换为彩色 RGB 图像,
% 背景区域设为白色,集水盆区域用不同的颜色
Irgb = label2rgb(L);


% 显示结果
figure;imshowpair(Ibw,Idt1,'montage');;
title('原图像(左) │ 图像求补后的距离变换(右)');
figure;imshowpair(Idt,Indt,'montage');
title('距离图像开运算(左)│ 负距离图像(右)');
figure;imshowpair(Ibw2,Irgb,'montage');
title('叠加分水线后的二值图像(左) │ 分水岭分割得到的标记图像-伪彩色(右)');
% 提取分水岭分割得到的标记图像 L 中连通区域数量
cc = bwconncomp(L)
% ------------------------------------
```

10.4 彩色图像分割

前面讨论的阈值分割方法,都是依据像素的属性特征(灰度值及其邻域统计量)将该像素归类为目标或背景。对于 256 级灰度图像而言,像素灰度值是一个标量,每个像素的

灰度值都是一维坐标轴上 $[0, 255]$ 范围的一个点。无论是全局阈值还是可变阈值分割，都是把一维坐标轴划分为两个或多个区间，每个区间对应一个类别：目标或背景。全局阈值分割时区间端点固定不动，可变阈值分割时区间端点随像素位置的不同而变动。

对于彩色图像而言，像素的属性值是一个多维向量。以 RGB 真彩色图像为例，像素的属性值由 R、G、B 分量组成，可表示为一个三维列向量 $\boldsymbol{X} = (x_R, x_G, x_B)^T$，每个像素的属性值就对应于三维 RGB 颜色空间中的一个点。

假如要从一幅彩色图像中提取指定颜色区域，比如，照片中的肤色区域，首先需要采集图像中有代表性的肤色像素作为样本集，计算样本集中像素 RGB 属性的均值向量 $\boldsymbol{m}$ 和协方差矩阵 $\boldsymbol{C}$。那么，这个均值向量 $\boldsymbol{m}$ 就代表了肤色像素的典型 RGB 值，而协方差矩阵 $\boldsymbol{C}$ 的**主对角元素**是 R、G、B 分量的方差，表明了样本值的散布度，其他元素反映了各分量之间的相关性。如果 R、G、B 分量散布度相同且相互独立，协方差矩阵 $\boldsymbol{C}$ 为单位矩阵。样本像素 RGB 向量在颜色空间中对应的点形成了以均值向量 $\boldsymbol{m}$ 为中心的"**点云**"，点云的形状与协方差矩阵 $\boldsymbol{C}$ 有关。

彩色分割的基本策略，是将图像中的每个像素与均值向量 $\boldsymbol{m}$ 代表的颜色相比较，判断两者是否相似，如果相似就把该像素归类于目标，即肤色，否则归类于背景。为了完成这一比较，就必须定义颜色的相似性度量。通常采用像素属性向量 $\boldsymbol{X}$ 与均值向量 $\boldsymbol{m}$ 之间的距离来度量二者颜色的相似性，如果二者之间的距离小于给定的阈值 T，则称 $\boldsymbol{X}$ 与 $\boldsymbol{m}$ 相似。常用的颜色空间距离测度有：

(1) 欧几里得距离（Euclidean distance）：

$$D(\boldsymbol{X}, \boldsymbol{m}) = \left[(\boldsymbol{X} - \boldsymbol{m})^T (\boldsymbol{X} - \boldsymbol{m})\right]^{\frac{1}{2}}$$

$$= \left[(x_R - m_R)^2 + (x_G - m_G)^2 + (x_B - m_B)^2\right]^{\frac{1}{2}} \tag{10-24}$$

(2) 马哈拉诺比斯（Mahalanobis distance），简称马氏距离：

$$D(\boldsymbol{X}, \boldsymbol{m}) = \left[(\boldsymbol{X} - \boldsymbol{m})^T \boldsymbol{C}^{-1} (\boldsymbol{X} - \boldsymbol{m})\right]^{\frac{1}{2}} \tag{10-25}$$

(3) 棋盘格距离（Chessboard distance），又称切比雪夫距离（Chebyshev Disctance）：

$$D(\boldsymbol{X}, \boldsymbol{m}) = \max\{|x_R - m_R|, |x_G - m_G|, |x_B - m_B|\} \tag{10-26}$$

选择一种距离测度，对图像中每一像素 (x, y) 的属性值执行上述距离计算，按下式得到分割结果：

$$g(x, y) = \begin{cases} 0, & D(\boldsymbol{X}, \boldsymbol{m}) > T \\ 1, & D(\boldsymbol{X}, \boldsymbol{m}) \leqslant T \end{cases} \tag{10-27}$$

其中，T 为大于 0 的阈值，可根据协方差矩阵 $\boldsymbol{C}$ 中值各分量的方差大小确定。满足 $D(\boldsymbol{X}, \boldsymbol{m}) \leqslant T$ 的点，对欧几里得距离而言，构成了以 $\boldsymbol{m}$ 为中心、半径为 T 的实心球；对马氏距离而言，构成了以 $\boldsymbol{m}$ 为中心的三维实心椭球；对棋盘格距离来说则构成了以 $\boldsymbol{m}$ 为中心边长为 $2T$ 的实心立方体，如图 10-9 所示。形象地说，给定一个任意的彩色点，通过确定它的属性向量点是否位于球（或椭球、立方体）的表面或内部来断定它属于目标还是背景。

因为距离是正的和单调的，为减少计算量，采用欧几里得距离和马氏距离时可以不计算平方根，直接与阈值 T 的平方比较。切比雪夫距离尽管计算简单，但给出的相似特征点汇聚区域是一个立方体。一种折中方案是对每个颜色分量使用不同的阈值，阈值的大小

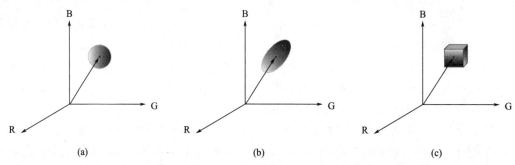

图 10-9 RGB 颜色空间中满足式（10-27）颜色集汇聚成的空间区域结构
(a) 欧几里得距离（球）；(b) 马氏距离（椭球）；(c) 棋盘格距离（立方体）

与样本集计算出的该分量标准差成比例，此时相似特征点汇聚区域为一个更紧凑的长方体，可以降低分割误差。该方法实际是多阈值分割，即：

$$g(x,y)=\begin{cases}0, & |x_R-m_R|>T_R \quad OR|x_G-m_G|>T_R \quad OR|x_B-m_B|>T_B \\ 1, & \text{其他}\end{cases}$$

(10-28)

另外，图像像素的 RGB 值受光照的影响较大，为消除光照的影响，可采用归一化 rgb 值：

$$x_r=\frac{x_R}{x_R+x_G+x_B}, \quad x_g=\frac{x_G}{x_R+x_G+x_B}, \quad x_b=\frac{x_B}{x_R+x_G+x_B}$$

(10-29)

由于 $x_r+x_g+x_b=1$，因此，通常仅选择 x_r、x_b 表达像素的属性。也可变换到 HSI、HSV、YCbCr 等颜色空间进行分割。由于 I、V、Y 分量为亮度分量，所以仅使用色调 H 与饱和度 S，或色差分量 Cb、Cr。

示例 10-7：蓝幕抠图技术的实现

蓝幕技术又叫抠图技术，用单色幕布为背景拍摄前景物体，再通过背景特殊的色调信息加以区分前景物体和背景，从而达到自动去除背景而保留前景的目的，广泛应用于广播电视的动态背景合成，以及电影、摄影创作中。蓝幕技术不一定非要使用蓝色幕布作为背景，也有采用绿色幕布。原则上，只要选择前景拍摄对象不具有的颜色作为背景就可以。

图 10-10 (a) 是一幅采用蓝幕技术拍摄的人偶婚纱照图像，目的是"抠取"前景人偶，选择在 RGB 色彩空间对图像进行分割。首先要采集图像中蓝色背景样本像素，方法是调用 roipoly 函数用鼠标从图像蓝色背景中选择一个多边形区域，产生一个称为样本掩膜（mask）的二值图像，该二值图像中对应上述选定的多边形区域像素值为 1，其他像素为 0；这样，利用样本掩膜图像就可以确定选中的样本像素集合。注意，选择的多边形区域尽可能包含背景中的变化，如图像的右边阴影部分。然后利用多边形区域中的样本像素，计算背景颜色的均值向量。最后使用颜色空间欧几里得距离相似性测度对婚纱图像进行分割，选择阈值 $T=85$。图 10-10 (b) 给出了分割得到的背景掩膜，图 10-10 (c) 是原图蓝色背景用灰色填充后的结果。

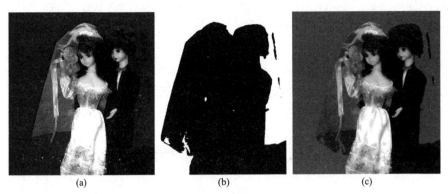

(a) (b) (c)

图 10-10　彩色图像分割的背景去除（抠图）示例

(a) 婚纱图像；(b) 欧几里得距离分割背景掩膜；(c) 原图背景用灰色填充后的结果

%彩色图像分割的背景去除（抠图）

```
close all;clearvars;
I = imread('Bridewedding. jpeg'); % 读入一幅人偶彩色图像
T = 85; % 设定分割阈值 T


% 交互获取样本,移动鼠标单击左键在图像上选点形成封闭多边形,
% 然后单击鼠标右键,弹出菜单,选择"Create Mask"
mask = roipoly(I);
% 显示样本掩膜
figure;imshow(mask);title('样本掩膜');
% 获取背景像素样本
mask3 = cat(3,mask,mask,mask);
Isamp = I(mask3);
% 将背景像素样本颜色分量串接为 M * 3 的样本数据矩阵
% 每行为一个样本像素的 RGB 值
Isamp3 = reshape(Isamp,[size(Isamp,1)/3,3]);
% 计算背景像素样本均值
m = mean(double(Isamp3),1);
% 计算图像像素到背景样本均值的欧式距离
Id = double(I);
Irdif = Id(:,:,1) - m(1);
Igdif = Id(:,:,2) - m(2);
Ibdif = Id(:,:,3) - m(3);
Iedist = sqrt(Irdif.^2 + Igdif.^2 + Ibdif.^2);
% 得到背景掩膜
Ibg = Iedist< = T;
% 将原图像背景颜色设为灰色
```

```
Imat = I;
bgmask3 = cat(3,Ibg,Ibg,Ibg);
Imat(bgmask3) = 127;
% 显示抠图结果
figure;imshowpair(Ibg,Imat,'montage');title('抠图结果');
%————————————————————————————————————————
```

10.5　运动目标分割

　　运动目标分割（Moving object segmentation），又称运动目标检测（Moving object detection），或运动分割（Motion segmentation），利用运动信息获取图像中移动目标区域，广泛应用于智能视频监控、视频压缩编码、视频检索、人机交互、虚拟现实、机器人视觉、自主导航等领域。在成像过程中，摄像机自身还是场景中物体的运动，都会使图像传感器与被观察目标之间产生相对位移，表现为序列图像中像素与场景物点的映射关系发生改变，引起图像像素属性值的变化。

　　图像传感器与被观察目标之间产生相对位移的情况大致有三种：（1）摄像机固定、目标运动；（2）摄像机移动、目标固定；（3）摄像机与目标都动。本节仅讨论摄像机固定时的运动目标分割问题。

　　假设摄像机固定，背景也相对稳定。当没有运动目标进入摄像机视场，获取的图像像素的属性值（灰度或彩色分量）处于相对稳定状态，只受随机噪声的影响。一旦有目标进入摄像机视场，或场景中原本静止的物体开始移动，那么背景就会因目标的移动时而被遮挡、时而显露。如果运动物体表面反光特性与背景差异较大，这将导致图像中对应于运动目标遮挡或显露的区域像素属性值发生显著改变。根据图像的这些变化，就可以把目标检测出来。

　　背景图像减除法首先要建立描述场景图像特征的背景模型（background model），然后将采集的图像与背景模型进行比较，判断当前图像与背景模型的匹配程度，寻找发生显著变化的像素集合，实现运动目标的分割。

10.5.1　图像变化

　　引起图像变化的原因除了运动物体的介入外，还有其他因素，如背景物体的自运动、环境光照的变化、摄像机的抖动等，这些因素可归纳为：

　　（1）光源强弱及照射方向的变化，如日光从早到晚的变化、云雾雨雪等气象因素导致的光线传播特性的变化（尤其是流云）、人工光源的启闭、夜间车灯的扫射、运动物体对光线的遮挡或反射（产生阴影、高亮区域）、日光在水面上的反射折射干扰、光源色温和光谱能量分布的变化等。

　　（2）背景物体的自运动，如树枝草丛的随风摆动、水面波浪的起伏、雨滴雪粒的飘动、旗帜的飘舞，以及其他人工设施的局部运动（自动扶梯的运动）等；

　　（3）场景空间构成改变，运动物体进入视场后停止并驻留较长时间、背景中原静止物

体移动到其他位置并驻留或移出视场，造成背景物体被遮掩、或暴露，引起场景空间结构
的重组。

（4）系统噪声，由图像传感器、视频信号调理，以及传输与控制等硬件设备引起的随
机噪声。

（5）摄像机的抖动、PTZ（Pan-Tilt-Zoom）操作引起的视场变化，以及摄像机的背
景补偿和增益调节等。

因此，背景图像减除法的关键问题是如何建立背景模型和实时更新模型参数，以适应
背景图像的变化。背景建模方法非常多，如简单的参考图像法、近似中值滤波背景模型、
MoG 混合高斯背景模型、ViBE 背景模型等。本章仅以参考图像法、近似中值滤波背景模
型为例，介绍运动分割的基本原理。

10.5.2　简单背景模型—参考图像

最简单的背景建模是选取净空状态下不含运动目标的一幅场景图像作为背景模型，又
称参考图像（reference image）、参考帧（reference frame），然后将当前图像与参考图像
相减得到差值图像，再对差值图像取阈值，将差值绝对值大于阈值的像素归类于运动目
标，小于或等于阈值的像素归为背景。

以灰度图像为例，假设用 $f_t(x,y)$ 表示在 t 时刻获取的图像，一个视频序列图像可
表示为 $f_1(x,y)$，$f_2(x,y)$，……，$f_t(x,y)$，……。令 $f_r(x,y)$ 为参考图像，对
后续任意图像帧 $f_t(x,y)$ 进行运动目标分割，得到的结果可用二值图像 $g_t(x,y)$ 表
示，即：

$$g_t(x,y)=\begin{cases}1, & |f_t(x,y)-f_r(x,y)|>T\\0, & 其他\end{cases} \tag{10-30}$$

这里 T 为指定的阈值，对于 256 级灰度图像，一般可在 15～25 之间取值。如果
$f(x,y)$ 为彩色图像，就需要计算每个像素各个颜色分量的差值绝对值，然后按式（10-
30）判断，简单地只要有一个颜色分量满足上式，那么该像素就属于运动目标，否则属于
背景。

10.5.3　近似中值滤波背景模型

McFarlane 提出了一种基于近似中值滤波器（Approximate Median Filter，又称滑动
中值滤波 Running median Filter）的背景模型。令 $f_t(x,y)$ 表示像素（x，y）在时刻 t
的灰度值，$B_t(x,y)$ 表示从 0 到 t 时间内该像素灰度值历史数据的中值。为适应背景的
动态变化，在 t 时刻，对 $B_{t+1}(x,y)$ 按式（10-31）更新：

$$B_{t+1}(x,y)=\begin{cases}B_t(x,y)+\beta, & f_t(x,y)>B_t(x,y)\\B_t(x,y), & f_t(x,y)=B_t(x,y)\\B_t(x,y)-\beta, & f_t(x,y)<B_t(x,y)\end{cases} \tag{10-31}$$

式中，β 为像素灰度值更新增量，决定了模型的学习速度，可根据背景扰动的剧烈程度和
运动目标的运动速度在 0～1 之间取值。对 t 时刻的图像 $f_t(x,y)$ 按下式将每个像素进
行分类，运动目标分割结果仍用二值图像表示：

$$g_t(x,y) = \begin{cases} 1, & |f_t(x,y) - B_t(x,y)| > T \\ 0, & \text{其他} \end{cases} \quad (10\text{-}32)$$

式中，T 为分割阈值，一般在 15～25 之间取值。

示例 10-8：摄像机固定配置时的视频运动目标分割

用 VideoReader 类创建视频对象，读取视频文件数据，采用参考图像、近似中值滤波背景模型，分别对一段视频图像中的运动目标进行分割。视频场景为建筑物大厅，背景相对稳定，两种方法都能给出满意的分割结果。采用近似中值滤波背景模型时，令 $\beta = 1$。图 10-11 给出了第 366 帧的分割结果，可以看出，近似中值滤波背景模型能适应背景的变化，分割结果中的噪点较少。

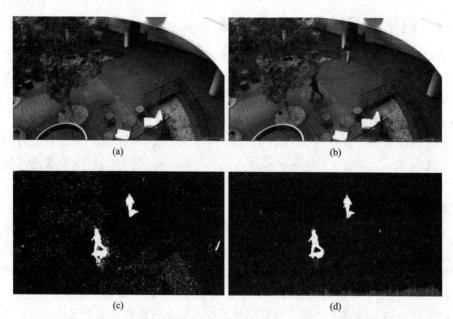

图 10-11　摄像机固定配置时的视频运动目标分割示例

（a）背景图像；（b）含有运动目标的图像帧（视频第 366 帧）；（c）采用参考图像割结果；
（d）采用近似中值滤波背景模型分割结果

％采用参考图像帧背景减除法实现视频图像运动目标检测

```
clearvars;close all;
％创建视频文件读取对象 vobj,视频文件 atrium. mp4 为 MATLAB 自带
vobj = VideoReader('atrium. mp4');
fps = vobj. FrameRate; ％ 获取视频帧率
Ibgframe = readFrame(vobj); ％读取视频序列中第一帧作为参考背景

Threh = 20; ％定义一个阈值
％顺次读取视频文件中的每一帧图像,进行判断
％定义并初始化图像帧计数器
```

```
n = 0;
while(hasFrame(vobj))
      Icurframe = readFrame(vobj);% 从视频文件中读取一帧图像
      n = n + 1;% 更新帧数
      Idiff = double(Icurframe)-double(Ibgframe);% 当前帧与参考背景图像相减
      % 差值取绝对值,然后与阈值 Threh 做"大于"关系运算
      Itemp = abs(Idiff)>Threh;
      % 只要图像像素有一个颜色分量值变化超过了阈值,就认为该像素为运动目标
      % 注意,此处采用了图像的逻辑"或"运算
      Ifg = any(Itemp,3);
      % 显示该帧图像
      figure(1);
      subplot(2,1,1),imshow(Icurframe);
      title(strcat('Current Image,Frame No.',int2str(n)));
      subplot(2,1,2),imshow(Ifg);
      title('Segmented result using reference image');
      % 暂停指定时间,按帧率播放
      pause(1/fps);
end
%-------------------------------------------------
```

%采用近似中值滤波背景模型实现运动目标分割

```
% Approximate Median Filter background model
% 清理工作区
clearvars;close all;
% 创建视频文件读取对象 vobj,视频文件 atrium.mp4 为 MATLAB 自带
vobj = VideoReader('atrium.mp4');
fps = vobj.FrameRate;% 获取视频帧率
Ifirstframe = readFrame(vobj);% 读取视频序列中第一帧
% 用第一帧图像数据初始化近似中值滤波背景模型数组
fmed = double(Ifirstframe);
% 初始化阈值和更新增量 beta
Threh = 15;
beta = 1.0;
% 顺次读取视频文件中的每一帧图像,进行判断
% 定义并初始化图像帧计数器
n = 0;
while(hasFrame(vobj))
      Icurframe = readFrame(vobj);    % 从视频文件中读取一帧图像
      n = n + 1;% 更新帧数
```

```
Idiff = double(Icurframe)-fmed;% 当前帧与背景模型相减
% 更新背景模型 Update the median of each pixel value
pixInc = find(Idiff >0);
fmed(pixInc) = fmed(pixInc) + beta;
pixDec = find(Idiff<0);
fmed(pixDec) = fmed(pixDec)-beta;
% 运动分割 Motion segment,detection moving object by threholding Idiff
% 差值取绝对值,然后与阈值 Threh 做"大于"关系运算
Itemp = abs(Idiff)>Threh;
% 只要图像像素有一个颜色分量值变化超过了阈值,就认为该像素为运动目标
% 注意,此处采用了图像的逻辑"或"运算
Ifg = any(Itemp,3);
% 形态学滤波,清除前景中小于 100 个像素的区域
Ifg2 = bwareaopen(Ifg,150);


% 计算图像中连通区域的属性,包围盒'BoundingBox'
stats = regionprops(logical(Ifg2),'BoundingBox');
% 将连通区域包围盒参数串接成 M * 4 矩阵[x_col,y_row,width,height]
BBox = cat(1,stats. BoundingBox);
% 将每个区域的包围盒叠加绘制到当前帧上
Icurframe = insertShape(Icurframe,'Rectangle',BBox,'Color','green','LineWidth',3);
% 显示分割结果
figure(1);
subplot(2,2,[1,2]); imshow(Icurframe); title(strcat('当前图像帧 No. ',
int2str(n)));
subplot(2,2,3);imshow(Ifg);title('近似中值滤波背景模型分割结果');
subplot(2,2,4);imshow(Ifg2);title('面积滤波结果');
% 暂停指定时间,按帧率播放
pause(0.01); % 1/fps);
end
% ----------------------------------------
```

10.6 MATLAB 工具箱中的图像分割函数简介

为便于对照学习,下表列出了 MATLAB 工具箱中与图像分割相关的常用函数及其功能。

函数名	功能描述
imbinarize	对图像进行二值化阈值分割,Binarize image by thresholding
graythresh	采用 Otsu 方法计算全局单阈值,Global image threshold using Otsu's method
multithresh	采用 Otsu 方法计算全局多阈值,Multilevel image thresholds using Otsu's method
imquantize	利用多个阈值分割图像,Quantize image using specified quantization levels and output values
otsuthresh	采用 Otsu 方法计算全局单阈值,Global histogram threshold using Otsu's method
adaptthresh	采用局部一阶统计量计算自适应阈值 Adaptive image threshold using local first-order
bwdist	二值图像距离变换,Distance transform of binary image
watershed	分水岭变换,Watershed transform
imregionalmax	检测局部最大值,Regional maxima

 习题 ▶▶▶

10.1　阈值分割的目的是什么。

10.2　阈值分割方法有哪些优缺点?

10.3　区域生长图像分割是如何实现的?

10.4　如何有效分割彩色图像中的目标区域?

10.5　简述视频图像中运动目标分割的基本思想。

10.6　对二值图像加"标记"有什么意义?

10.7　当灰度直方图的谷不是很明显时如何处理?

 上机练习 ▶▶▶

E10.1　编辑本章各示例程序代码建立 MATLAB 脚本或函数 m 文件,保存运行,注意观察并分析运行结果。也可打开实时脚本文件 Ch10 _ ImageSegmentation. mlx,逐节运行,熟悉本章给出的示例程序。

E10.2　模仿电视访谈节目,录制一段视频,编程实现对视频中人物脸部进行自动模糊处理,以保护接受采访人的隐私,并将处理后的图像重新保存为视频文件。

E10.3　编程实现自动"蓝幕"或运动分割扣取前景图像,并把前景图像放置到选好的另一幅彩色图像中,实现自动更换图像背景。有条件的可以利用抠图蓝幕,编程实现实时抠图即背景更换。

参考文献

［1］MOESLUND T B. Introduction to Video and Image Processing ［M］. London：Springer，2012.

［2］RUSS J C. The Image Processing Handbook ［M］. 6th Edition. Boca Raton：CRC Press Inc.，2011.

［3］Burger W.，Burge M J. Digital image processing：an algorithmic introduction using Java ［M］. London：Springer-Verlag，2008.

［4］GONZALEZ R C，WOODS R E. Digital Image Processing ［M］. 3rd Edition. New York：Prentice-Hall，2007.

［5］（美）冈萨雷斯 等著，数字图像处理 ［M］. 第三版. 阮秋琦 译. 北京：电子工业出版社，2009.

［6］（美）冈萨雷斯 等著. 数字图像处理（MATLAB版）［M］. 第二版. 阮秋琦 译. 北京：电子工业出版社，2020.

［7］OTSU N. A Threshold Selection Method from Gray-Level Histograms ［J］. IEEE Transactions on Systems Man & Cybernetics，2007，9（1）：62-66.

［8］MEYER F. Topographic distance and watershed lines ［J］. Signal Processing，1994，38：113-125.

［9］MCFARLANE N，SCHOFIELD C. Segmentation and tracking of piglets in images ［J］. Machine Vision and Applications，1995，8（3）：187-193.

［10］STAUFFER C，GRIMSON W. Adaptive background mixture models for real-time tracking ［C］. Proceedings of IEEE International Conference on Computer Vision and Pattern Recognition，Fort Collins，CO，USA，1999：246-252.

［11］BOUWMANS T，ELBAF F，VACHON B. Background modeling using mixture of Gaussians for foreground detection-a survey ［J］. Recent Patents on Computer Science，2008，1（3）：219-237.

［12］ZUIDERVELD K. Contrast Limited Adaptive Histogram Equalization ［J］. Graphics Gems，1994：474-485.

［13］张运楚，等. 基于存在概率图的圆检测方法 ［J］. 计算机工程与应用，2006，42（029）：49-51.

［14］张运楚，等. 高斯混合背景模型的适应能力研究 ［J］. 计算机应用，2011（03）：126-130.

［15］胡成发. 印刷色彩与色度学 ［M］. 北京：印刷工业出版社，1993.

［16］薛朝华. 颜色科学与计算机测色配色实用技术 ［M］. 北京：化学工业出版社，2004.

［17］胡广书. 数字信号处理理论、算法与实现 ［M］. 第三版. 北京：清华大学出版社，2012.